湛庐CHEERS

与最聪明的人共同进化

HERE COMES EVERYBODY

# 量子力学的真相

# EINSTEIN'S UNFINISHED REVOLUTION

## The Search for What Lies Beyond the Quantum

Lee Smolin
[美] 李·斯莫林 著　　王乔琦 译

四川科学技术出版社

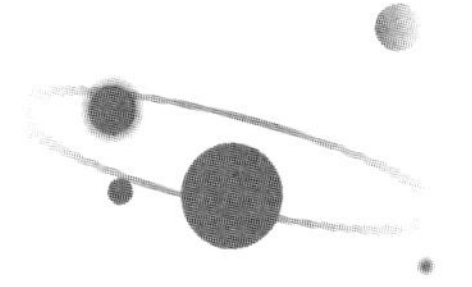

献 给

——

蒂娜和凯

音乐家所能做的一切就是
不断接近自然之源，这样他就能感觉到
与自然定律融为了一体。

——约翰·柯川（John Coltrane）

我可以颇有底气地说，没有人真正理解了量子力学。

——理查德·费曼（Richard Feynman）

# 量子物理学，一个充满悖论与神秘色彩之地

我们总是看不清现实与幻想之间的边界，为了解释这个世界的运作机制，我们编造了各种各样的故事。因为我们都是优秀的故事讲述者，所以就被这些自编的故事迷住了，并把自己对世界的诠释同世界本身混淆了起来。这对科学家和公众都产生了很大的影响，实际上，对科学家的影响要更大一些，毕竟在科学家的工具包中有非常多具有说服力的故事。

随着我们把注意力转到更小且更基础的现象上，我们对自然界的理解也越来越深入，然而，我们所取得的一系列成功其实给我们的进一步发展设置了障碍。为了避免陷入困境，我们必须在以下两个方面取得平衡：一是对已有知识的力量保持理性的认知；二是敏锐地意识到即便是我们最具说服力的假设也只是假设。我们的感官部分由现实引起，但完全由大脑构建，目的则是以一种探索自然所需的形式把这个世界呈现在我们面前。这是我们必须学习的艰深一课。在我们的感官之外，神秘莫测的大自然从本质上来看是摇摆不定的，且处于我们的认知范围的边缘。

如今，我们对大自然最重要的特征已有所理解，但在过去，这些特征则不为人知。我们已知的关于这个世界最基本的事实，例如，物质是由原子构成的；地球是一个包裹着熔融核心的岩石球体，并被一层薄薄的大气所笼罩，同时在近乎真空的空间中围绕着一座"天然热核反应堆"运转。实际上，这些我们从小就学到的简单事实是不计其数的科学家和学者数个世纪以来辛勤耕耘的结果。它们在刚被提出时，全都是近乎疯狂的想法，与明显得多且合理得多的但最终证明是错误的想法相矛盾。

所谓的科学思维就是要尊重一些人所共知的事实，它们是前人们不断努力探究出的结果，同时还要对未知之物保持开放的态度。这样做有助于我们在世界的核心奥秘前保持谦逊，因为当我们对其进行更加深入地探索时，那些已知的领域也会变得神秘起来。我们知道的越多，就会越发对未知的世界感到好奇。自然界中的一切都如此非凡，对它们的沉思无不是通往奇迹和感恩的无言之路，而我们获得的也只是其内涵的一小部分。

在春天的早晨，从窗户涌进来的空气带着花园里的清新气息，这个"奇迹"是如何发生的呢？分子如何被微风吹动，接着又如何经鼻子转化成令人感到愉悦的气味？我们看到鲜艳的色彩便会回想起那个关于不同波长的光如何激发不同神经元的故事，但是，受到刺激的不同神经元又是如何引发人产生红色或蓝色这些感觉的呢？什么样的事物才算得上具有不同颜色或是不同气味的感觉——用哲学家的语言来说就是"主观体验特性”？[1] 气味与颜色的区别又是什么？既然它们都是神经元中的电脉冲，那为什么又会出现这种差异？每天早晨醒来的“我”又是谁？当这个“我”睁开双眼时，周围的宇宙又是什么？此外，我们的存在以及我们与这个世界之间的关系这些最基本的问题也仍是未解之谜。

接下来，让我们踮起脚尖，小心翼翼地避开这些意识方面的难题，把目光放到更简单的问题上，作为一名科学家，我相信这是取得突破的最佳途径。让我们从一个非常基本的问题开始：什么是物质？比如，桌子上放着一块岩石，我把它拿了起来，对我来说，它的重量和形状都有一种熟悉的感觉。不过，岩石到底是什么？

我们知道岩石的外形和触感，但这些无论对我们还是对岩石来说都是最表面的信息。岩石的外形和触感几乎无法告诉我们从本质上是什么构成了岩石。从物理学角度看，岩石大部分是由原子排列其中的空旷空间构成的，而把岩石看作坚硬的固体则是我们人类思维的产物。相对于原子尺度来说，我们的思维是在相当宽泛的尺度上整合了各类知觉。

物质的存在形式多种多样，我们知道其中的一部分肯定很复杂，比如岩石和编织成毯子、床单和衣物的有机材料。因此，我们可以先探究一种简单一些的物质形式，比如玻璃杯中的水是什么？

从我们的视觉和触觉的角度看，水似乎是平滑、连续的，直到一个多世纪前，物理学家还认为水是完全连续的。在 20 世纪初，爱因斯坦则证明这种观点是错误的，并证明了水是由巨量的原子构成的。在水中，这些

① 主观体验特性指对物体的一些纯属个人心理感觉的无法客观度量的特性。——编者注

原子每 3 个一组结合成分子，每个水分子包含 2 个氢原子和 1 个氧原子。

接着，我们可能会问："什么是原子？"在爱因斯坦做出上述发现后不到 10 年，人们就知道了原子就像一个微型太阳系，原子核就像太阳一样处于中心位置，而电子则像行星一样围绕着原子核运动。

问题又来了，什么是电子？我们目前已经知道电子以离散单位存在，每个电子都拥有确定的质量和电荷，且一定会处于空间中的某个位置，但它是处于不断的运动状态中的：我们刚开始观察时，它可能在这里，过一会儿再观察时，它可能又跑到了那里。

这些性质都还算容易理解，但电子的其他性质就没那么容易弄明白了，本书的大部分内容就是为了把电子的那些让人难以理解的性质解释清楚。

岩石是什么？水是什么？分子、原子、电子又是什么？对这些问题最完备的解释来自一个被称为"量子物理学"（quantum physics）的科学分支。不过，众所周知，这是一个充满悖论与神秘色彩的领域。在量子力学所描述的世界中，没有任何物质是以稳定形式存在的，原子或电子既可以是波也可以是粒子，具体如何则取决于我们的观测方式；更为人熟悉的则是"薛定谔的猫"（Schrödinger's cat）。这对一些前卫的潮流文化来说简直太有用了，于是，"量子"就成了与酷炫、极客、神秘主义有关的流行词。对于那些希望理解我们赖以生存的这个世界的人来说，这个词会让人感到非常困惑，因为这样一来，连"岩石是什么"这种简单的问题似乎也没有简单的答案了。

为了解释量子物理学的问题，物理学家们在 20 世纪初发展出了一套名为“量子力学”（quantum mechanics）的理论。这套理论一经提出就成了科学领域的“宠儿”，也成了我们理解许多事物的基础，比如原子、辐射，以及从基本粒子和基本作用力到物质的表现方式等许多方面。与此同时，量子力学也一直是个麻烦不断的“问题儿童”。量子力学的开创者们从一开始就对如何使用这套理论产生了巨大的分歧，其中一些人表达了震惊和忧虑，甚至是强烈的质疑，而另一些人则宣称量子力学是一种具有革命意义的新科学，它粉碎了此前数代人眼中成功科学所必需的关于自然以及人与自然关系的抽象假设。

在本书中，我希望你能了解到那些自量子力学诞生以来就一直困扰着人们的概念问题和严重分歧至今仍没有得到解决，并且不可能得到解决，原因很简单：这套理论是有缺陷的。也就是说，量子力学虽然取得了巨大的成功，但却并不完备。如果我们想要得到“岩石是什么”这个简单问题的简单答案，那么我们就得超越量子力学，寻求一个能够从原子尺度有意义地描述这个世界的理论。

如果不是因为存在一个在量子力学发展历史中被长期忽视、几近遗忘的方面，这项任务一定难如登天。自 20 世纪 20 年代量子力学萌芽之时起，就存在另一个完全合理的量子物理学理论，该理论解决了量子领域中明显自相矛盾和神秘难解之处。然而，很少有人教授这种量子理论，无论是供刚刚崭露头角的物理学家学习的教科书，还是给外行人科普的通俗读物，都很少提到这一理论。

自洽且有意义的量子物理学构想有好几个版本，现在我们面临的挑战是，从这些构想出发找到理解量子物理学的正确道路。我相信这会产生广泛影响，因为量子物理学的新形式会成为解决物理学中许多关键问题的基础。我认为，我们之所以没有在像量子引力和统一基本力这样的问题上取得实质性进展，是因为我们的理论基础就是错误的。

如今，物理学家对量子世界的运行规律取得了一致的意见。大家一致认为，原子和辐射的表现与岩石和猫不同，并且，就预测这些事物的某些方面而言，量子力学的确有用。我们对自然的理解显然需要某种根本性的改变，但在应该如何改变这个问题上，人们产生了分歧。一些物理学家认为，我们必须放弃对现实抱有任何美好的幻想，安于一种只能描述我们能够掌握的知识的理论；另一些物理学家则认为，我们必须大大扩展现实的概念，使其包含无数平行现实。

实际上，我认为这两者都没有必要。理解量子世界的替代方案并不必然要求我们放弃“物理学描述的现实独立于我们的认识之外”这种想法。这些替代方案也不必然要求我们把现实的概念扩展到超越常识的地步，所谓常识，就是只有一个世界，即当我们环顾四周时所看到的这个世界。正如我将在本书中解释的那样，常识性现实主义实际上并没有受到任何量子物理学知识的威胁，以它为前提，我们便能期冀科学给出自然世界当下或是不受我们的观测影响时的完整图景。

因此，量子世界以神秘而反直觉的形式呈现既令人感到遗憾也没有必要。本书的一大目标就是要向大众读者介绍量子理论的替代品，并借此消除量子理论的神秘感，用符合人类直觉且易于接受的方式向非专业的物理学爱好者展示量子世界。

我在写作《量子力学的真相》一书时设想的读者对象是一些对自然世

界拥有强烈好奇心的人。他们可能会通过新闻、博客和通俗读物关注科学的发展，但他们所接受的教育中可能并不包含通常被视作“物理学语言”的数学。我尽量避开了相关的数学内容，转而用文字和图片来表达我们在量子世界中发现的基本现象以及受相关研究启发而得到的原理。在前言之后，本书就以短小、简洁的三章内容介绍了量子物理学最基础的内容，有了这些知识，我们才能更好地探索基于不同形式的量子理论的具有不同概念的宇宙。

关于量子力学的争论背后有什么利害关系呢？为什么说自然世界的基本理论如果是神秘难解且自相矛盾的就大有问题呢？

在量子力学领域长达一个世纪的争论背后是人们关于现实本质的看法存在根本性分歧，如果这个分歧得不到解决，就会上升为对科学本质看法的分歧。

在这种分歧之下潜藏着两个基本问题：

**第一，**自然世界是否独立于我们的意识存在？或者，说得更准确一些，物质自身是否具有一套独立于我们的感知和认知的稳定性质？

**第二，**我们是否可以理解并描述这些性质？我们对自然定律的了解是否可以深入到能够解释宇宙的历史并预测其未来的程度？

我们对这两个问题的回答对科学的本质和目标以及科学在更宏大的研究项目中扮演的角色等重大问题具有启示意义。实际上，这些问题与现实和虚幻的边界有关。

对这两个问题都回答“是”的人是现实主义者，爱因斯坦就是其中之一，我也是。现实主义者相信只存在一个真实的世界，而且其性质绝不取决于我们对其的感知和认知。这就是自然世界，即便没有我们，它也基本是现在这样。另外，现实主义者还认为，我们对这个世界的理解和描述可以深入到能够解释自然世界所有系统运作方式的程度。

如果你是一位现实主义者，你就会视科学为对自然世界所有系统运作方式的系统性探索，且以事实真相的朴素概念为基础。从某种程度上说，如果针对自然客体或自然系统的某些断言符合自然的真实性质，那么它们就是真实、正确的。

如果你对前述两个问题中的任何一个回答“否”，或者都回答“否”，那么你就是反现实主义者。

大多数科学家对人类尺度上的日常客体的看法都符合现实主义。那些我们在日常生活中常见的事物都有易于理解的简单性质，它们在任一时刻都处于空间中某个确定的位置，它们在运动时会有一条运动轨迹，并且相对于观测者而言，这种轨迹具有一个确定的速度。另外，这些事物还具有一定的质量和重量。

当我们对他人说“你要找的红色笔记本在桌子上”时，我们期待这个判断要么为真，要么为假，绝对独立于我们的感知和认知而存在。这种层面上的物质描述，小到我们可以看到的最小尺度，大到恒星与行星，这统称为经典物理学。其奠基人是伽利略、开普勒和牛顿，爱因斯坦的相对论则是目前经典物理学的最高成就。然而，我们对原子尺度上物质的看法要想保持这种现实主义并不容易，也不是理所当然的，因为有量子力学的存在。

量子力学是目前描述原子尺度自然世界的最完备的理论。正如我之前提到的那样，可以肯定的是这个理论的某些特征非常令人困惑。现在大家普遍认为，这些特征与现实主义相抵触。也就是说，量子力学必然要求我们对前述两个问题中的至少一个回答“否”。如果在某种程度上来说，量子力学的确是对自然世界的正确描述，那么我们就不得不放弃现实主义。

大多数物理学家对原子、辐射以及基本粒子的看法并不符合现实主义。在很大程度上，他们所持的这种看法并不是出于因激进的哲学立场而反对现实主义的渴望，而是因为他们确信量子力学是正确的，并且认为量子力学与现实主义相抵触，正如他们之前学到的那样。

如果量子力学要求我们放弃现实主义，那么，倘若你是一位现实主义者，你就必须认同量子力学是错误的。这个理论可能取得了暂时的成功，但它对原子尺度的自然世界的描述不可能完全正确，因此，爱因斯坦认为，量子力学不过是权宜之计。

爱因斯坦和其他现实主义者相信，量子力学为我们提供的关于自然的描述是不完备的，其中缺失了全面理解这个世界所必需的一些特征。爱因斯坦有时会想：或许存在一些“隐藏变量”能够填补量子力学关于世界的描述中存在的缺陷。他认为，包含了这些缺失特征的完整描述会与现实主义一致。

如果你是一位秉持现实主义的物理学家，那么就有一项高于一切的使命等待你去完成——从量子力学中走出来，去寻找这个理论的缺陷，并构建一个更为真实的关于原子的理论。这曾是爱因斯坦未竟的使命，而现在这成了我的使命。

由于反现实主义者的类型繁多，因此也就有了各种看待量子力学的观点。

有些反现实主义者认为，我们赋予原子和基本粒子的那些性质并不是这些客体固有的，而是我们在与其发生相互作用时创造出来的，只有在我们观测这些性质时它们才存在。我们可以称这个群体为激进的反现实主义者，其中最有影响力的当属尼尔斯·玻尔（Niels Bohr），他是将量子力学理论应用于原子的第一人，之后又成了下一代量子理论革命者的领导人和导师。他那激进的反现实主义思想在很大程度上影响了人们理解量子力学的方式。

另一些反现实主义者则认为，从整体上说，科学并不描述或者讨论自然世界中真实存在的事物，只是讨论我们对这个世界的认知。在他们看来，我们赋予原子的物理性质并不是关于原子本身的，而只与我们关于原子的认知有关。我们可以称这些科学家为量子认知主义者。

此外，反现实主义者中还有一批操作主义者，他们对是否存在独立于人类而存在的基本现实这个问题持不可知论的态度。他们认为，量子力学与现实毫无关系，只是一套“质询”原子的规则。在他们看来，量子力学与原子自身无关，而只与原子跟我们测量所用的设备接触时发生了什么有关。玻尔的坚定追随者、发明了量子力学方程组的沃纳·海森堡（Werner Heisenberg）的部分思想就体现了这种操作主义。

激进的反现实主义者、量子认知主义者和操作主义者之间的观点存在一些差异，而所有现实主义者都持相似的观点，即对我在前文提到的那两个问题的回答都是肯定的。不过，在对第三个问题的回答上，现实主义者之间也出现了分歧，这个问题就是：自然世界是否主要由我们可见的那些客体以及构成那些客体的物质构成？换句话说，我们环顾四周时看到的一切是否就是宇宙整体上的典型特征？

现实主义者中对这个问题回答“是”的人可以叫作纯粹现实主义者或者朴素现实主义者。我必须提醒读者的是：我在此处使用的定语“朴素”意味着坚定、新颖、纯粹。对我来说，如果某个观点不涉及复杂的论点和令人费解的证明，那么它就是朴素的，而且无论何时朴素现实主义都是可取的。

从这个意义上来说，有些现实主义者就不那么“朴素”了，他们会认为，现实与我们所感知、测量到的这个世界大为不同，这种观点的一个例子是多世界诠释。这个理论认为，我们感知到的世界只是数量巨大且仍在不断增多的平行世界中的一个。这种理论的支持者自称现实主义者，毕竟他们对前两个问题的回答都是肯定的，然而在我看来，只有从极专业的学术角度上看，他们才能算得上是现实主义者。我们或许可以称他们为“魔幻现实主义者”，因为他们认为真正的现实远不止我们所感知的这个世界。从这个意义上说，魔幻现实主义几乎就是一种神秘主义，因为它喻示着：真实的世界潜藏在我们的感知之后。

我们能否构建一个从最为普遍且朴素的角度看都符合现实主义的原子理论，并且对前文所述的 3 个问题的回答都是肯定的？我认为这是完全有可能的，而这背后的故事也正是我想在本书中向你讲述的。不过，这种理论并非量子力学，并且如果它是对的，那么量子力学就必然是错的，同时还意味着量子力学对自然世界的描述相当不完备。

我想在本书中告诉你的关于这个故事的部分内容是：当其他理论要求我们拥抱反现实主义或者接受蓬勃发展的神秘主义时，这个朴素的现实主义自然理论是如何被搁置一旁的。不过，我会以一个充满希望的结尾结束全书，也就是勾勒出一条我们能够取得长足进步的道路。沿着这条道路前进，我们或许就能发展出一种能够将量子力学包括在内的现实主义自然观。

这一切都至关重要，因为在 21 世纪初，科学正面临着前所未有的挑战，同样面临挑战的还有真实世界中人们的信仰。在这些信仰中，事实非真即假，不存在中间地带。毫不夸张地说，人类社会中的某些人似乎正在失去对现实与虚幻间边界的掌控。

科学遭受的攻击来自那些发现科学得出的结论不利于其政治目的和商业目标的人。气候变化不应该是政治议题，也不是意识形态方面的问题，而是事关国家安全的重大问题，并且应该按照解决重大问题的态度去处理。这些都是真实存在的问题，需要一些基于证据的解决方案。

在我看来，宗教与科学之间几乎没有什么产生冲突的理由。许多宗教接受甚至热烈欢迎科学，并把科学视为一种认识自然世界的途径。此外，关于这个世界的存在和意义还有非常多的谜团有待解答，宗教和科学都在激励着人们去讨论这些问题。当然，目前这两者都还不能解决这些问题。

此外，科学遭受的攻击还来自一些人文主义学者，他们认为，科学只不过是一种社会架构，科学带来的不过是各类同样有效的观点中的一种。

科学要想清晰而有力地回应这些挑战，就必须保证自身不被内部实践者的神秘主义渴望和形而上学倾向侵蚀，然而有些科学家可能常常会受到神秘主义感触和形而上学偏见的刺激。只要大多数人能理解并坚持区分假设和既定事实的严格标准，这种个体行为就无法影响到科学的发展。

如果连基础物理学自身都被反现实主义思潮“劫持”了，我们就有被迫放弃绵延了数世纪的现实主义工程的危险。所谓现实主义工程，无非就是随着科学的进步，我们不断地调整已知现实与虚幻领域间边界的过程。

反现实主义的一大危险与物理学自身的实践有关。反现实主义会削弱我们彻底探明自然世界性质的决心，并因此降低我们理解物理系统的标准。

反现实主义在原子世界取得重大胜利之后，我们不得不同反现实主义对大尺度上的自然世界提出的观点作斗争。少数宇宙学家宣称，我们身处的这个宇宙只不过是“平行宇宙”的汪洋大海中的一个“水泡”而已，像这样的水泡在这片大海中还有无穷多个。另外，既然我们可以颇有底气地假设我们看到的那些星系与宇宙中的其他星系并没有本质上的不同，那么我们当然也可以认为，在我们看不见的那些“水泡”里，掌管世界的定律与我们这个世界的完全不同，甚至可能是完全随机的。因此，我们的宇宙绝不可能代表所有平行宇宙共有的性质。基于这个推测，再加上几乎所有其他水泡永远都不会进入我们的观测范围这个事实，这意味着平行宇宙假说既不可能被证实，也不可能被证伪，这就把这种假说推到了科学的边界之外。然而，这个想法却得到了不少备受尊敬的物理学家和数学家的支持。

很多人都会错把平行宇宙假说当成量子力学的多世界诠释，但其实它们是截然不同的概念。不过，它们都通过魔幻现实主义颠覆了科学的目的——仅通过科学自身来解释我们所看到的世界。如果不是大多数物理学家不加批判地接受了量子物理学的反现实主义版本，那么那些平行宇宙假说的狂热支持者无论如何也不可能对科学目标的明确性产生任何影响。

诚然，量子力学以极其简洁的方式解释了自然世界的许多方面。物理学家已经开发了运用量子力学来解释各类现象的强大的工具包，因此，如果你能熟练地掌握量子力学，你就能掌控自然世界的许多知识。与此同时，物理学家一直在探索自然世界中量子力学未能阐明的空白处，比如，这个理论无法解释个体过程中发生了什么，并且也常常无法解释为什么某项实验的结果是这样而不是那样的。

这些理论空白和无法解释的现象关系重大，因为它们揭示了这样一个事实：我们在这条解决科学核心问题的道路上才走了一半，然而我们已经失去了前进的方向。我认为，我们尚未成功地把量子理论和引力及时空统一起来（即我们常说的量子引力），也没能将各种基本作用力统一起来，这主要是因为我们的探索都是基于一种不正确且不完备的量子理论。

然而，我怀疑，在不牢靠的地基上构建科学大厦所产生的影响还会变得更远、更深。当激进的反现实主义思潮在科学大厦的地基上繁荣生长时，人们对科学能解决分歧并揭示真相的信任感就会被削弱。当那些为科学解释设定标准的人也受到邪恶的神秘主义思想的诱导时，整个人类社会都会感受到由此产生的混乱。

我很荣幸能见到几位第二代 20 世纪物理学的奠基人，其中最为矛盾的一位是约翰·惠勒（John Wheeler）。作为一名核物理理论家和一位神秘主义者，他通过向我们讲述他同爱因斯坦和玻尔之间的故事，将这两位大物理学家的思想传授给了我们这代人。惠勒是一名坚定的“冷血战士”，即便在引领量子宇宙和黑洞的研究时仍不忘研发氢弹。他也是一位伟大的导师，他的学生包括理查德·费曼、休·埃弗里特（Hugh Everett）以及其他几位量子理论的先驱。

惠勒是真正接受过玻尔教导的，他的话总是充满各种谜团和悖论。他在上课时的板书和我见到的其他学者的板书都不相同，上面没有任何方程，只有几行字体优雅的格言，每一句都写得端端正正，那是他提炼出的值得我们用一生的时间去探寻的问题，关于为什么我们的世界是量子宇宙，其中的一个经典例子就是“It from bit”（一切源于比特）。目前，社会上的确有一股把世界视作信息集合体的思潮，也就是认为信息要比它所描述的内容更为基本。这是一种反现实主义形式，我们在后文中会对此加以讨论，而惠勒就是较早接受这股思潮的人之一。还有一个例子是“在被观察之前，任何现象都不是真正的现象”。如果我们与惠勒进行交谈，那么惠勒可能会问你如下的问题：

> 假设你死了，到天神面前接受最后的考验，他只会问你一个问题：“为什么是量子？”也就是为什么我们生活在一个由量子力学描述的世界中？你会如何回答他呢？

我的人生的大部分时间都花在了寻找这个问题的令人满意的答案上了。我发现自己总是能生动地回想起与量子物理学第一次邂逅时的场景。当时我 17 岁，高中辍学，经常流连于辛辛那提大学物理图书馆的书架前。正是在那时，我邂逅了一本书，其中的一章是路易斯·德布罗意（Louis de Broglie）写的。德布罗意最早提出电子既是波也是粒子，本书第 3 章就会介绍他的这个具有开创性的波理论，这一理论也是对量子力学的第一个现实主义阐述。那本书是用法语写就的，虽然当时我对法语并不精通，但我现在仍然能回想起理解该书基本思想时的兴奋之情，闭上眼睛也仍然能回忆起那一页上展示着的将波长与动量联系起来的方程。

第二年春天，我在汉普郡学院学习了我人生中的第一门真正的量子力学课程。那门课程由赫伯特·伯恩斯坦（Herbert Bernstein）教授，在课程最后，伯恩斯坦介绍了约翰·贝尔（John Bell）的基本定理[1]，简单来说，这个定理证明了适用于量子世界的定律很难应用于宇宙空间。我至今还能生动地回想起当时的场景：在那个温暖的下午，当我理解了对该定理的证明之后，我走出教室，坐在学院图书馆外的阶梯上，心中无比震惊。然后我拿出一个笔记本，立即为我暗恋的女生写下了一首诗："当我们十指相扣时，我们手上的电子从那一刻起就纠缠到了一起。"我现在已经记不得那个女生是谁以及她对我的这首诗是如何回应的，我甚至想不起来我是否把这首诗献给了某个女生，但从那天起，我对非局部纠缠的兴趣一刻也没有减弱过。在之后的几十年里，我迫切地想要更好地理解量子世界的心情也从未消失过。在我的科学研究生涯中，量子物理学之谜是我反复思索的核心问题，我希望能够通过本书让你也产生类似的兴趣。

我在本书中讲述的故事将以三幕剧的形式呈现。第一幕会讲述我们在探究量子力学发展轨迹时所需的基本的量子力学概念。这部分的主题是由玻尔和海森堡引领的反现实主义者对以爱因斯坦为代表的现实主义者的巨大胜利。请注意，我在书中讲述的故事只是一个概要，真实的历史要远比我的描述更复杂。

第二幕则追溯了从 20 世纪 50 年代开始的现实主义量子力学方法的

复兴，并且阐述了它们的优缺点。这一幕的主角是美国物理学家戴维·玻姆（David Bohm）和爱尔兰理论物理学家贝尔。

第二幕的结论是：现实主义方法可行，并且它们的效果好到足以动摇那些认为量子力学要求我们全部变成反现实主义者的论断。不过，在我看来，这些方法离真相仍然差得很远，我认为我们还可以更进一步。实际上，我认为：正确且完备的量子力学理论不仅能够解决量子引力的问题，还能给出一套优秀的宇宙学理论。

第三幕则介绍了包括我在内的当代物理学家为构建现实主义的万物理论所付出的努力。

欢迎大家来到量子世界，放轻松，因为这就是我们所在的世界。另外，这个世界中尚有很多谜团等待着我们去解决，我们真是太幸运了！

目录

## 第三幕 超越量子力学

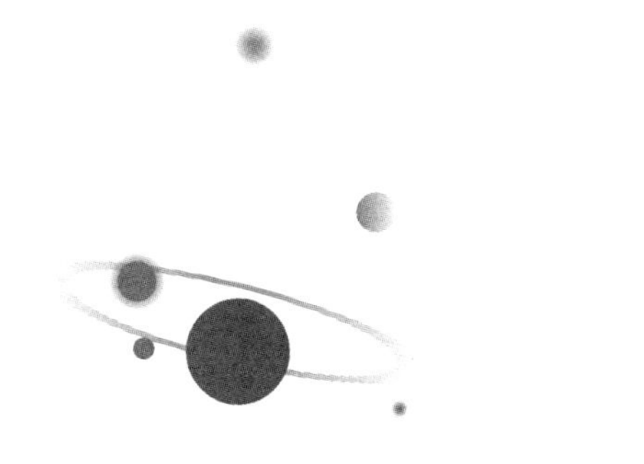

第一幕

# 量子力学的真相

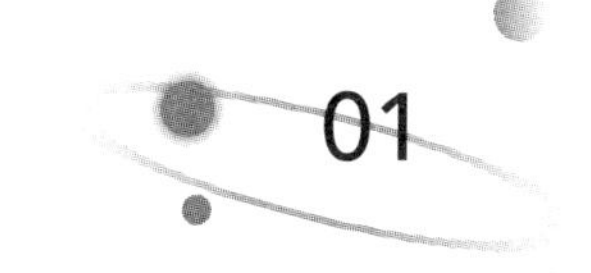

# 01 热爱隐藏的大自然

何谓真实是物理学需要解决的问题。

——阿尔伯特·爱因斯坦

近 90 年来，量子力学始终是我们理解自然世界的核心理论。它无处不在，但也极度神秘，缺少了它，几乎所有现代科学都会变得毫无意义。然而，人们至今仍然很难就量子力学能够给出何种关于自然世界的论断达成一致意见。

量子力学解释了原子的存在、为什么原子能保持稳定，以及为什么不同的原子拥有不同的化学性质，量子力学还解释了原子之间如何互相结合形成各种各样的分子，因此，量子力学成了我们理解分子结构和分子间相互作用的基础，我们无法想象如果没有量子力学我们要如何理解生命。从水的外在表现到蛋白质的内在结构，再到由 DNA 和 RNA 完成的信息传递和信息保真，生物学中的一切都依赖量子。

量子力学解释了物质的性质，比如是什么让金属成了导体，而让另一些物质成了绝缘体。量子力学还解释了光和放射性，这是核物理学的基础。没有量子力学，我们就无法理解恒星是如何发光的，也无法发明电子芯片或激光，而我们有许多技术以芯片或激光为基础。量子力学是我们用来书写量子物理学标准模型的语言，它包含了我们所知的有关基本粒子及其赖以产生相互作用的基本力的一切。

根据我们目前研究早期宇宙的最优理论，所有物质以及所有最后合并成了星系的物质结构，都会在早期宇宙快速膨胀的过程中因真空空间的量子随机性而突然诞生。你或许无法精确理解这番话背后的含义，但或许可以在脑海中生成一幅大概的画面。无论如何，倘若这就是事实，那么如果没有量子物理学，一切都将不存在了，只会剩下空空如也的时空。

尽管量子力学取得了如此辉煌的成就，其核心仍是一个极难解决的谜题。量子世界的行为方式对于我们的直觉来说是一种挑战。你常常可以听到这样的说法：在量子世界中，一个原子可以同时处于两个地点，但这还只是量子世界怪异性的开始，这种理论的完整描述可比这一说法奇怪得多。如果原子可能在这里，也可能在那里，那么从某种程度来说，我们就必须称它的状态是同时处于这里和那里，即原子处于一种“叠加态”（superposition state）。

如果你是刚接触量子世界，你一定会好奇“原子在某种程度上同时处于这里和那里”是什么意思。对这一问题提出质疑是明智之举，因为这正是量子力学的核心谜团之一。就目前来说，你只需要知道这是量子力学的未解之谜，并且我们创造了一个叫作“叠加态”的术语就行了。接下来，我们就会揭开它的神秘面纱。

当我们说某个量子粒子处于既在这里又在那里的叠加态时，我们指的是物质那种像波一样的性质。因为波是一种可以扩散出去的扰动，所以当然可以既在这里又在那里。

我们刚刚谈论的是基本粒子，但其实包括原子和分子在内的任何量子都既有粒子的性质，又有波的性质，这就是所谓的“波粒二象性”。我们可以通过下面这个例子细细品味这种特性背后的含义。如果我们通过实验寻找某个原子，得到的结果会是它在确定的某处。然而，在各次测量之间，也就是当我们不去寻找这个原子的时候，我们就不可能准确预测它的位置。这就像是找到粒子的概率或倾向在我们没有寻找它时像波一样扩散开来，但只要我们再次搜寻，它就一定会出现在某处。

你可以想象我们在和原子玩捉迷藏。我们“睁开眼睛”——启动探测器，接着就观察到了它出现在某处，但当我们闭上双眼时，它就扩散成了一道概率波，而当我们再次“睁开眼睛”时，原子就一定会再次在某处出现。

量子世界特有的另一大特征叫作“纠缠”（entanglement）。如果两个粒子发生了相互作用，然后又分开，它们仍会共享某些性质，而且这些性质不能拆分成可以分别由这两个粒子单独享有的形式。从这个意义上说，虽然它们分开了，但仍交织在一起。

那些测量仪器则是我们所熟悉的世界中的“大型物体”——我们日常生活中常见的事物。我们可以确定的一点是：日常生活中常见的这些大型物体不会表现出量子力学所描绘的那种奇怪行为。椅子要么在这里，要么在那里，从来不会处于既在这里又在那里的叠加态。当我们于夜晚在陌生的旅店房间内醒来时，我们或许无法确定椅子在哪儿，但却可以肯定它就在房间中的某处。即使我们在黑暗中碰到这把椅子，我们的未来也不会和这把椅子的未来发生纠缠。

我们知道，在我们生活的这个世界中，一只猫要么是死了，要么还活着，哪怕把它锁在箱子里，情况也仍是如此。当我们打开箱子时，猫不会突然从既死又生的叠加态坍缩成或死或生的确定状态。如果打开箱子后，我们发现猫死了，那么它很可能已经死了一段时间了，我们甚至可以在打开箱子的那一刻闻到相应的气味。

普通物体看起来并不具有构成它们的原子所具有的那些怪异的量子性质，这似乎是显而易见的，但却引发了一个谜一样的问题。既然量子力学是自然世界的核心理论，那么，它就一定是普适的，也就是说，如果它适用于一个原子，就必然适用于更多的原子，我们有确凿的实验证据能够支持这一点。那些把大分子置于量子叠加态的精细实验向我们展示了，这些大分子所具有的量子怪异性与电子并没有什么不同，至少，它们都会像波那样发生干涉和衍射。

然而，这么推演下来，量子力学应该也适用于那些巨量原子的集合体，比如由原子构成的你、我、猫、椅子等，但事实似乎并非如此。量子力学似乎也不适用于任何我们用来给原子成像并揭示原子的量子怪异性的工具和仪器。这又是怎么回事呢？

需要指出的是，我们通常是运用大型设备来测量原子的某种性质的，那么，这些接受测量的原子很有可能处于叠加态，也就是同时处在不同的地方，因此，我们提出的这个问题有诸多可能的答案，但测量仪器总是只给出其中之一。为什么会这样？为什么量子力学在我们用来测量量子系统的那些设备上失效了呢？

这就是所谓的“测量问题”（measurement problem），自 20 世纪 20 年代以来，这个问题一直争议不断并且仍未得到解决。即便经过了这么长时间，专家们仍没能在这个问题上达成一致。这个事实意味着自然世界中有一些基本知识是我们尚未理解的。

因此，量子世界（原子可以同时处于多个地点）与寻常世界（所有事物在某一时刻都必然处于某个确定的地点）之间必然存在一条边界，越过这一边界，情况就会发生转变。如果一个由 10 个或 90 个原子构成的分子可以用量子力学描述，但一只猫不行，那么这两者之间必然存在一条分界线，而这一分界线就是量子世界的终点。测量问题的答案会告诉我们这条分界线在哪，并且会解释这种转变是如何发生的。

有些物理学家确信自己知道测量问题的答案，随后，我们就会论述他们的观点。我们想要知道的是，把这种疯狂的量子性质从我们对世界的理解中剔除需要付出什么代价。

一般来说，那些想要破解量子力学之谜的物理学家，可以分为两派。

第一派物理学家认为：人们在 20 世纪 20 年代提出的这个理论本质上是正确的。这一派物理学家相信，问题不在于量子力学本身，而在于我们理解或谈论量子力学的方式。这种降低量子力学的怪异性的策略可以追溯到丹麦物理学家尼尔斯·玻尔等几位量子力学奠基人。

玻尔在 20 多岁时就率先把量子理论应用于原子理论。随着年岁的增长，玻尔成了量子革命的实际领导人，这一方面是因为他的想法很有吸引力；另一方面则是因为他教授并指导了许多年轻的量子理论革命者。

第二派物理学家认为：量子力学并不完备，这种理论的某些解释之所以不合情理，是因为它并不全面。他们致力于寻找能够告诉我们全部真相的理论，并且想要在这个过程中揭开量子力学之谜。这个策略可以追溯到爱因斯坦。

爱因斯坦正是开启这场量子革命的第一人，他首次阐明了光的波粒二象性。如今，他更为人们所知的成就是提出了相对论，但他获得诺贝尔物理学奖的原因是量子理论方面的工作。他本人也承认自己花在量子理论上的时间要比相对论多得多。然而，即便爱因斯坦开启了这场量子革命，他也没能成为领导者，因为当量子力学在20世纪20年代被正式建立的时候，拥有现实主义情节的他无法接受这个理论。

按照我们在前言中介绍的分类，上述第一派物理学家中大部分都是反现实主义者或魔幻现实主义者，而第二派则主要是现实主义者。

那些认为量子力学不完备的人指出了这样一个事实：在大多数情况下，量子力学只能对实验结果给出统计学预测。也就是说，量子力学只能给出各个实验结果出现的概率，但并不能告诉我们究竟会发生什么。爱因斯坦在 1926 年给他的好友马克斯·玻恩（Max Born）的一封信中写道：

> 量子力学的确令人印象深刻，不过，我内心中有个声音告诉我，它还不是事情的真相。这种理论的确提供了很多信息，但并没有让

我们真正解开一些“旧理论”的秘密。无论如何，我确信他（上帝）不掷骰子[1]。

爱因斯坦也是玻尔的朋友，他俩对量子力学截然不同的态度引发了一场激烈的辩论，这场辩论持续了40多年，直到爱因斯坦逝世。他们两人在学术上的后继者们则把这场辩论延续到了现在。爱因斯坦是第一个明确提出我们需要一种革命性的关于原子和辐射新理论的人，但他无法接受这一理论就是量子力学，他对量子力学的第一反应是觉得它不自洽（不过，后来的发展证明爱因斯坦的这个想法并不正确），继而，他指出量子力学对自然世界的描述并不完备，它遗漏了其中很重要的部分。

我认为，爱因斯坦之所以不把量子力学当作权威理论，是因为他对科学有着极高的追求。超越主观意见并发现自然世界的真实图景，即用一些永恒的数学定律揭示现实的本质，这一愿景驱动着他前进。对爱因斯坦来说，科学的宗旨就是捕捉世界的真谛，而且这种真谛是独立于我们而存在的，与我们对它的看法与了解没有任何关系。

爱因斯坦一定觉得这个要求由自己提出最为合适，毕竟他在发现广义相对论和狭义相对论时就已取得过这样的成就。在奠定了量子物理学的基础之后，他想要通过对原子、电子和光的完整描述来捕捉原子世界的真谛。

玻尔认为，原子物理学理论在以下两个方面需要革命性的修正：一是我们如何理解科学的含义；二是我们如何看待现实与我们对现实的认识之间的关系。这种需要的根本原因在于我们是这个世界的一部分，所以，我们必定会与自己想要描述的原子产生相互作用。

玻尔断言：一旦我们在思想上完成了这种革命性的转变，量子力学就必然会变得完备起来，因为它在我们这些试图描述这个世界的参与者身上扎了根。在玻尔看来，既然现在没有比量子力学更完备的描述世界的理论，那么它就是完备的。

如果我们拒绝这些哲学革命并且坚守对现实及其与观测和认知之间关系的传统观点，我们就得付出另一种代价：深思自己是否在认识自然世界的某些方面犯了错，还必须找到那种看似寻常实则错误的观点并用一个全新的物理学假设代替，而这个假设会打开通往足以使量子力学更趋完备的新理论的大门。

为此，从 1935 年爱因斯坦和两位合作者撰写的一篇论文开始，物理学家们提出了大量理论，并开展了大量实验，现在我们已经了解了这种完备化进程的一个方面：新理论必须打破一个常识性假设——物体只会与空间上较为接近的其他物体发生相互作用，这个假设被称为局域性。我们将在后续章节中讨论的一大重点就是，我们如何在取代量子力学的新理论中超越这种常识性观点。

**本书主要有三大目标。**第一大目标是，我想对非专业人士讲述量子力学的核心存在什么样的谜团。直到人类已经研究量子力学长达一个多世纪之后的今天，大家都没有就这些谜团的答案达成一致意见，这就足以说明问题了。

不过，在这场关于量子力学是不是物理学终极理论的大辩论中，虽然我是以客观公正的方式向读者介绍辩论双方的论点，但我本人并不会保持中立，我站在爱因斯坦这一边。我相信有一层比玻尔描述得更为深邃的现实，而且，我们可以在既不与已有的传统观点相悖又不损害我们理解和描述现实的能力的前提下理解这层现实。

我的第二大目标就是提出一种关于量子力学之谜的观点：只有通过科学的进步才能解决这些问题，而这种进步必然会使我们发现量子力学之外的世界。那些量子力学神秘难解的地方，这个更深邃的理论会给我们一个清晰的解答。

我之所以敢下这个断言，是因为自量子力学问世以来，我们已经掌握了以解开谜团、解决问题的方式提出理论的方法。在应用这个方法的过程中，我们对于客观现实的传统信仰不会受到挑战，所谓的客观现实就是指不受我们的认知和行为影响的现实，也只有这种现实才可能让我们获取对它的完整认知。这个客观现实中只存在一个宇宙，我们之所以能够观察这个宇宙的某些性质，是因为它是真实的。这可以称为量子世界的现实主义方法。

一种反现实主义的方法把量子力学之谜归因于与我们获取自然知识相关的微妙性，这种方法对与我们认识事物有关的哲学分支“认识论”提出了一些激进的观点。现实主义方法假定我们早晚会获得对这个世界的真实表述，因此对认识论谨慎地秉持朴素观点。真正令现实主义者感兴趣的是“本体论”，也就是关于世界的本原的研究。相较之下，反现实主义者认为，我们只有通过与世界发生相互作用才能获取对这个世界的认知，否则，我们不可能知道世界的本原到底是什么。

我会在本书中努力消除读者的疑虑，并证明我们完全可以用现实主义观点来理解量子力学。所谓的现实主义观点，即认为外部世界完全可以独立于我们而存在这样一种观点。也就是说，观察者不会对观察对象造成任何神秘的影响，现实就在那里，完全不会受我们的意志和选择所影响。这种现实就完全符合我们的认知，并且也只包含一个世界。

这些量子力学现实主义方法的存在本身并不意味着那些从哲学角度看更为复杂的激进理论是错误的，但确实意味着没有足够有力的科学理由促使我们相信它，因为只要现实主义是能够实现的，那么它总会受到科学的偏爱。

那么，现实的存在依赖于我们的认知以及存在多重现实这些怪异的思想为什么会激起那么多关于量子理论的讨论呢？这就是人类思想史学家应该回答的问题了。保罗·福曼（Paul Forman）是其中的一位，他把20世纪二三十年代在科学圈内占据主导地位的这种思想同玻尔与海森堡等人拥抱混乱的反现实主义哲学，以及奥斯瓦尔德·斯宾格勒（Oswald Spengler）等人在第一次世界大战后提倡的非理性联系在了一起。

那段历史很迷人，但如何对其进行评判则是历史学家们应该做的事了。我不是历史学者，而是一名科学家，这就引出了我撰写本书的第三大目标。

爱因斯坦认为我们应该追寻比量子力学描述得更加深邃、简单的现实，从我这个高中辍学生第一次看到他的这种观点之日起我就一直站在他这边。我的物理学生涯始于阅读爱因斯坦的自述笔记。那是20世纪50年代，他在生命的最后几年中写道，他仔细思考了在他看来尚未完成的物理学的两大任务：其一是彻底理解量子物理学；其二是把这个对量子理论的新见解和引力理论（即广义相对论）统一起来。我当时就觉得自己可以通过努力帮上点忙，虽然我很可能不会成功，但或许这里的确有些值得为之奋斗的东西。

在我阅读爱因斯坦的自述笔记并知晓了自己的使命之后，我就发现了前面提到的那本包含德布罗意的思想的书，接着我进入了一所优秀的学院、找到了伟大的老师，并且在申请研究生院及后续深造时幸运地获得了几次不错的机会。我现在的生活很精彩，作为一名前沿科学家，我有许多机会来解决爱因斯坦留下的两大问题。

虽然时至今日我们还没有取得成功，但是，在过去的几十年里，我们至少在这个问题上取得了一些进展。虽然这些进步还远未达到能够解决问题的程度，但至少好过完全止步不前。跨越量子力学限制的理论必须克服何种障碍，我们对这个问题的了解已经比爱因斯坦深入得多。正因如此，我们提出了一些非常有趣的理论和假设，它们可能会构成我们正在探寻的更深邃理论的框架①。

---

① 这条注释写给专业读者：基础量子理论现在是一门非常活跃的学科，在实验和理论两方面都出现了许多激动人心的进展，也出现了许多旨在解决我们在本书中提到的物理学难题的理论。在此，我想要提醒读者的是，本书介绍的通往物理学前沿的道路并不算宽阔，许多激动人心的想法和理论我都没有提到。如果我尝试勾勒出整个领域的全貌，或者想要囊括所有极为睿智的最新进展，那么这本书就会变得不那么好看。由于我的第一目标是向你介绍量子世界，而不是把诠释这些量子现象的所有理论都讲一遍，因此，我得提前对那些没有在本书中找到自己偏好的量子物理学版本的专家读者道歉，并鼓励他们撰写自己的著作。在此我也要向历史学家们“道歉”，因为我在本书中讲述的故事有些并不见于史料记载，而是老师与学生之间口耳相传的量子物理学“创世神话”，其中的一部分还源于量子物理学的创立者们。

自 20 世纪 70 年代中叶起，我就一直在思考如何超越量子力学这个问题，我从未像今天这样对成功的前景感到兴奋并抱有一种乐观的态度。这就是我写作本书的第三大目标：在我们探寻量子力学之外的世界的前沿阵地上，向更多读者汇报我们的工作。

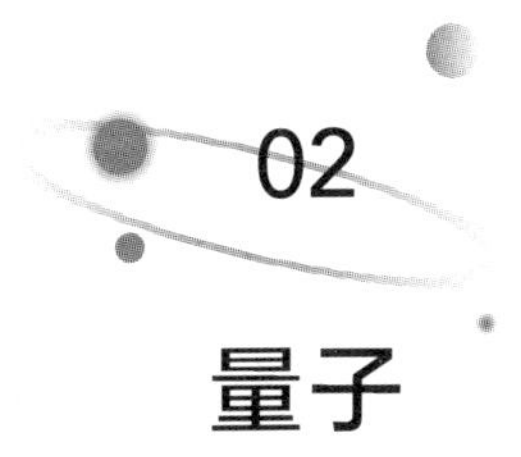

# 02 量子

如果我们不断地分解量子力学的理论，最后得到的最本质的原理会是如下这条：

> 完全掌控未来或是精准预测未来所需的知识，我们只能掌握一半。

这条原理击碎了物理学掌握预测未来的能力这一基本目标。我们曾经认为，只要能完整地描述物理世界，我们就能掌握这种预测未来的能力，通过完整地描述每个粒子的运动以及每种力的作用，我们就能精确地演算出未来会发生什么。在量子力学理论于 20 世纪 20 年代被正式确立之前，物理学家们自信满满地认为，只要掌握了约束基本粒子行为的定律，我们就能预测并解释世界上所发生的一切。

假设未来完全由作用于当下世界结构的物理定律所决定，这种假设叫作“决定论”。这个想法威力极其强大，各个领域内都能看到它的影响。如果你了解决定论思想在 19 世纪占据的统治地位有多么不可撼动，你就能够理解量子力学给各个领域带来的革命性影响，因为量子力学完全站在了决定论的对立面。

我想引用汤姆·斯托帕德（Tom Stoppard）的剧作《世外桃源》（*Arcadia*）中的一句台词来强调这一点。在这部剧中，早熟的女主角托马西娜对她的家庭教师说道：

> 如果你能让每个原子都停在它现在的位置和运动方向上，而你还能理解所有这些悬停动作，并且你非常擅长数学，那么你就能把那个可以决定未来一切的公式写出来。另外，尽管没人聪明到可以做到这事，这个公式也一定存在，就好像有人能把它写出来一样[1]。

在给定的时刻，对物质特性的完整描述被称为“状态”（state）。例如，如果我们认为这个世界由四处游荡的粒子构成，那么这些粒子的状态就会告诉我们，每个粒子在某一特定时刻身处何处、朝哪个方向运动，以及运动速率是多少。

物理学的力量来自物理定律，物理定律限定了物质特性随时间改变的方式，而物理定律做到这一点的方法则是使这个世界在某一特定时刻的状态变为未来任意时刻的状态。从某些角度看，物理定律生效的方式就像计算机程序：读取输入，产生输出。对于物理定律来说，输入就是某一事物在给定时刻的状态，而输出则是其在未来某个时刻的状态①。

沿着这种程序计算的思路，我们就得到了对于这个世界如何随时间改变的一种解释：作用于当前状态的定律导致了未来状态。我们把对未来状态的成功预测视为对这一解释的佐证。精确的输入产生精确的输出，因

① 把宇宙比作计算机有助于诠释决定论，但正如我在后文中将要提及的，这种比喻容易让人误入歧途。

此，这种预测具有确定性。这证实了这样一种观点：描述状态的信息实际上就是对这个世界在某一时刻的完整描述。

物理定律的概念是现实主义自然观的基础，而且这一概念超越了其他所有理论，牛顿力学及爱因斯坦的广义相对论和狭义相对论都是基于这个思路运作的。把状态的初始值代入物理定律，物理定律就会把这个状态转换成未来某一时刻的状态，这种解释自然的范式是牛顿发明的，所以我们称其为“牛顿范式”。

同样值得一提的是，在目前已知的几乎所有情景中，物理定律都是可逆的。也就是说，我们可以输入未来某一时刻的状态，然后反向运算物理定律，这样我们就能得到此前某一时刻的状态。需要说明的是时间和基本定律的可逆性问题是本书第 14 章、第 15 章要讨论的核心内容。

完整描述物理系统的状态所需的信息常常成对出现，比如位置和动量[①]、体积和压强、电场和磁场等。要想预测未来，这些成对出现的物理量缺一不可，而量子力学却认为，我们只能知道其中之一。这就意味着我们无法准确地预测未来，而这只是量子理论给予我们的直觉反应的第一次沉重打击而已。

那么，这每一对物理量中的哪一个是我们可以知道的呢？量子力学给出的答案是：你自己挑吧！这就是量子力学挑战现实主义的基础。

关于未来的不可预测性，量子力学告诉我们的还不止这些。为了能更

① 我们很快就会给动量下个定义，粗略地说，物体的动量与其速度和质量成正比。

好地说明这个问题，我们先利用一下量子力学所宣称的高度概括性，并且说得稍微抽象一点儿。我们希望用一对变量描述某个物理系统，就把这两个变量叫作 *A* 和 *B* 吧。量子力学提出了如下这个分为两部分的原理：

- 如果在某一给定时刻我们既知道 *A* 也知道 *B*，那么我们就能精确地预测系统的未来。
- 我们可以选择测量 *A*，也可以选择测量 *B*，并且无论选择哪个都能成功测量。不过，我们无法更进一步，也就是我们无法同时测量 *A* 和 *B*。

这个原理是对我们所能测量的变量的限制，但如果我们愿意，就可以把它表达成对我们所能知道的系统信息的限制。

那么，为什么我们不能先测量 *A*，然后在之后的某个时刻再测量 *B* 呢？没错，这我们的确可以做到，但这样一来，*B* 的测量结果就和之前测量的 *A* 没什么关系了。之所以会这样，原因之一是：测量 *B* 后，*A* 的值其实已经是随机的了，我们做不到在不干扰 *A* 的值的前提下测量 *B*，反之亦然。因此，如果我们先测量 *A*，再测量 *B*，接着再测量 *A*，那么第二次测量 *A* 得到的值就是随机的，并且和我们第一次测量 *A* 得到的值无关。

上述这一原理叫作“非交换性原理”（principle of non-commutativity）。如果两个动作的发生顺序并不会对结果产生任何影响，那么我们就称它们为“可交换的”。如果两个动作的先后顺序会对结果产生影响，那么我们就称它们为“不可交换的”。一般情况下，往咖啡里加奶和糖的顺序无关紧要，因此，“先加奶”和“先加糖”这两个动作是可交换的。而穿衣打扮则涉及一些不可交换的动作：内衣和外套的穿着顺序很重要；先穿哪只脚上的袜子就无关紧要了，而且是一开始就穿袜子，还是等到衣服穿到一半的时候穿，或是最后再穿，也是无关紧要的。因此，穿袜子这个动作和穿衣打扮中的其他动作都是可交换的，当然，除了穿鞋。

如果我们允许 *A* 的测量结果中存在某种程度的不确定性，那结果又会如何呢？接着我们又去测量 *B*，*B* 的测量结果中也会存在某种程度的不确定性，而且这两者之间的不确定性是相互影响的：我们对 *A* 了解得越多，对 *B* 的了解就越少，反之亦然。

举个例子，假设 *A* 是某个粒子的位置，*B* 是这个粒子的动量。假设我们进行了一次测量，可以把粒子的位置精确到方圆 1 米的范围内，那么对该粒子动量的测量结果就会产生相应的不确定性。如果我们提高 *A* 的不确定性，那么对 *B* 的测量就会更加精确，反之亦然。于是，我们就得到了一条原理，名为“不确定性原理”（uncertainty principle）。

（*A* 的不确定性）×（*B* 的不确定性）> 某个常量

代入位置和动量，这个不等式就变成了：

（位置的不确定性）×（动量的不确定性）> 某个常量

物理学就像一座每栋建筑都以某个名人命名的大学校园。上述不等式中的常量以马克斯·普朗克（Max Planck）的名字命名，即为普朗克常量 $h$，而不确定性原理则以沃纳·海森堡的名字命名，因此又称海森堡原理。

正如这个结果所展示的那样，不确定性原理的威力十分强大。让我们

回到先测量 $A$ 再测量 $B$ 接着再测量 $A$ 的场景。正如我刚才所说，一旦你知道了 $B$ 的测量结果，第二次测量 $A$ 得到的值就是随机的了，不再等于 $A$ 的初始值。不过，如果你在第二次测量 $A$ 之前做了某些可以让你忘记 $B$ 测量值的事情，那么这个系统就“记住”了 $A$ 的初始值，这种现象叫作“干涉”。不确定性原理允许这种情况存在，因为一旦我们忘记了 $B$ 的测量值，$B$ 的不确定性就很大了，于是，$A$ 的不确定性就将变得很小。

然而，我们如何才能“撤销”某次测量呢？我来举一个奇特的例子。在许多较为简单的案例中，$A$ 和 $B$ 都有两种可能的值，假设我们现在研究的系统是人，且假设 $A$ 是人的政治倾向，并且可以简化为两个选项：要么是左翼，要么是右翼；假设 $B$ 是人对宠物的偏好，要么是爱猫，要么是爱狗。现在我们来玩个游戏，在这个游戏中，没有人可以同时拥有明确的政治倾向和宠物偏好。然后，我们参加了一场派对，派对上所有人的政治倾向都为左翼，我们询问每个人他们是爱猫还是爱狗，接着就让爱猫人士进入客厅，让爱狗人士进入厨房。此时，如果我们进入这两个房间里，再次询问每个人的政治倾向，那么会有一半的人变成右翼人士。在政治倾向和宠物偏好两者不可交换的前提下，这是必然会出现的结果。

如果我们稍后把大家都集中到餐厅里，让他们全部混在一起，接着，我们再随机地把他们挨个挑选出来。按照这个方法，我们每次挑选出来的人既可能来自客厅，也可能来自厨房，我们并不知晓确切的答案，因此，我们丢失了他们的宠物偏好信息。这时，如果再询问他们的政治倾向，我们就会发现他们又都是左翼人士了。

这些原理是完全普适的，而 $A$ 和 $B$ 常常是是非题的两种备选答案。比如，在原本的那个案例中，$A$ 是某个基本粒子（如电子）的位置，而 $B$ 则是粒子的动量。动量是一个会给人们的理解带来障碍的词，所以，我们先来给它下个定义。

在物理学中，我们经常会提到粒子的速率和运动方向，我们把这两个信息整合成了一个叫作“速度”（velocity）的物理量。你可以把粒子的速度想象成一支指向其运动方向的“箭”，粒子的运动速率越大，这支“箭”就越长。

我们可以用一起车祸事件来举个例子，如果一个人想要在一起卡车与轿车相撞的车祸中存活下来，那么他肯定希望自己乘坐的轿车遭受的力越小越好。卡车施加给轿车的力与卡车的速率及质量成正比。可以设想，如果轿车是与一个乒乓球以同样的速率相撞，危害会小得多。为了更好地表达这种情况，物理学家把物体的质量与速度相乘的结果定义为物体的动量。动量其实也是一支指向物体运动方向的“箭”，只不过，它的长度既与物体的质量成正比，也与物体的运动速率成正比（见图 2-1）。

动量是物理学中的一个核心概念，而且它遵守守恒定律。这就意味着，在任何过程中，我们都可以把起始状态下涉及的各个粒子的动量全部加起来，无论之后发生了什么，最终这个系统的总动量都不会改变。也就是说，在车祸发生前、发生时以及发生后，系统的总动量都是相同的。车祸带来的变化是，动量从一个物体转移到了另一个物体上，就我们的体验而言，这种动量变化的外在表现就是一种物体对另一个物体施加了力。

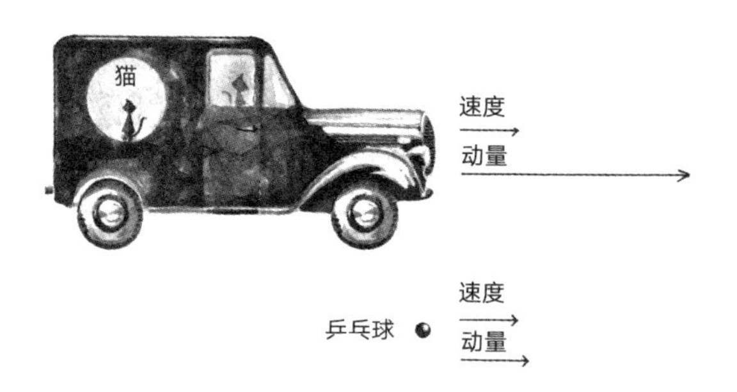


图 2-1　卡车和乒乓球的动量比例图示

注：卡车的动量比以相同速率运动的乒乓球大得多，因为它的质量要比后者大得多，而动量在数值上等于质量与速率的乘积。

能量也是一个守恒量。在没有外力作用的前提下，粒子系统的总能量永远都不会改变。系统内的粒子发生相互作用时，存在获得能量的粒子，同时也必然存在失去能量的粒子，但所有粒子的总能量保持不变，既没有增加，也没有减少。能量和动量之间也有关系，我们无须了解这种关系究竟是什么，只需要知道自由运动的粒子的动量是确定的，它的能量也是确定的。根据不确定性原理，我们无法同时获得物体的位置和动量。这就意味着我们无法准确地预测未来，因为这需要我们完全精确地掌握物体所在的位置以及它的运动速率及方向。

若想直观地认识粒子的行为，我们就得想象它正处于一个确定的位置上，但在不确定性原理的约束下，我们无法准确地了解它的动量或速度。然而，想要解决这一问题也不难，我们可以想象粒子在某一时刻处在确定的某处，在下一个时刻，它也一定是在确定的某处，只不过换了个地方，而它的动量是不确定的，这样一来，我们就可以想象粒子随机地在一定的范围内跳动。

然而，对于动量确定但位置完全未知的粒子，我们又应该如何想象呢？这似乎更加具有挑战性。位置完全未知就意味着你在所有地点发现它的概率都相等，也就是说，它完全扩散开来了。那么，我们又要如何想象确定的动量呢？答案是：我们可以把动量确定但位置完全不确定的粒子想象成一道波——以单一频率振动的纯波。

波的特性可以用两个物理量来表征。一是它的频率，即波每秒振动的次数；二是波长，即相邻两个波峰之间的距离。频率和波长之间的关系是：把频率和波长相乘就得到了波传播的速率。由于粒子的动量是完全确定的，这种表征粒子且以单一频率振动的波也就有了完全确定的波长。

量子力学断言，粒子的动量与其表征波的波长之间存在一种简单的反比关系。关系式如下：

$$\text{波长} = h / \text{动量}$$

上述等式中的 $h$ 就是不确定关系中的普朗克常量。

假设某一时刻没有任何力作用在这个粒子上，或许是因为它离其他任何物质都很远。在不受外力作用的前提下，动量确定的粒子所含的能量也是确定的，而能量反过来又和粒子表征波的频率相关，而且呈正比关系：

$$\text{能量} = h \times \text{频率}$$

上述这些关系都是普适的。量子世界中的一切都可以看作波或者粒子，这就是量子世界基本原理的直接结果，即我们可以测量粒子的位置或动量，但无法同时测量这两个量。

想要测量粒子的位置，我们就要想象它在某一时刻固定于空间中的某个确定的位置上。因为粒子的动量完全不确定，所以下一个时刻再观察它的时候，我们就会发现它已经随机跳到其他地点去了。这个粒子不可能待在原处不动，因为那样的话，它就有了确定的动量值，也就是 0。

如果我们选择测量粒子的动量，就会发现它有确定的动量值，但位置完全不确定；所以我们就可以把它想象成一道波。根据前文列出的那些关系，这道波拥有确定的波长和频率。

这种思考方法最难以置信的地方在于：波和粒子其实完全不同。粒子总是处于空间中的某个确定的位置，而且会沿着某条路径在空间中运动，这条路径称为轨迹。此外，根据牛顿物理学，粒子在任一时刻都有确定的速度，因此也有确定的动量。波的性质恰恰相反，波没有确定的位置，波传播到哪里就扩散到哪里，同时占据所有可用的空间。不过，我们现在知道波和粒子是二元性的两个面，也就是对同一种现实的两种观测方式。即单一现实拥有一种二元性：波粒二象性。

量子粒子可以有位置，我们想知道它在哪，就可以通过测量发现它在确定的某处，但是，量子粒子永远不可能有轨迹，因为即便我们知道它现在在哪儿，我们也完全不可能确定它接下来会在哪儿。我们必须习惯这种看待粒子的方式：它处于某个确定的位置，但这个位置并不是一段轨迹上的点。同样的，如果我们测量量子粒子的动量，也总会得到一个值，但它就是一道在各处扩散的波，我们完全无法确定它会在哪儿出现，即我们无法测得它的确定位置。

这个方案的确非常巧妙，但最引人注目的还是它的普适性，它适用于光、电子以及其他所有已知的基本粒子，此外，它还适用于这些粒子的结合体，比如原子和分子。这个方案成功解释了像巴基球[1]和蛋白质这样的大分子的运动。到目前为止，物体的量子性质还没有对其尺度和复杂性有明确的限制。我们还不知道波粒二象性是否可以应用于人、猫、行星或恒星，但也还没有任何已知的理由可以证明绝对不能。

在前文所述的所有例子中，我们基于量子力学得到的结论都是一样的：我们只能知晓准确预测未来所需信息的一半。

① 巴基球一般指碳 60（$C_{60}$），是一种由 60 个碳原子构成的分子，形似足球，又称足球烯。——编者注

# 03

# 量子的变化方式

我的老师赫伯特·伯恩斯坦在我们的第一堂量子力学课上就告诉我们，物理学是描述一切的科学。我们研究物理学的目标就是找到普适的自然定律，并据此解释大自然中的许多现象。

到目前为止，量子力学这种理论能够解释的自然现象最多，与此同时，它也大大限制了我们对某些特定现象所能提出的问题。我们在此前的章节中就已经碰到了这样一种限制：我们对某个系统的了解只能达到精确预测其未来所需信息的一半。我们必须放弃精确描述每个原子的行为这种想法，转而采用统计预测方法，而这种方法在很多情况下都只能得出一个平均值。接受量子理论就意味着必须放弃精确预测未来的雄心壮志。

大多数物理学家也确实在量子力学所取得的成功面前放弃了这种梦想。不过，我认为这样未免有些目光短浅，因为还有更深层次的现实等待我们去挖掘，一旦掌握了这些知识，我们就能重新开启全面理解大自然的新征程。

另一项限制则制约了量子理论的应用范围。我们可以用一个原理来描述这种限制，我称之为"子系统原理"（subsystem principle）：

**量子力学适用的所有系统都必须是更大系统的子系统。**

造成这种限制的一大原因是：量子力学涉及的物理量都是用测量工具测得的，而这些工具必然处于我们所研究的系统之外。此外，感知并记录这些测量结果的观测者也不在目标系统之内。

大多数人都带着一种朴素的期待学习科学，也就是希望科学能告诉我们什么是真实。我们可以按照约翰·贝尔的方法称某系统的某种真实属性为“已然量”（beable），即客观现实的一部分。贝尔创造了这个词，用来与术语“可观测量”（observable）相对应，而可观测量正是反现实主义者希望从科学理论中得到的东西。

已然量和可观测量都是带有倾向性的术语，无论使用它们中的哪一个，你都清晰地阐明了你在现实主义和反现实主义之间的这场大辩论中的立场。可观测量由实验或观测产生，我们没有理由认为可观测量与独立存在于测量之外的某些事物相关，或者说，我们没有理由认为可观测量在测量之前就已经有了值。反现实主义者运用这个术语是为了强调，量子物理学家测量的量不必独立于或者先于观测存在，而现实主义者运用“已然量”这个术语是为了说明，无论他们是否进行测量，现实都客观存在。

大部分科学解释使用的都是已然量，比如对炮弹运动轨迹的阐述，以及对鸟类、蜜蜂在空中舞蹈轨迹的描绘。然而，量子力学却不是这样！正如海森堡和玻尔所坚持的那样，量子力学阐述的只是观测到的事物，而非客观存在的事物。按照他们的说法，在原子维度讨论已然量是没有意义的，量子力学只讨论可观测量。

为了测量原子的可观测量，我们把它放到一个“庞大”的仪器上。通过定义我们就能知道，这个仪器显然不是我们研究的可观测量所属系统的一部分，观测者当然也不是。因此，量子力学描述的系统必须是某个囊括了观测者和测量工具的更大的系统的一部分，这就是我们的子系统原理。

量子力学理论在大多数时候都应用在原子、分子或其他微小系统中，在这些情况下，子系统原理的限制就无须考虑了。不过，包括我在内的一些物理学家还胸怀描述整个宇宙的宏图大志，我们认为这就是科学的终极目标。从定义上以及从整体角度来看，宇宙不可能是某个更大的系统的一部分，因此，子系统原理打碎了我们通过某种理论从整体上描述宇宙的希望。

认为量子力学是万物理论的观点与希望将量子力学的应用范围拓展到整个宇宙的想法之间存在一种微妙且重要的差异。伯恩斯坦教授在我们的第一堂量子力学课上的宣言是想表达：物理学是正确描述一切事物的基础，而且这些事物都是某种整体中的一个子系统。这与想象将量子理论应用于宇宙整体很不同，因为那意味着，被研究的系统需要囊括我们这些观测者和我们使用的测量工具。

在过去的一个世纪里，物理学家多次尝试将量子力学的应用范围拓展至整个宇宙。我们随后就能看到这一系列尝试中的一个例子，然而，这些尝试均以失败告终，与我们在这里阐述的总体论点相符。

把观测者纳入所要描述的系统会带来一些自我参照方面的棘手问题，比如，我们甚至不清楚观测者是否能给出完备的自我描述，因为观测或对自我进行描述这种行为本身会改变观测者。不过，量子力学的应用范围无法拓展至整个宇宙还有更深层次的原因。

我曾在自己的著作中研究了如何才能把物理学的应用范围扩展到整个宇宙，比如《宇宙的生命》(*The Life of the Cosmos*)、《时间重生》(*Time Reborn*)[①]以及与罗伯托·曼加维拉·昂格尔（Roberto Mangabeira Unger）合著的《奇异宇宙与时间现实》(*The Singular Universe and the Reality of Time*)。我们的结论是，描述整个宇宙的理论必须在几个关键方面区别于目前已经建立的所有物理学理论，当然其中也包括量子力学理论。所有这些理论都只在对部分宇宙进行描述时才有意义。

实际上，“量子力学只有在对部分宇宙进行描述时才有意义”这一事实本身就充分证明了量子力学并不完备。我们对能完善量子力学的理论的一大要求就是，它在扩展至描述整个宇宙时也仍然有意义。

不过，这一点并不是证明量子力学不完备的唯一思路。从历史角度来看，一些其他问题和难点对这门学科的演变造成的影响要深远得多。我会暂时放下那些宇宙学难题，而把注意力放在我们面临的更加紧迫的挑战上。

将普适定律应用于特定物理系统的过程涉及 3 个步骤：

---

① 本书作者李·斯莫林的著作《时间重生》阐明了这样一种观点：我们如何理解时间决定了我们如何思考未来，在量子力学与时空、引力以及宇宙学的终极大统一中，时间发挥着至关重要的作用。该书中文简体字版已由湛庐策划，浙江人民出版社于 2017 年出版。——编者注

**第一步，**我们要明确想要研究的物理系统。

**第二步，**我们要用一张属性清单来描述这个系统在某一时刻的状态。如果这个系统由粒子构成，那么描述它的属性就应该包括这些粒子的位置和动量。如果这个系统由波构成，那么我们就要用波长和频率来描述它。依此类推，所有这些列出的属性就定义了整个系统的状态。

**第三步，**我们要假定某个定律能描述这个系统随时间变化的方式。

在量子物理学出现之前，物理学家通常带着一种朴素而宏大的抱负研究科学，例如，上述的第二步要求我们能用完备的理论来描述系统。这里的完备有如下两层含义：

- 首先，完备意味着我们既不需要也不可能更为细致地描述系统。系统可能拥有的其他任何性质都是清单上的各种属性相互作用的结果。
- 然后，清单上的属性应该与精确预测未来所需的属性分毫不差，而预测的过程则通过各种定律完成。只要掌握了对系统现状的完备认识，我们就可以精确地预测该系统的未来。

从牛顿力学于17世纪后半叶横空出世至量子力学在20世纪20年代问世之间的这段时间里，科学家们都认为，构成对一个系统的完备描述的属性就是该系统中所有粒子的位置以及它们的动量。

当然，我们不太可能知道构成系统的所有粒子的精确位置和动量。比如，一个普通房间里的空气中含有大约$10^{28}$个原子和分子，我们不可能把它们的位置全部一一列出。我们只能使用密度、压力和温度这样的术语非常近似地对其进行描述。这些物理量描述的是系统中所有原子的位置和运动状态的平均水平，这种整体性的描述肯定会涉及概率，因此，通过这种方法所做出的预测总会存在某种程度上的不确定性。

需要说明的是，这里只是为了方便才使用概率，由此产生的不确定性也只是反映了我们的无知，并不代表系统本身是不确定的。在运用密度和温度从宏观上描述气体时，我们仍认为系统可以精确描述，即我们能够列出每一个原子的位置和运动状态，我们也都坚信，只要能得出这种精确的描述，我们就能运用相关定律准确地预测未来。这个信念以现实主义信仰为基础，即认为现实客观存在，并且我们能够掌握这种现实。

量子力学给了这种志得意满的雄心壮志当头一棒，因为它的首要原则就是我们最多只能掌握了解现实所需的一半信息。

精确预测未来所需的完备信息叫作“经典态”（classical state）。我们一般用“经典”这个词来描述从牛顿力学的提出到量子力学问世这段历史中的物理学。与此类似，我们把精确预测未来所需的一半信息称为“量子态”（quantum state），至于这信息究竟是什么则完全随意，可以只是动量或只是位置，也可以是动量和位置的组合，只要它是精确预测未来所需信息的一半，而另一半缺失就可以。

量子态是量子理论的核心概念。现实主义者看到这个概念时会问：量子态真实吗？粒子的量子态是否与它的物理现实具有精确的一致性？或者，量子态只是一种便于预测的工具？又或者，量子态并不是对粒子状态的描述，而只是对我们所能掌握的关于粒子的信息的描述？

以上这些问题还都尚待解决，即便是物理学专家都还没有达成一致意见。我们很快就会讲到关于量子力学的意义和正确性的这类问题及其他问题。就目前来说，我们还是倾向于采纳实用主义的观点，把量子态视作预测未来的工具。

量子态这个工具颇为有用，因为它的确可以预测未来。如下就是我们的另一条原理：

> **只要掌握了孤立系统某一时刻的量子态，我们就能通过一个定律精确地预测该系统在任何其他时刻的量子态。**

上述原理中提到的定律叫作“规则一”，有时也叫作“薛定谔方程”。存在这样一种定律的原理则称为具有“幺正性”（unitarity）。虽然量子态与单个粒子的行为之间存在统计学关系，但当讨论量子态随时间变化的方式时，整个理论仍具有确定性。

我们在前文已经提到，拥有确定能量值和动量值的量子态可以用频率和波长都确定的纯波表征，不过，这类量子态实在是太过特殊。那么，其他量子态又如何呢？它们的动量并不确定，因而也不会以单一频率和波长振动。更一般的量子态由任意形状的波表征[①]。它们的位置和动量都不确定，所以，只要我们测量这两个量中的任意一个，就会出现不确定性。

有些粒子的状态位置完全确定，而动量则完全不确定，如果我们用图

① 当用波表征量子态时，我们有时会称其为波函数。

形表示它们，得到的结果就会如图 3–1（B）所示的那样：粒子所处的那个点上是一道射线，其余各处的值都为零。还有一些状态在某一区域达到峰值，对应的是那些位置无法确定的粒子，因而我们只能了解它们所处的大致位置（见图 3–1）。

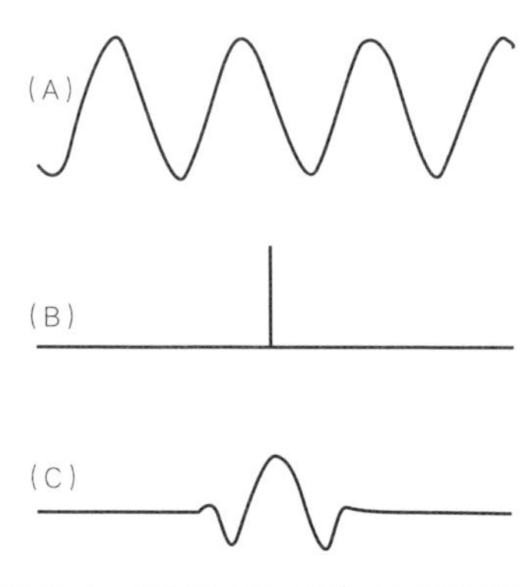


**图 3–1　表征不同状态的 3 种波函数**

注：图（A）是一道波长确定的纯波，对应完全确定的动量。根据不确定性原理，这种状态的位置完全不确定；图（B）表明这种状态的位置确定，而波长完全不确定；图（C）则介于上述两者之间，由几种波长组合而成，因此，动量和位置都具有某种程度的不确定性。

制造一般量子态的一种方法是将几道频率和波长各不相同的纯波叠加到一起。

如果我们测量这种组合的能量，我们会得到一个与波的不同频率相对应的值的范围。如果用音乐来打比方，这些波就可以看成声波，单一频率的纯波听上去就是一个音符，同时弹奏数个音符就能产生和弦，而且同时弹奏的音符没有数量限制，能叠加到一起的量子态也没有数量限制。

将表征两种状态的波叠加到一起就相当于把这两种状态组合在了一起，这个过程叫作“态叠加”（superposition of state），对应于粒子抵达探测器的两种不同路径的组合。以前文提到过的例子来说，我们让爱猫人士都到客厅里去，让爱狗人士都到厨房里去，客厅和厨房都各自代表了一种量子态，且由明确的宠物偏好定义。当我们让大家都到餐厅集合时，就类似于把两种状态叠加了起来，这就是“叠加原理”（superposition principle）的一个例子。

**叠加原理：任意两种量子态都可以叠加到一起，从而产生并定义第三种量子态。具体做法就是把表征这两种状态的波叠加起来，其对应的物理过程就是遗忘能够区分这两种量子态的特性。**

从逻辑上说，状态 C 和 D 的叠加态就表示为“C 或 D”。在前文的例子中就是，某人可能爱狗或爱猫，这里的连词“或”意味着遗忘了原来状态中的某些特性。也就是说，他们可能处于状态 C，也可能处于状态 D，由于我们忘了他们究竟处于哪种状态，所以只能说他们“处于状态 C 或状态 D”。

量子态之所以重要，是因为它们是按照一个确定的规则随时间演化的。量子态和观测结果之间的关系是概率性的，但粒子此时此刻的状态与其他任何时刻的量子态之间的关系则是确定的。不过，这里还有一个重要的提醒：这个确定的演化规则只适用于独立于宇宙其他部分之外的孤立系统。只有在这种情况下，系统才能免受外部因素的干扰或影响，这个演化规则也才具有确定性。

我们在测量某个系统时，会对这个系统造成干扰，最典型的情况就是系统与测量工具会发生相互作用，因此，规则一不能应用于测量过程。不仅测量如此，系统与外部作用力发生的任何相互作用都会使规则一失效。那么，测量到底有什么特殊之处呢？

**测量的特殊之处在于，概率正是通过测量进入量子理论。**

量子力学认为，量子态与测量结果之间的关系是概率性的。一般来说，某个给定的测量操作可能产生的结果有许多，每一种结果都有一定的出现概率，具体会得到什么结果则取决于所测量的这种量子态。就测量粒子位置的这个例子来说，这种依赖关系特别简单：

**在空间中某个特定位置发现粒子的概率与该点上相应的波振幅的平方成正比。**

上述关系叫作“玻恩规则”，以其提出者马克斯·玻恩的姓氏命名。为什么是平方关系？大致原因是：概率总是正值，但波的振幅一般会在正值和负值之间浮动，而某个数的平方总是正值，并且平方与概率之间也确有联系。由此我们可以得知，波的振幅越大或者说波峰越高，我们就越可能在那里找到相应的粒子。

最后这几点是量子力学能够奏效的关键，所以我来总结一下：波能表征量子态，根据规则一，孤立系统随时间的变化具有确定性。量子态与我们测量得到的观测结果并非直接相关，而且这种间接联系不具有确定性，而只具有概率性，因此，随机性就以这样一种方式进入了量子理论的底层。

不过，即便量子态只能给出观测到某种结果的概率，但是一旦我们得到了观测结果，也还是会随之产生一些确定的东西，因为在得到结果之后，我们就精确地知道了测量对象的状态究竟是什么，测量得到的正是对应于结果的状态。假设我们测量一个电子的动量，并且得到结果：电子以动量 17（暂且不考虑单位）朝北运动。那么，我们在测量结束后就知道了该电子的量子态是朝北，动量等于 17。

如下这第二条规则就体现了这一点，我们称其为“规则二”：

> **测量之前，测量结果只能用概率预测，但测量后得到的结果是确定的。这是因为，测量行为将被测系统放到了与测量结果对应的状态之下，从而改变了被测量系统的量子态。这个过程叫作“波函数坍缩”。**

例如，在前文中那个关于政治立场和宠物偏好的例子中，一旦某人回答了其中的任何一个问题，他们就进入了由某个确定偏好定义的量子态。

由于测量结果是概率性的，规则二描述的量子态的变化当然也是概率性的。一旦测量结束，我们就可以认为系统重新回到了孤立状态，也就是说又回到了规则一的掌控之下，直到下一次测量为止。

然而，规则二带来了一大堆问题，比如：

- 波函数坍缩是瞬时完成的，还是需要一段时间？
- 被测系统一旦与探测器发生相互作用，坍缩就发生了，还是在两者发生相互作用之后，我们做记录时才会发生坍缩？又或者，还要更晚一些，等到测量结果为观测者的意识所感知时，坍缩才发生？

- 坍缩是物理变化吗？还是只是我们对被测系统认知的变化？如果是前者，那就意味着量子态是真实存在的；如果是后者，那就意味着量子态只是我们对这种认知的一种表达。
- 系统要如何知晓其已经与探测器发生了特定的相互作用，然后转而遵循规则二，且只在知晓这种相互作用发生后才遵循规则二？
- 如果我们把原系统和探测器结合起来，组成一个更大的系统，又会发生什么呢？规则一会适用于这个更大的系统吗？

这些疑问反映了测量问题的各个方面。针对这些疑问，人们给出了各种各样的答案，这些答案成了近一个世纪以来巨大争议的源泉。等介绍完量子力学的全貌后，我们就会花大量篇幅讨论上述这些问题。

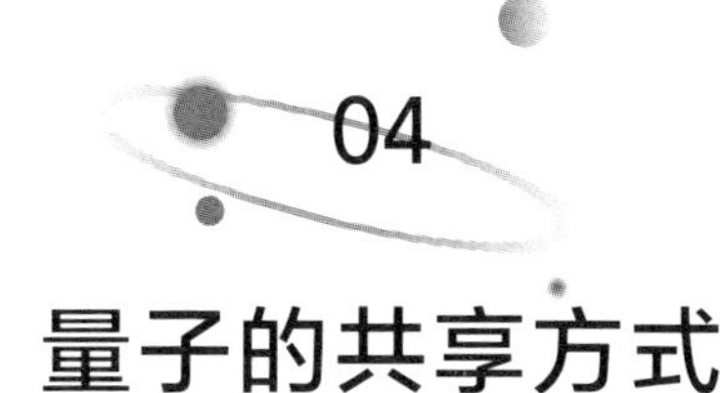


# 量子的共享方式

> 虽然在日常生活的语境下，认为这个世界独立于我们而存在还是大有用处的，但这种观点已不再能得到支持。
>
> ——约翰·惠勒

量子系统的叠加对现实主义阵营提出了一个重大挑战。对于现实主义阵营来说，一个更隐蔽的障碍来自量子力学如何描述由简单系统组合而成的系统。

叠加是单个系统的各种可能的不同状态的结合，叠加对应“或”。此外，量子力学在讨论将两个不同系统组合成一个更为复杂的系统时也会产生有趣的情形。假设我们有一个电子和一个质子，它们在开始时都处于各自的量子态，然后我们把它们组合成一个氢原子，于是，整个原子就有了自己的量子态，该量子态由原来的电子和质子的量子态结合而成，这就对应于“和”。电子和质子各自的量子态都代表了完整描述这两种粒子所需信息的一半，而结合成原子后的“联合”量子态也代表完整描述原子所需信息的一半，这就产生了一种非常有趣的新现象。

我们还是以前文提及的那群拥有两种不相容属性——政治立场和宠物偏好的人为例。假设安娜和贝丝合住一间公寓，她俩在商量养一只宠物。从个人角度来说，安娜和贝丝都喜欢猫，那么她俩结合起来的状态就是这两种个人状态的组合。由于安娜和贝丝都有明确的宠物偏好，那么她俩的政治立场就都不明确。如果询问她俩的政治立场，那么她俩都有 50% 的可能回答左翼，也都有 50% 的可能回答右翼，因此，在政治立场这个问题上，她俩立场一致的概率是 50%，不一致的概率也是 50%。在我们讨论的这个状态中，安娜和贝丝各自都有明确的宠物偏好，而她俩的政治立场都是随机的，并且互相之间没有联系，安娜表达自己的政治立场不会对贝丝产生任何影响。

量子物理学还允许我们定义这样的状态：安娜和贝丝各自的政治立场都不确定，但我们可以明确地知道她俩所持政治立场之间的关系。这样一种状态的一个重要的例子是，如果询问安娜和贝丝的政治立场，那么我们唯一可以确定的是得到的回答必然相反，这种状态叫作"对立"。在这种状态下，无论你问她俩何种问题，也无论其中一人如何回答，另一人的回答必然与之相反。不过，我们无法准确预测她俩各自究竟会如何回答，只知道她俩的回答必然对立。

对立是一种很奇怪的现象，即存在这样一种量子态：我们知道两个粒子之间存在何种关系，却对它们自身究竟处于何种状态一无所知，我们称这类状态为"纠缠"。纠缠是量子理论引入物理学的一种全新现象，在经典物理学中找不到任何与之对应的现象。

"无论问安娜和贝丝什么问题，她俩都会给出相对立的答案"这个信息恰恰等同于预测她俩实际给出的答案所需信息的一半，另一半则是她俩各自的回答。在对立态中，我们对安娜和贝丝各自的政治立场一无所知，但完全掌握了她俩立场之间的关系。在对立态中，安娜和贝丝共享了一种属性，而且这种属性并非她俩各自属性的总和。

假设安娜和贝丝共度了一晚，且醒来后她们进入了对立态，然后各自出发去上班。午饭时分，安娜的同事询问她的政治立场或是宠物偏好，假设他们事先并没有想好到底要问哪个问题，临时才随口问问。之后，同事们记录了问安娜的问题以及她的回答，贝丝的同事也如法炮制，且两人的同事每天都重复这项工作并持续一年。一年后，两人的同事碰面并拿出记录相互比较，你认为他们会发现什么？

按照一般情况，在一年中一半的时间里，安娜和贝丝被问到的问题并不一样，我们忽略这些情况，只讨论她俩被问到相同问题的日子。由于她们处于对立态，因此在这些日子里，她俩的回答 100% 不一样，哪怕从个人角度看，她俩每天的回答也似乎是完全随机的。

按照我刚才的描述，这个现象不难解释。安娜和贝丝只需要在吃早饭的时候抛硬币决定由谁给出哪种回答，另一个人则只需给出相对立的答案就可以了。不过，有意思的地方在于，类似的故事不仅发生在两个人的情形下，也发生在两个光子的案例中。我们可以把一对光子放到对立态下，然后测量它们的各种属性。无论何时我们问它们同样的问题，它们给出的回答都相反。然而，与人类的案例的不同之处在于，我们可以证明，这两个光子在被询问之前不可能达成任何协议。1964 年，爱尔兰物理学家约翰·贝尔在一篇重要的论文中证明了这一点。

在两个光子的例子中，我们询问的既不是政治立场也不是宠物偏好，而是偏振。电磁波由振荡的电场和磁场构成，且振荡方向与波的传播方向垂直，这些振荡定义了一个会随着电场和磁场的振荡而跳跃的平面（见图4-1）。当电场在特定平面内稳定振荡时，我们就称光发生了偏振。单个光子通过偏振透镜（比如太阳眼镜）时就会发生明显的偏振。

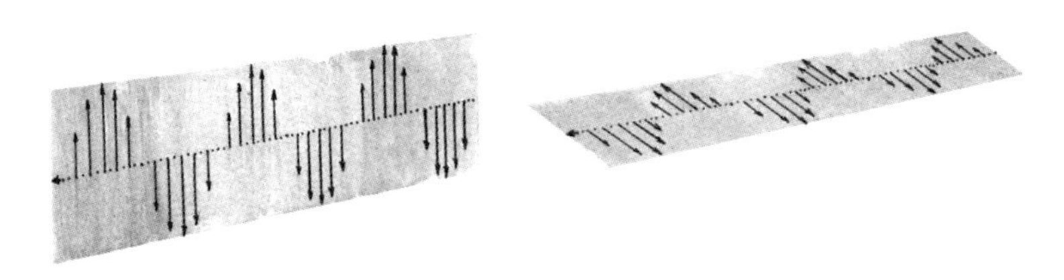

**图 4-1　电磁辐射偏振示意图**

注：图中展示的是两道在没有外部电流和电荷干扰的情况下穿过电场的波。需要特别注意的是，电场的指向垂直于波的运动方向。电场的振荡以及波的运动方向定义了一个三维空间中的平面，这个平面称为“偏振面”。图中展示的两个偏振面互相垂直。

我们可以制造出偏振处于对立态的光子对。具体流程是先让两个光子反向运动，直到它们分开足够远的距离，然后在它们的运动路径上都放上一块偏振玻璃（偏振透镜），光子要么会穿过玻璃，要么不会。在对立态下，如果这两块偏振玻璃的偏振面相同，那么一个光子会穿过玻璃，而另一个不会。具体是哪个光子穿过玻璃则完全随机，因为在对立态下，两个光子的个体属性完全不确定。

我们也可以转动其中一面玻璃，让它的偏振面偏向一侧。于是，两块偏振透镜的偏转角度出现了差异，在这种情况下，这两个光子有时都会穿过玻璃，具体频率则取决于两块偏振透镜之间形成的角度。当这个角度为0° 时，就相当于我们询问两个光子相同的问题，结果是只有一个光子会穿过镜片。如果我们稍稍转动其中一块偏振透镜，这就相当于问了两个光子稍有不同的问题，那么，在某些情况下，两个光子都会穿过玻璃。当我们改变两个偏振面之间的角度时，就相当于在问两个光子，它们同时穿过玻璃的频率如何变化。

贝尔提出了一个假设，表达了物理学具有局域性的思想：因为信息的传播速度不可能超过光速，这就意味着，当两个光子相距极远时，我问其中一个光子问题不可能影响到另一个光子给出的答案。从这个假设出发，贝尔推导出了两个光子都通过偏振镜的频率上限，这个上限取决于两个偏振面形成的角度。

贝尔提出的第一个疑问是，量子力学是否打破了这种限制。他发现，在某些角度下，上限确实被打破了，这意味着，量子力学违反了贝尔提出的局域性原理。我们在安娜和贝丝两人的故事中很容易看到这一点。她俩各自出发上班时共享了同一种量子态，即对立态。这并不是她们任何一个人的个人属性，而是一种共享属性，只在应用于她俩时才有意义。这种情形已经违背了物理学具有局域性的观点。

然而，还有更糟糕的情况。当贝丝的同事询问她的宠物偏好时，她回答说爱猫，按照规则二，这立即改变了贝丝的量子态。她的宠物偏好本来并不确定，但现在她确定是位爱猫人士了。如果再问贝丝一次这个问题，她一定还会回答爱猫，因此，“猫态”定义了她。

按照同样的逻辑，因为安娜和贝丝一早就进入了对立态，所以安娜此时就成了确定无疑的爱狗人士。如果同事问她偏爱何种宠物，她一定会回答爱狗。

这样一来，对贝丝宠物偏好的测量似乎立即影响了安娜的状态。虽然测量的是贝丝，而且安娜也没有和任何人交谈，但规则二还是应用到了安娜身上，这就是“量子非定域性”（quantum nonlocality）现象的一个例子。如果同事问贝丝的问题是她的政治立场，情况也并无不同，无论她回答左翼还是右翼，安娜的政治立场都会立即变得与她相反。

一旦同事问了贝丝问题（无论是政治立场还是宠物偏好），她和安娜就不再共享状态，贝丝就有了自己的确定态，并且我们可以说，这是贝丝被测量产生的结果。怪异之处在于，由于安娜和贝丝最初都处在“对立态”之中，一旦贝丝接受了询问，安娜的状态也会立即随之改变。贝丝给出的回答立即让安娜对同一问题有了明确的答案，让后者处于自己的量子态中，即给出与贝丝相反的回答。

哪怕还没有任何人问安娜任何问题，这一切就都已经发生了。如果贝丝和她的同事与安娜相距几光年，那么，按照信息传输应该遵守的一般限制，安娜可能在几年之内都不知道贝丝被问了什么问题，也不知道贝丝给出了何种回答。这就意味着，安娜不可能知道自己的量子态发生了变化。然而，如果量子理论是正确的，那么即使两人相距几光年，事实也依然如此。当然，如果先接受询问的是安娜，情况也是一样的，共享纠缠态产生的结果完全对称。

爱因斯坦发现了这种对立量子态的怪异表现，并在 1935 年同两位年轻的同事鲍里斯·波多尔斯基（Boris Podolsky）和南森·罗森（Nathan Rosen）一道撰写了一篇以此为主题的论文[1]。这三位作者有时也被合称为“EPR”，他们运用了一个和我的描述颇为相似的实验来论证量子力学必定不完备这一观点。为了证明这个结论，他们设定了一个标准，规定了在何种情况下必须视物理系统为真实。这个标准是这样的：

> **如果能在没有任何因素干扰系统的情况下 100% 地确定这个系统的某种属性，那么必然存在一种物理现实元素与这种属性相关。**

爱因斯坦等人还假设，只有物理层面上的行为才能干扰系统，更重要的是，他们假设物理干扰都有局域性，且传播速度不能超过光速。这就意味着：在安娜和贝丝的例子中，无论同事问贝丝哪个问题，除非有足够的时间让光信号把贝丝被问到的关于问题的信息传递给安娜，否则，安娜不可能在物理层面上受到其影响。

我们刚才已经讲到，一旦贝丝的同事问了贝丝的宠物偏好，他们随后就会知道安娜的宠物偏好。爱因斯坦等人坚信局域性原理，因此，由于安娜和贝丝相距遥远，前者不可能受到身处远方的后者被问问题的干扰。这就满足了刚刚阐述的现实标准，我们就能得出结论：安娜的宠物偏好是一种现实元素。

此外，与安娜有关的现实不可能受到发生或没有发生在贝丝身上的任何事的影响，因此，无论是否有人询问贝丝她的宠物偏好，安娜的宠物偏好都真实存在。

请注意，贝丝的同事还可以询问贝丝的政治立场。按照同样的推导过程，我们必然能够得到结论：安娜的政治立场也是一种现实元素，并且，无论是否有人询问贝丝的政治立场，安娜的政治立场都真实存在。于是，我们就能得出这样的结论：安娜的宠物偏好和政治立场都是现实元素！

由于量子态不可能同时描述某人的政治立场和宠物偏好，因此，安娜的量子态并不是对她的完备描述。于是，爱因斯坦、波多尔斯基和罗森断言：量子态对世界的描述并不完备。

我从大学一年级开始就一直在思考爱因斯坦等人的这个论断，就目前来说，我能确定的是，这个论断的逻辑肯定没错。不过，有一点需要注意：这个论断的前提是，物理学具有局域性。爱因斯坦和他的青年朋友们得出这个结论的前提就是物理学具有局域性。

贝尔在推导过程中也运用了同样的假设，只不过他应用的对象是光子，而不是人。当两个光子相距甚远时，我“问”其中一个光子任何问题，都不可能影响另一个光子给出的答案。

这确实是贝尔在论证过程中涉及的唯一一个重要假设。就像我刚才说的那样，既然贝尔的局域性限制（后文简称“贝尔限制”）与量子力学不符，那一定是量子力学本身与局域性相抵触。

我们可以更进一步，直接检验大自然是否就像“EPR”和贝尔假设的那样违反了局域性。

贝尔限制的重要之处在于它并非只适用于量子力学，这个限制约束了满足贝尔和“EPR”局域性的一切理论，其中包括那些具有取代量子力学潜力的理论。贝尔限制也同样适用于一切将在未来出现的理论，这就意味着，我们可以设计实验直接检验局域性原理。

幸运的是，贝尔限制可以通过一种成本相对低廉的设备来检验，这种设备只需在一个房间中手工制作。20 世纪 80 年代初，阿兰・阿斯佩（Alain Aspect）及其合作者让・达利巴尔（Jean Dalibard）、菲利普・格兰杰（Philippe Grangier）和热拉尔・罗杰（Gérard Roger）在经过数次片面且结果互相矛盾的尝试后，终于在巴黎附近的奥尔赛做出了具有决定性意义的实验[2]。

在阿斯佩的实验中，发生纠缠的粒子是光子，询问光子的问题则与它们的偏振面有关。实验一开始，阿斯佩等人先用激光中的光子将一个原子从基态激发到激发态。这么做是为了让受激原子在衰变回基态时产生一对处于对立态的光子。这两个光子在朝相反方向飞出几英尺①后就会遇到偏振器，后者会测量光子相对于某个平面的偏振度。每个偏振器用来做参考的这个平面都可以按照实验人员选择的任意位置自由设定，以便测量两个光子偏振度之间的相关性。测量结果明确地违背了贝尔限制，却完全符合量子理论的预言。

这些实验告诉我们，前面重点介绍的贝尔局域性原理的假设并不正确，量子世界并不遵循局域性原理。

如果这不是你听过的最令人震惊的科学理论，那你可能还没有完全理解我们在说什么。刚才这番话意味着：大自然并不遵循局域性原理，也就是说彼此相距很远的两个粒子，即存在于这个世界上的两个客观实体，可以共享某些不能独自享有的属性。

既然如此，那么我们便很自然地想问："利用贝丝和安娜共享的这种

① 1 英尺约为 0.3 米。——编者注

纠缠态，是否也可以打破信息传播速度不能超过光速的限制？既然一旦贝丝被问了问题，安娜的状态就会随之瞬间改变，那么贝丝的同事能否利用这一点向安娜的同事瞬时传递信息呢？”

答案是，信息的传播速度依然不能超过光速，因为安娜的状态与她的回答之间的关系是随机的。无论同事们问安娜什么问题，她给出两种回答的概率都是 50%。这一点在与安娜共享对立态的贝丝被问问题的前后都成立。只有当同事们完全记录下了安娜和贝丝两人对那两个问题的所有回答并列成清单放到一起进行比较时，她们之间的这种神秘联系才会呈现出来。这种清单则是寻常事物，其传播速度自然不可能超过光速。

阿斯佩和他的同事们还可以检验另一种相关可能。或许，在某种由量子理论描述的更深刻的层面上，实验中的那两个光子可以互相交流，这样一来，率先接受测量的光子就能把它被问了什么问题这个信息传递给另一个光子，于是，局域性原理仍然得到了满足。在这种情况下，我们就不得不思考这个解释是否违反了狭义相对论，因为狭义相对论同样要求信息的传播速度不能超过光速。为了检验这种可能性，我们便在其中一个光子的运动方向上安放一个随机开关，然后重新开始实验。这个开关能以极快的速度选择要问光子哪个问题——快到在光子还未抵达偏振器时就已经做出了选择。在开关做出选择之后，只要信号的传播速度不超过光速，这个光子就无法把相关信息传递给另一个光子，结果也不会发生任何变化。如果这两个光子的确发生了交流，那么它们传递信息的速度必然比光速快得多，这就违背了相对论。

我们要如何评价“EPR”的观点呢？虽然他们的论证过程相当精彩，但从实验结果来看，他们的这个观点必然是错误的，因为它的基础——局域性原理是一个错误的假设。对贝尔不等式的实验检验表明：一旦安娜和贝丝在对立态中发生了纠缠，那么安娜实际上就已经在物理层面上受到了贝丝被问问题的影响，即便她俩相距遥远，这一点也不会改变。这个结论在量子力学中成立，并且实验结果告诉我们，在任何能够完善量子力学的更深层的理论中，这个结论也同样成立。

不过，“EPR”的那篇论文仍然具有极为重要的意义，因为它暴露了量子物理学的一个令人意想不到的方面，也就是纠缠。物理学家花了数十年才充分认识到这一点，换句话说，“EPR”的那篇论文大幅超前于它问世的时代。除了发现纠缠现象之外，那篇论文还是贝尔的研究起点，因而也是物理学不遵循局域性原理这个令人震惊的实验发现的起点。

伟大的反现实主义者玻尔在“EPR”的论文发表后立刻给出了回应，但这次回应只是极其模糊地反映了他的逻辑推理风格[3]。他对“EPR”定下的“现实”标准提出了异议，并指出：对其中一个粒子的测量会通过影响使另一个粒子的属性有意义的环境的方式间接干扰另一个粒子。

此后的15年里，只有一篇论文引用了“EPR”的论文。再往后，玻姆和埃弗里特在20世纪50年代曾数次引用那篇论文。1964年，贝尔在他的一篇论文中也进行了引用，并成了引用“EPR”的那篇论文的第6位作者，此时距那篇论文发表已经过去了将近30年。到了2015年，“EPR”的那篇论文当年就被引用了60多次，2016年的情况也差不多。时至今日，我们终于生活在了一个属于“纠缠”的时代中。

近年来，纠缠粒子对会共享某些属性这一观点已经被相关实验证实，在这些实验中，两个粒子之间的距离长达数百千米。纠缠也迅速从一种实验室中的奇闻演变成了应用技术。我们现在普遍视纠缠为一种新型计算机——量子计算机的核心基础。在不久的将来，纠缠或许可以打破我们一直以来对安全密码的认识，因为它能让真正牢不可破的密码成为可能。此外，地球轨道上也已经出现了量子通信卫星，它们利用纠缠粒子对来加密所传输的信息。

1905 年，26 岁的爱因斯坦发表了第一批具有革命意义的论文。30 年后，“EPR”的论文成了他震撼整个物理界的最后一篇论文，在此后的 30 年中，极少有人意识到“EPR”的论文中的思想将引领整个科学界。爱因斯坦从未停止追寻量子力学背后更深刻物理学理论的脚步。发表“EPR”的那篇论文 20 年后，在离世之夜的病榻之上，爱因斯坦仍在笔记本上辛勤耕耘。他最终还是失败了，因为他并不明白他这些伟大的论文背后的核心前提——物理学的局域性原理并不正确。

贝尔于 1964 年撰写的这篇论文本来完全可以在 20 世纪 30 年代末“EPR”的论文发表后不久就立即出现，同样可以立即出现的还有证伪局域性原理的实验证据。现在，我们只能想象如果爱因斯坦在 20 世纪 40 年代得知贝尔的论文和阿斯佩的实验会有何感想了。

到目前为止，我讲述的所有故事都证明了量子世界有多么怪异。通过这些故事，我们了解了波粒二象性、叠加态和不确定性原理。更为怪异的则是：在空间中相距遥远的系统之间竟然可以共享量子属性并发生纠缠。这是我们可以从爱因斯坦、波多尔斯基和罗森等人的理论中得到的终极结论。在经过贝尔的复述之后，我们才明白，原来其中的真谛是告诉我们量子非定域性这种基本性质。

正如前文所述，我们可以把“叠加”理解为量子版本的“或”，接下来我会用符号“OR”表示。我们把两个系统组合到一起时，就相当于使用了量子版本的“和”，在后文中我会用符号“AND”表示。这里的“或”“和”与我们在日常生活中常见的用法并不相同，而且当它们共同发挥作用时，会发生一些十分怪异的事。我们可以从一个非常著名的实验“薛定谔的猫”中清楚地看到这一点。

我们先来考察一个关于原子的极其简易的模型。一个原子可以有两种状态：一是不稳定的激发态；二是能量较低且较稳定的基态。原子处于不稳定的激发态时会衰变成基态，同时释放出一个携带能量的光子，我们用激发态的半衰期来衡量这种衰变的速率。

我们把一个处于激发态的原子放到盒子中，然后等待一个半衰期的时间。此时如果我们不打开盒子查验，那就只能得出结论：打开盒子后发现原子衰变到基态的概率是50%。问题在于，打开盒子之前，这个原子处于什么状态？根据量子力学，它的状态既不是激发态，也不是基态，而是这两种状态的叠加，我们可以将其写作：

**原子的状态 = 激发态 OR 基态**

按照规则二，当我们打开盒子查验时，这种叠加态就可能会变成激发态和基态这两种状态中的一种。如果这类叠加态有许多，我们就能得到每一种可能的结果出现的概率，且这些概率会随着时间发生变化。原子刚诞生时，衰变的概率极小，但在经过许多个半衰期之后，就几乎一定会衰变。

叠加态并不等于出现某种状态的概率会发生变化。原因之一在于，当我们通过叠加两种具有不同能量的状态让总能量处于不确定状态时，另一个可观测量就会确定下来，这就像是我们可以通过叠加人们不同的宠物偏好让他们具有确定的政治倾向一样。因此，我们总能找到一个与能量互补的量，它的答案一定是确定的“是”。如果我们只是在讨论原子是处于激发态还是基态，情况就不是这样了。接下来，我们把一个盖革计数器放到盒子里，只要这个装置探测到光子就会发出一股电脉冲。

从量子力学的角度来看，这部盖革计数器也可以有两种不同的状态。一种是没有探测到光子的“否”状态；另一种是探测到光子的“是”状态。当然，它也可以处于这两种状态的叠加。然后，我们再小心翼翼地把一个原子放到装有盖革计数器的盒子中，并保证该原子的初始状态是激发态且盖革计数器的初始状态是“否”，公式如下：

初始态 = 激发态 AND 否

看到符号“AND”，我们就知道这些状态（即两个不同系统的状态）之间是组合关系，而非叠加关系。如果一切顺利，只要等上足够长的时间，我们就能看到原子处于基态，而盖革计数器处于“是”的状态。这就意味着盖革计数器探测到了原子衰变后释放的光子：

最终态 = 基态 AND 是

在初始态和最终态之间，整个系统就处于这两种状态的叠加，可表示为如下等式：

中间态 =（基态 AND 是）OR（激发态 AND 否）

具体说来，整个系统此时处于这样一种叠加态：原子可能处于未衰变的激发态且盖革计数器处于状态“否”；但也有可能原子衰变成了基态且盖革计数器处于状态“是”，即探测到了光子。这种中间态是相关态（correlated state）的一个例子，我们之所以称其为相关态是因为两个系统的属性具有相关关系。原子的状态并不确定，但只要我们知道了原子的状态，就能推断出盖革计数器处于哪种状态。

不过，如果我们打开盒子查验，永远也不可能看到这种叠加态，打开盒子查验是一种受规则二约束的测量操作。打开盒子后，我们要么看到盖革计数器上的数字增加了，即原子发生了衰变；要么看到原子仍处于激发态且盖革计数器上的数字并未发生变化。

这似乎很奇怪，并带来了许多问题，比如：

- 为什么有两套规则约束着量子系统随时间变化的方式，而不是一种？
- 为什么我们看待测量与观测的方式与其他过程不同？测量仪器毫无疑问也只是一种由原子构成的机器，难道不应该只有一套可以应用于所有情况的约束事物随时间变化方式的规则吗？
- 究竟是什么让测量仪器变得如此特殊？是仪器的尺寸还是其复杂程度？或是构成它的大量原子？又或是我们用它来获取信息这个客观事实？
- 坍缩成确定状态的过程何时会发生？是原子与探测器相遇时？还是信号放大时？又或是直到我们意识到测量结果这个信息时？

以上这些问题反映了测量问题的方方面面。

最简单的答案是：无论如何，它都一定是这样。我们从来没有观测到任何具有不确定性的宏观物体：在这个世界上，从来没有哪个盖革计数器会出现既改变了读数又没有改变读数这样的怪事，我们问的每一个问题都有一个确定的答案。我们只是需要用叠加态来解释原子和辐射而已。

为了强调这件事实在是太过怪异，埃尔温·薛定谔（Erwin Schrödinger）还在装有原子和盖革计数器的盒子中放了一只猫。他把盖革计数器发出的信号连上了一台变压器，变压器的电流输出端则夹到了猫的耳朵上。当盖革计数器发出表明探测到光子的信号时，一股致命的电流就会致猫于死地。当然，薛定谔并没有真的这么做，这只是一个思想实验，其目的是让我们吃一道“晴天霹雳”，而不是猫。

我们等上一个半衰期的时间后打开盒子，这时我们应该应用规则一还是规则二？下面我们分别讨论应用两种规则所能做出的预测（见图 4–2）。

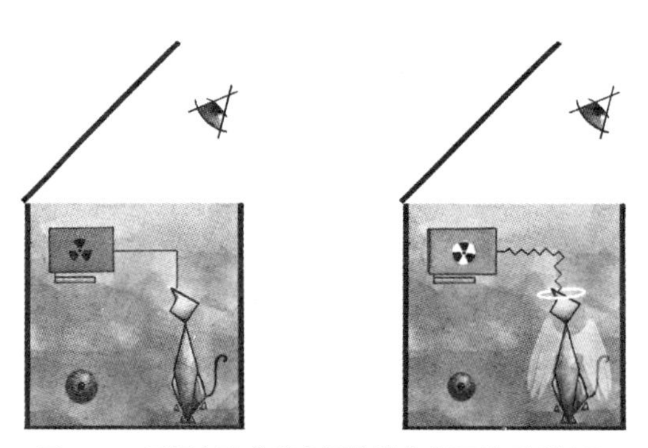

**图 4–2　思想实验“薛定谔的猫”的两种观测结果**

注：原子发生衰变并从激发态跃入基态时会释放一个光子，此时探测器就会释放一股脉冲作为回应。整个电路与猫相连，当电脉冲来袭时，猫就会被电击致死。实验开始后不久，原子就处于激发态和基态的叠加态。将规则一应用于这个场景，我们就能得出“密闭盒中的猫处于生与死的叠加态”这个结论。

我们首先将规则一应用于盒中的整个系统，包括猫。于是，这个系统就由原子、盖革计数器和猫构成。这样一来，我们又有了两种较容易理解的状态。其一是初始态：

初始态 = 激发态 AND 否 AND 活

在这种状态下，原子处于激发态，盖革计数器没有探测到任何粒子，而猫也还活着。过了足够长的时间之后，我们可以肯定原子发生了衰变且猫也死了，这就是最终态：

最终态 = 基态 AND 是 AND 死

最终态是原子衰变的结果。在这种状态下，原子处于基态，盖革计数器的读数发生了变化，猫则死了。

在初始态和最终态之间，就是如下两种可能状态的叠加，即中间态：

中间态 =（激发态 AND 否 AND 活）OR（基态 AND 是 AND 死）

不过，猫是一种哺乳动物，拥有大脑，且可能具有意识，几乎就和我们人类一样复杂，那么，为什么猫处于既生又死的叠加态能说得通呢？如果我们人类不能以这样一种叠加态生存，那么猫肯定也不行。如果我们能将规则二应用于我们的观测，那就应该也能把这条规则应用在猫身上，因为它本质上也观测了探测器发出的信号，因此，我们最好还是应用规则二。我们打开盒子时，系统做出了选择，进入了一种确定的状态，于是，我们看到的要么是死猫，要么是活猫。

规则一本身既不适用于人类，也不适用于猫。不过，它是否适用于盖革计数器呢？应用范围的划分又是怎样的？为什么规则一适用于原子，却不适用于像探测器、猫和人类这样的海量原子的集合体？这个问题就叫作“薛定谔的猫”之谜。人们对这一问题的解答反映了人类想象力的丰富程度。

贝尔提出贝尔限制这一理论几年后，一个进一步限制现实主义量子理论选项的威力更为强大的结果出现了。有关这个问题的介绍还是得先回到贝尔身上。

贝尔研究结果的一大令人惊讶之处就是：安娜给出的答案必须依赖于贝丝被问的问题。因为安娜和贝丝并不在一起，所以依据局域性，我们本该排除这种依赖关系。不过，请注意，即便安娜和贝丝在一起，结论也同样适用。这样一来，“安娜给出的答案必须依赖于贝丝被问的问题”之所以令人惊讶就还有另一个原因。

前文我们讨论过在测量方面互不相容的物理量对，比如粒子的位置和动量。在这类情况下，对其中某个物理量的测量行为似乎会影响或干扰另一个物理量的值。我们一般会这样来描述这种现象：这两个物理量的测量顺序会对测量结果产生重要影响。

需要注意的是，安娜和贝丝的例子并不满足这一点。贝丝被问的问题与安娜被问的问题完全相容，谁先被问问题对最后的结果不会产生任何影响，她们相距很远时这一点成立，就算她们紧挨着站在一起，这一点也是成立的。

即便我们询问她们的顺序无关紧要，因而问其中一人的问题与问另一人的问题相容，安娜给出的答案还是必须依赖于贝丝被问的问题。这种依赖关系叫作“环境性”（contextuality），因为事实表明，安娜的答案依赖于整体环境，甚至依赖于我们选择问她的其他问题。环境性在量子系统中普遍存在，当我们用至少 3 种属性来描述量子系统时，环境性就会出现。我们可以分别用A、B、C来指代这3种属性，由于A、B、C都相容，因此，A 可以与 B 或 C 同时测量，而 B 与 C 并不相容，所以我们一次只能测量其中的一个。于是，我们可以测量 A 与 B 或 A 与 C。接着，我们就在一系列涵盖了这两种选择的实验中记录下所有答案。假设量子力学是正确的，我们就会发现 A 的答案取决于我们选择同 A 一起测量的是 B 还是 C。基于此，我们得出的结论是：大自然具有环境性。这就是量子力学所揭示的真理，并且这个理论在环境性上的预言已经被许多实验证实，因此，未来任何能够取代量子力学的更深刻的理论也都必然具有环境性。

贝尔在 20 世纪 60 年代初发表他对非定域性的研究成果之前率先证明了这个结论。他把证明过程提交给了一份期刊，但这篇论文显然在某位编辑的手上迷失了两年，所以直到 1967 年才被正式发表，那时，数学家西蒙·科亨（Simon Kochen）和厄恩斯特·施佩克尔（Ernst Specker）也证明了这个结果。我们现在常常把量子力学环境性的证明归功于他们三人，该理论正确的称呼应该是“贝尔–科亨–施佩克尔定理”[4]。

量子力学的发明目的是解释某些有关光、辐射和原子的令人费解的实验结果，而我们在本章中讨论的 3 个主题——纠缠、非定域性和环境性则更让人费解。这些现象实在太过怪异，在我们通过各种实验确切地证明它们的确是自然世界的各种属性之前，它们曾经一度被用作驳斥量子力学的证据。纠缠、非定域性和环境性这三者全都起源于对量子系统的研究，并且，非常公正地说，它们全都是量子力学所做出的正确预言，这很让人意外。

量子物理学的这三个方面向现实主义者提出了严峻考验。它们的出现确实宣判了许多现实主义理论的“死刑”，尤其是，具有非定域性的纠缠现象与所有已然量只能通过局域力发生相互作用的理论都不相容，而局域力作用的传播速度必然小于等于光速。任何能够挑战量子力学的现实主义理论都必须打破这种限制，敞开怀抱拥抱非定域性，这就是为什么爱因斯坦称其为“幽灵般的超距作用”。于是，摆在我们面前的选择也很清晰：要么放弃现实主义，接受量子力学作为终极理论；要么继续前进，寻找在违反局域性的前提下仍能自洽地理解大自然的方式。

# 量子力学无法解释的事物

量子力学并没有回答原子世界的所有问题，但这个理论给出的很多回答都是正确的。接下来，我们来总结回顾一下我们已知的量子力学能够解释的事物，以及量子力学无法解释的事物。

粗略地说，量子力学预言并解释了两类属性：独立系统的属性和多个独立系统的平均值。这两者之间有很大的区别。

我们在测量时会把确定值赋予某个物理量，这个量就成了独立系统中可以被测量的某种属性，然而，经常出现的情况是，在不确定性原理的制约下，我们只能讨论平均值。

那么，这些平均值指的是什么？根据不确定性原理，测量两个初始状态完全相同的原子得到的结果可能不同。例如，起始位置相同的两个原子往往会扩散出去，随后到达不同地点。虽然每个个体的最终答案都不尽相同，但我们仍然可以测量它们的平均值。量子力学告诉我们，开展某个实验许多轮之后就能得到这些平均值。这个实验要求我们准备、等待并测量一个系统的多个副本，然后再取所得结果的平均值。

我们称在某些方面具有相似性但在其他方面不同的一系列原子为“系综”（ensemble），量子力学的研究对象就是各类系综。我们将某个物理量比如能量固定下来，使其拥有确定值，而其他参数的取值则按照不确定性原理的要求在一定范围内变化，这样就定义了一个系综。我们在量子力学语境下讨论平均或概率时，通常是指某些能以对系综成员取平均值的方式测量的事物，构成这个系综的则是我们想要研究的原子的大量副本。

这通常很容易做到，因为许多实验处理的就是像气体这样的大量原子的集合。我们称气体这类系综为实系综，因为其中的原子都真实存在。不过，系综有时只在理论物理学家的想象中存在。

运用独立系统的某些属性来解释对系统众多副本取平均值是很正常的想法，然而，量子力学的情况常常相反，单个原子的属性常常需要用其他众多原子相关属性的平均值来解释。那么，集体性质是如何决定个体特性的呢？这类问题就是量子世界最神秘之处的核心部分。

量子力学可以讨论的一大个体特性就是某个原子或分子的能量。事实证明，在量子力学中，许多系统的能量都是确定的离散值，这种离散值的集合被称为“谱”（spectrum）。谱就是原子个体的一种特性，因为我们在只涉及一个原子的实验中就能观测到它。原子、分子以及各类材质都有谱，并且，量子力学对所有这些物质的预言都正确。此外，量子力学还能利用波粒二象性来解释为什么这些系统只能有特定几种能量，这就是利用许多系统的平均值解释单体系统特性的一个例子。这种解释涉及如下两个步骤：

**第一步**，运用能量和频率之间的关系，这也是波粒二象性的基础。离散能量值谱就对应着离散频率谱。

**第二步，** 利用量子态的波图像。以确定频率振动的波就像是正在发出声音的铃铛或琴弦，以恰当的方式拨动琴弦或敲击铃铛，它们就会产生共振，以确定的频率鸣响。

然后，我们就用描述量子态的时变方程预测系统的共振频率。系统内的大量粒子和它们之间的作用力就是这个方程的输入，而输出则是共振频率谱。接着，我们再将它们转换成共振能量。

这种方法相当有效。例如，如果我们的输入是由一个电子和一个光子通过电荷吸引力结合在一起而组成的系统，那么量子态时变方程的输出就是氢原子谱。

在大多数情况下，原子总会有一个最低能量态，我们称之为基态，而更高的能量态则称为激发态。要想激发基态，我们施加的能量就必须能将原子提升到某个等级的激发态上。这个过程就让能量态从基态跃升到激发态，而施加的能量常常用光子传递。激发态往往不稳定，因为这些状态可以在以光子的形式辐射出多余的能量后重新回到基态，而基态之下没有任何其他状态，因而基态无法衰变，能够保持稳定。

这种方法已经在大量系统上得到了检验，包括原子、分子、原子核和固态物质，在所有情况下，我们都能观察到由量子力学理论所预测的谱。除了能获得囊括所有离散能量的谱之外，量子力学还能预测各类平均量，比如构成系统的粒子的平均位置。

对于每一个共振频率，量子力学定义的这类方程都能解出相应的波。然后，我们可以运用玻恩规则来预测粒子出现在各个地点的概率，玻恩规则指的是波振幅的平方与发现粒子的概率成正比。

能量确定的状态位置并不确定。假设我们准备了 100 万个都处于基态的不同氢原子，然后测量每个氢原子中电子相对于固定在原子中心的质子的位置。由于每次测量得到的电子的相对位置都不同，因此，测量 100 万个不同的原子就会得到 100 万个不同的位置。其中，有些位置会离质子较远，但大部分会围绕在质子附近，所有这些可能的位置组合起来就构成了一种统计学分布。量子力学研究的正是这种统计分布，而不是粒子是否处于某个确定的位置。

根据不确定性原理，任何一个电子的位置都无法预测。不过，我们可以在大量测量后通过计算波振幅的平方来得到电子可能所处位置的统计分布。

总结一下，量子力学能做两类预测：第一，它能预测有关能量或其他系统物理量的离散谱；第二，它还能预测像粒子的位置这样的物理量的统计学分布。

据我所了解的所有案例来说，这两种预测都已经被实验所证实。从这一点上来说，量子力学的表现的确令人叹为观止。然而，量子力学是否能解释单个原子的运作方式？成功的预言是否总等同于对物理现象的解释？

同样令人惊叹的是，量子力学做不到这些。这个理论并不能描述或预测在哪儿能找到某个特定的电子，因为量子力学研究的是平均值，就单个系统的行为与性质来说，量子力学理论几乎毫无用处。

当然，在很多情形下我们都需要用到平均值，例如，测量全体加拿大人民的平均身高就毫无困难，因为每个人的身高都是确定的，我们只需把样本中所有人的身高加在一起，再除以样本人数，就得到了人们的平均身高。

在这类情形下，平均值由个体身高构成，而个体身高就是一种个体属性。我们当然也可以列出全体加拿大人民的身高，然后加以研究，但在很多事情上身高的平均数据就已经够用了，比如设计家具或汽车。如果还需要更多数据的话，那就很可能是标准差，它能告诉我们身高变化的一般范围。有了人们身高的平均值和标准差，航空公司就可以建造能让绝大多数加拿大人都感到舒适的飞机。

在这些案例中，我们在使用平均值时忽略的那些信息其实是真实存在的，只是因为我们更偏好平均值所以选择忽略每个个体的值。这里出现的概率纯粹是因为我们选择忽略而产生的不确定性。如果我们每次测量某人的身高都会得到不一样的结果，那么就会产生一种真实存在的随机元素，因为我们完全无法知道下一次测量其身高时会得到什么结果。这种假想中的情况与我们在量子理论中遇到的比较接近。我们要思考的是，平均值意味着什么？在无法准确获取个体信息的前提下，平均值又能解释什么？

量子力学能正确预测平均值，但无法对个体行为给出任何确定的描述。在关于加拿大人民身高的案例中，平均值的基础由样本中的所有个体构成，但在量子力学中还缺乏类似的解释。

量子力学一大出人意料的方面是，系统随时间改变的方式有两种，关于这一点我在第 3 章中已经介绍过。大部分时间，规则一都会以决定性的方式约束量子态的演化，但当我们测量系统时，规则二就会以一种完全不同的方式对其加以制约。测量会确定一系列可能值中的一个，一旦测量结束，量子态就会跃入一种与实验中测得的值对应的状态。

规则一具有连续性和确定性，相较之下，规则二则体现了暂时性和概率性。测量一旦结束，量子态就会突然变化，但量子力学预测的只是各种可能结果出现的概率以及系统会跃迁到相应状态的概率。

大多数人在刚了解这两个规则时都会手足无措，就像我们之前讨论的那样，这种情况的确很令人困惑。首先是测量问题：测量到底有什么特别之处？测量设备和人员难道不都是由大量适用于规则一的原子构成的吗？

规则一决定了量子系统随时间演化的方式，它在量子理论中扮演的角色至关重要，就如同前量子时代物理学中的牛顿运动定律一样。规则一和牛顿定律的另一个相似之处是它们都是确定性的：某种状态在被输入之后就会演化成确定的输出状态。这就意味着它把以叠加态形式构建的输入态转化成了以类似叠加态形式构建的输出态，其中根本没有概率的容身之处。

规则二描述的测量过程并不会把某种叠加态演化成另一种叠加态。当测量像宠物偏好或位置这样的量时，我们会得到一个确定值，并且，在此之后就出现了与这个确定值对应的状态。即便输入态是某种含有某些确定的可观测量数值的叠加态，输出态也不会是叠加态，因为它只对应一个值。规则二并不会告诉我们明确的值，它只能预测各种可能结果出现的概率，不过，这些概率并不是假的，它们是量子力学预言的一部分。规则二不可或缺，因为概率正是借助它才得以进入量子力学；而概率在很多情况下同样不可或缺，它们就是实验物理学家测量的对象。

量子力学规定规则一和规则二不能应用于同一个过程，因为这两条规则互相抵触。这就意味着，我们必须把测量和其他自然过程区分开来。

在现实主义者看来，测量也只是一种物理过程而已，没有任何特别之处，因此也无法从本质上把它和其他自然过程区分开来。在现实主义的框架内很难证明给予测量过程特殊地位的合理性，这就造成了量子力学和现实主义之间不可调和的矛盾。

如此种种都会引出这样一个问题：我们能接受这样的矛盾和困惑吗？还是说我们需要从科学中得到更进一步的知识来解决这些问题？

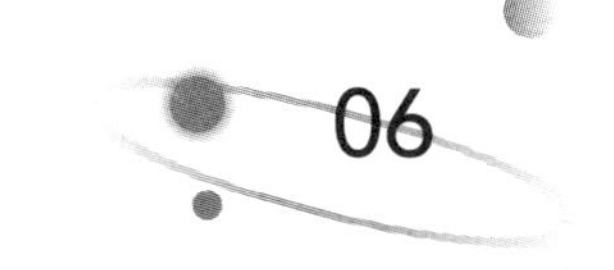

# 06 反现实主义的胜利

量子理论并不描述物理现实，它只是提供一个计算宏观事件概率的算法，且这些宏观事件是我们所做的实验干预的结果。无论对实验物理学家还是理论物理学家来说，这种对量子理论应用范围的严苛定义都是唯一一处需要解释的地方。

——克里斯·富克斯（Chris Fuchs）与阿舍·佩雷斯（Asher Peres）

第一个认识到量子物理学需要一个基于波粒二象性的全新理论的人是爱因斯坦，从本质上说，他是一位现实主义者，然而，20年后，他点燃的这场量子革命在一种理论中走向了巅峰。这种理论要求我们突出测量行为，以区别于其他所有过程，就像我在上一章中介绍的那样，这种区别与现实主义互相矛盾。按照大部分量子理论先驱的观点，解决这种矛盾的方案是：放弃现实主义。那么，这种摒弃现实主义的行为是如何一步步发展起来的呢？

波粒二象性思想的首次亮相是在20世纪初爱因斯坦对光性质的研究中。在那之前，物理学家们要么信奉粒子说，即认为光是粒子；要么信奉波动说，即认为光是波。牛顿研究并拒绝了波动说，他认为，从物体发出之后抵达眼球的粒子束传递了光。有些人则认为这种粒子束是从眼球发出然后抵达物体的，但这无法解释为什么我们在黑暗之中无法看见物体。牛顿支持这种理论的理由颇为有趣：他认为，粒子说能更好地解释为什么光沿直线传播。在他看来，波在遇到障碍物时会发生衍射并弯折，而光并非如此。

牛顿提出的光的粒子说一直是此后物理学界的主流观点，直到 19 世纪初英国科学家托马斯·杨（Thomas Young）证明了光也会弯折，即光会在通过障碍物边缘以及窄缝时发生衍射。托马斯·杨是一名医生，但他对科学、医学以及古埃及学等数个领域都做出了贡献，他是很多领域的专家，但科学的迅猛发展很快就让“一个人可以同时成为多个领域的专家”这种事成了不可能。人们有时称他为“最后一个了解一切的人”，他最伟大的成就是提出了光的波动说以及他给出的证明光衍射现象的实验证据，正是这些实验直接推翻了牛顿的粒子说。

图 6-1 展示的双缝干涉实验就是托马斯·杨拿出的一大实验证据。发源于左侧的水波穿过一道带有两个狭缝的防水堤，然后抵达右侧的海岸，水波在穿过两个狭缝时互相干涉：右侧海岸上每个点的水波高度都是水波在穿过双缝时组合而成的结果。两道水波的波峰相遇时，我们就看到了加强现象——由此组合而成的水波最高；但当某道水波的波峰遇上另一道水波的波谷时，它们就会互相抵消。最后的结果就是图 6-1 中右侧的图案，我们称之为“干涉图样”（interference pattern）。其中的关键之处在于，我们要理解并记住，干涉图样是波通过双缝后产生的结果。

托马斯·杨为光设计了一个类似的双缝装置，并且在实验后也看到了干涉图样。这就强有力地证明了光也是一种波。

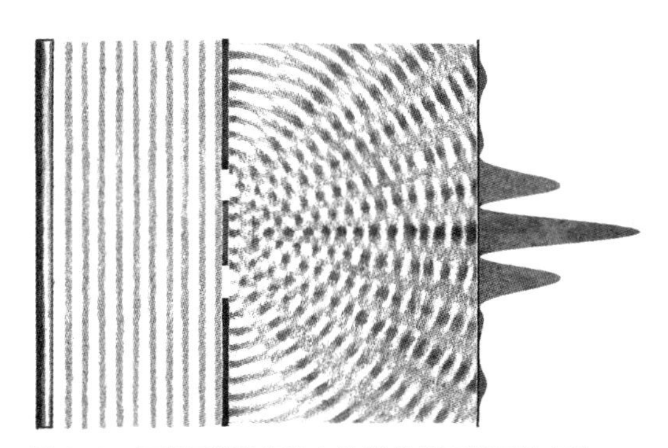

图 6-1　证明了光的行为与波类似的双缝干涉实验

更进一步支持光的波动说的证据来自苏格兰物理学家詹姆斯·麦克斯韦（James Maxwell）。他在 1860 年前后证明了光是一种在电磁场中振动的波，而电磁场在传递电磁力的过程中会弥漫到整个空间中。

爱因斯坦接受了麦克斯韦的假说，但他补充了自己的一个观点：光波携带的能量以离散的小份形式呈现，他称之为光子。这就是光的波粒二象性概念的起源——光以波的形式传播，但就像粒子一样以离散小份的形式传递能量。爱因斯坦还进一步提出了一个简单的假设，即光子携带的能量与光波的振动频率成正比，这样就把波动性和粒子性结合到了一起。

可见光的频率范围很大，其中，红光的频率最低，蓝光的频率接近红光的两倍，几乎是我们肉眼能看到的振动频率最高的光了，因此，蓝光光子携带的能量大致是红光光子的两倍。

是什么促使爱因斯坦提出了这样一种全新的想法？他之前了解过一个实验，这个实验能够区分增加光束强度产生的效应和改变其颜色（即改变其频率）产生的效应的不同。具体做法是将光照在金属上，这会让金属内部的一部分电子跳出来，形成一股可以用简单的仪器探测到的电流。

这个实验可以测量跳出来的电子从照在金属上的光那里获得了多少能量。结果证明，如果想要增加每个电子获得的能量，就必须改变光的频率，而改变光的强度则收效甚微，这么做只能增加落在金属上的光子数量，而不能改变电子从单个光子上吸收的能量。这就印证了爱因斯坦的假说：电子以吸收光子的方式从光线中获取能量，且每个光子携带的能量与光的振动频率成正比。

通常情况下，电子被“禁锢”在金属中。光子给予电子的能量就像是给整个原子的“保释金”：能量就位后，部分电子就获得了自由，能够摆脱金属，自由运动，不过，“保释金”必须达到一定数额才有效，光子携带的能量太少就几乎没有作用。如果电子想要逃离金属这座“监狱”，就必须从单个光子上获取足够多的能量，而从每个光子那儿获取一点儿能量，再把它们全部集中起来的方式是行不通的。因此，即便是大量红光也不足以催生电流，但只要一点儿蓝光就能释放部分电子，因为一个蓝光光子携带的能量就足以把一个电子“保释”出来。

再强的红光都无法释放出电子，而一小束蓝光就能轻易做到这一点，这个事实极大地启发了爱因斯坦——光以离散小份的形式携带着能量，且每个能量单位与光的频率成正比。更加直白的暗示则来自 1902 年开展的一项实验。这个实验证明，一旦满足了“保释金”的阈值，释放出来的电子就会带着与超过阈值部分频率成正比的能量飞走。这种现象叫作光电效应，而爱因斯坦是唯一一个正确地把它解释为科学革命标志的人。有关光电效应的论文是爱因斯坦在 1905 年发表的数篇著名的论文之一，当时，他年仅 26 岁并且还在专利局工作，这一年后来也被称为爱因斯坦的“奇迹年”。

当时，物理学界对光的主流看法是麦克斯韦的理论，即认为光是一种在电磁场中运动的波。爱因斯坦非常了解麦克斯韦的理论，他在青年时期辍学后就曾带着麦克斯韦的书到山中徒步旅行了一年。没人比爱因斯坦更清楚，麦克斯韦的理论虽然伟大，但他提出的光的波动说并不能解释光电效应。如果他的这个理论是正确的，那么光波传递给电子的能量应该会随着光强度的增强而增加，但实验中并没有出现这种现象。

光电效应并不是表明波动说存在问题的唯一线索。爱因斯坦的老师那一辈的物理学家发展了针对灼热物体发出的光的研究，例如，对烧得通红的木炭发出的光的研究。这些出色的实验结果表明，随着木炭温度的升高，它释放的光的颜色也会发生改变。1900 年，理论物理学家马克斯·普朗克通过推导解释了这种现象，具体推导过程却成了科学史上最具创造力的一大误解。要想了解其中的详细内容，你得先了解以下情况。即便是到了 19 世纪与 20 世纪之交，包括普朗克在内的物理学家都还没有对原子的概念达成共识，相反，人们认为物质完全连续。当然也还有一些著名的理论物理学家认为原子的确存在，其中包括身处维也纳的路德维希·玻尔兹曼（Ludwig Boltzmann）。他提出了一种研究气体特性的方法，关键之处在于将气体当作原子的集合看待。

虽然普朗克对原子假说持怀疑态度，但他还是借用了玻尔兹曼研究气体的方法，并将其应用在了对光的性质的研究中[①]。普朗克并没有刻意这么做，但他的确把光描述成了由光子而不是原子构成的气体。

---

① 有关普朗克借用玻尔兹曼方法的更多信息，请参阅托马斯·库恩（Thomas Kuhn）的《黑体理论与量子不连续性，1894—1912》（*Black-Body Theory and the Quantum Discontinuity, 1894–1912*），或马丁·克莱因（Martin Klein）撰写的关于保罗·埃伦费斯特（Paul Ehrenfest）的传记。

普朗克不认为物质由原子构成，他同样不认为光由原子构成，因此，他其实并没有认识到自己已经发现了光由粒子构成这一革命性洞见。不过，爱因斯坦认为物质和光都由原子构成，并且几乎只有他一人认识到普朗克理论之所以能取得成功，关键是因为他把光看作了由光子构成的“气体”。爱因斯坦在了解了光电效应后，马上想到把普朗克的研究工作中出现过的光子能量与光振动频率之间的正比关系这一结论应用到这个现象上，因此，最终有幸做出科学史上最伟大发现之一（光的波粒二象性）的是爱因斯坦，而不是普朗克。

起初，爱因斯坦的观点遭遇了大量的质疑。毕竟，双缝干涉实验仍是个强有力的证据，它清楚地表明，光在穿过窄缝时表现出了波的特性。现实就是，光既像波又像粒子，爱因斯坦的余生都在和这个显而易见的矛盾做斗争。到了 1921 年，他在 1905 年那篇论文中做出的一些详细预测得到了证实，爱因斯坦也因为对光电效应的研究荣获了当年的诺贝尔物理学奖。

作为对这个故事的补充说明，我还要提这样一件事：爱因斯坦在“奇迹年”里发表的另一篇论文中给出了能够证明物质由原子构成的决定性证据。原子实在太小，即便用当时最先进的显微镜也看不到，因此，爱因斯坦把关注重点放在了大小刚好能用显微镜看到的物体上，也就是花粉粒。我们知道，花粉粒悬浮在水中时会不停“跳舞”，这在当时堪称一大未解之谜。爱因斯坦的解释是：花粉粒会“跳舞”是因为它们会与水分子相撞，而水分子在不停地运动（见图 6–2）[①]。

① 对玻尔兹曼来说，这一切都来得太晚——他因没能说服同行接受原子概念而于 1906 年自杀。当时，维也纳一位名叫路德维希·维特根斯坦（Ludwig Wittgenstein）的青年物理系学生在得知玻尔兹曼自杀的噩耗后失望至极，并转行研究起了哲学。

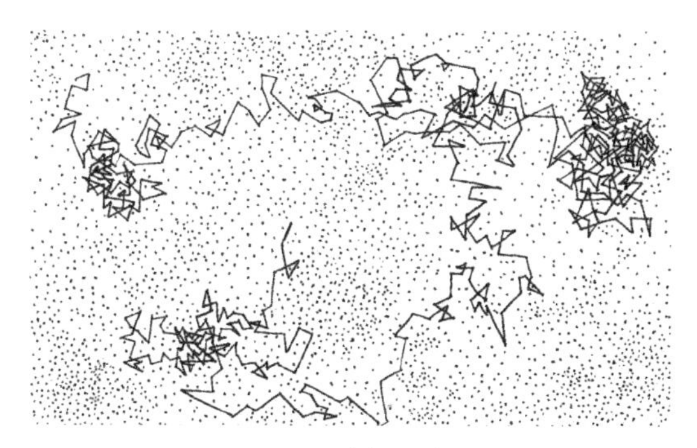

**图 6-2　布朗运动图示**

注：布朗运动是大自然中分子和其他微小粒子的随机运动现象。爱因斯坦对此的解释是：这种运动肇始于构成空气或水的分子之间的频繁碰撞，并且我们可以预测布朗运动效应强度与原子密度之间的关系。

爱因斯坦在那意义重大的一年中撰写的其他两篇论文分别提出了他的狭义相对论和标志性的质能方程 $E=mc^2$。

能和爱因斯坦在那一年中取得的成就相提并论的人，可能就只有牛顿了。爱因斯坦开启了两场革命——相对论和量子理论，他还从自然世界中总结出了有关量子理论的两大宝贵洞见：一是光的波粒二象性；二是粒子的能量与波频率之间的关系，这种关系将二象性的两个面紧紧地联系到了一起。

爱因斯坦在“奇迹年”撰写的论文中有一篇证明了原子的存在，但对光的量子性质只字未提。然而，这篇论文提到了需要用量子理论才能解决的两大谜团：一是为什么原子能保持稳定？二是为什么相同化学元素的原子表现得如此一致？

在理论物理学家为原子是否存在而争论不休时，实验物理学家已经忙着分离原子的成分了。首先被发现的是电子，实验物理学家发现，电子带负电且质量极小，大概只有氢原子的 1/2 000。我们根据原子含有的电子数来区分各种元素，例如，碳原子含有 6 个电子，而铀原子含有 92 个电子。原子是电中性的，因此，假如某个原子含有 6 个电子，那么把这些电子移除后，我们就得到了一个拥有 6 个正电荷的结构，由于电子质量极小，剩下的这个结构（我们称之为原子核）必然占据了原子的大部分质量。

1911 年，欧内斯特·卢瑟福（Ernest Rutherford）发现，原子核只占据了整个原子内极小的空间。如果把整个原子看作一座小型城市，那么原子核就是城市里的一枚弹珠。原子的所有正电荷和几乎全部质量都集中在原子核占据的这片微小的空间中，电子则在原子中的大片空旷的空间内环绕原子核运动。

我们不可避免地会把这种模型拿来和太阳系进行类比。电子和原子核携带着相反的电荷，而相反的电荷会通过电作用力互相吸引，这样就把电子稳定在了原子核周围的轨道上，这和行星在引力的作用下绕着恒星运动很相似。然而，这种类比其实是一种误解，因为它掩盖了我刚才提到的两个谜团，这两个谜团都体现了为什么牛顿力学理论能够解释太阳系的运作机制，却不能解释原子的运行机制。

电子是带电的粒子，而麦克斯韦的电磁理论告诉我们，绕圈运动的带电粒子会不断释放光。按照早于量子力学出现的麦克斯韦的理论，带电粒子释放出的光的频率应该与电子轨道频率相同。光会带走能量，因此，电子会随着能量的衰减不断靠近原子核，最后的结果就是电子快速地沿螺旋线轨迹坠入原子核，同时发出一道光。如果麦克斯韦的理论是正确的，那么根本不应该出现电子沿着原子核周围的轨道温和、稳定地运动这样的图景。我们称这个问题为“电子轨道稳定性危机”。

你可能会问的第一个问题是：“为什么行星轨道不会出现同样的问题？”那是因为行星是电中性的，所以它们不会像电子那样释放光。不过，按照广义相对论的说法，沿轨道运行的行星确实会以引力波的形式辐射能量并且以螺旋的形式坠入恒星，只不过因为引力极其微弱，所以这个过程极其缓慢。我们已经在密近双星系统中观测到了这种效应。此外，非常引人注目的是，我们已经通过引力波天线探测到了两个大质量黑洞互相螺旋靠近并最终融合时释放出的辐射。

第二个问题是：为什么所有电子数目相同的原子都具有相同的特性？要知道，两个都拥有 6 颗行星的恒星系通常不会很相似，因为每颗行星都可以有不同的轨道、质量等特性。根据化学的相关原理我们可以知道，任意两个碳原子都会按照完全一致的方式同其他原子产生相互作用。碳原子的作用方式绝不会与氧原子相同，但所有氧原子的作用方式也都一致，这就是化学性质稳定性之谜。拿原子系统与太阳系进行类比之所以会失效，是因为能合理解释太阳系的牛顿力学无法解释为什么所有拥有 6 个电子的原子都有完全一样的化学性质。

这两个关于原子问题的答案都需要应用爱因斯坦建立的有关光的量子性质的全新思想。这本应是爱因斯坦能够迈出的勇敢一步，但他最终错过了。第一个提出这番洞见的是当时年轻的物理学家尼尔斯·玻尔，玻尔终其一生都是激进的反现实主义者，并且，正是他促使量子革命变成了一场反现实主义的重大胜利。他在科研生涯中提出了一系列观点，比如，他认为原子和光的行为无法从现实主义的角度理解。

玻尔生于一个学术气息浓厚的家庭，他的父亲是生理学教授，弟弟是数学家。玻尔很幸运，一生都生活在他出生的那座城市里，境况总体上和父母辈差不多，不过，对他来说，简单、保守的生活却成了其激进思想的孵化器。在这个知识氛围浓厚且舒适的生活环境中，玻尔夫妇养育了6个孩子，其中的几位后来也成了教授，甚至有一位追随其父亲的脚步也获得了诺贝尔物理学奖。玻尔的长子在同他航行时不幸溺死，还有一个儿子同其叔叔即玻尔的弟弟一道代表丹麦参加了奥林匹克运动会。

丹麦非常重视科学发展，为支持玻尔的工作，丹麦政府和嘉士伯啤酒公司资助创办了一所新机构，巩固了玻尔在量子革命中的领袖地位。这所机构为玻尔提供了一个拓展影响力的完美环境，他的身边围绕着全世界最优秀的青年理论物理学家。世界各地的访客源源不断地来到这里，要么与玻尔寻求合作，要么同玻尔讨论量子理论，如此种种都深刻影响了此地的青年物理学家。这所机构还为玻尔提供了一套舒适的大房子，玻尔一家就在那里招待大量访客。

显而易见的是，玻尔的魅力深深地吸引着他身边的同行。玻尔将科学视为一场同大自然的对话，并且，他的工作方式也以对话为基础，尽管这种对话常常会演变成一场独白。玻尔把合作者们当成了“抄写员”，他们的工作就是记下玻尔的思想，并像读谜语一样轻声念出，然后不断地纠正再纠正，而玻尔则在房间里绕着圈子来回踱步。

玻尔在拿到博士学位后不久就开始了量子物理学的研究工作，并提出了一个简单但基本的原子量子模型，直击问题的核心。玻尔的理论基础是爱因斯坦提出的量子理论的雏形，尤其是光子携带能量的思想。为了解决电子轨道稳定性的问题，玻尔提出了一项简单的假设：麦克斯韦理论在原子尺度上并不正确，并转而假设存在少数稳定的电子轨道。为了把这些性质良好的轨道区分出来，玻尔利用了普朗克常量，也就是频率与能量之间的转换系数。这个转换系数的单位同一个叫作“角动量”（angular momentum）的物理量一致，角动量的物理含义与动量并没有什么不同，只是应用在圆周运动中而已。转动着的物体有一种要保持转动的惯性，这是因为转动着的物体或处于环绕运动中的物体带有角动量，而角动量同能量的常规动量一样，既不能凭空产生，也不能凭空消失。正是角动量守恒使得自行车车轮保持转动；花样滑冰运动员收回手臂时旋转更快也是因为角动量守恒。

我们来思考一下氢原子的例子，这种原子只有 1 个电子，玻尔假定氢原子的稳定轨道是那些电子具有特定角动量值的轨道。这些特定值则是由普朗克常量给出的角动量单位的整数倍，玻尔称这些状态为“定态”（stationary states）。有一种轨道的角动量为零，它的能量值也是原子核周围所有可能的电子轨道中最低的，这是一种稳定状态——基态。基态之上的相对更高的能量态都是激发态，并携带一组离散的能量值。

原子可以通过吸收光获取能量，也可以通过释放光辐射能量。玻尔的下一个假设是：电子在定态间跃迁时会释放或吸收光。他还应用爱因斯坦的光子假说来描述这些跃迁。一个电子从激发态跃迁至基态时就会释放出一个光子。这个光子携带的能量等同于这两个状态之间的能量差，因此，系统的总能量并没有改变，而且，它还有一个特定频率，由普朗克和爱因斯坦提出的频率与能量之间的关系决定。

反过来，如果给予电子一个能量等同于两个状态能量差的光子，我们就能让这个电子从基态跃迁至激发态。此外，给定的原子只能在特定频率上释放或吸收光，且这些频率对应于电子状态之间的能量差，这个频率范围叫作原子的光谱。

等到玻尔在 1912 年提出这整套理论时，化学家已经测算出了氢原子的光谱。玻尔利用我刚才介绍的这些想法计算了这类光谱，结果证明，他的这个简单理论再现了实验物理学家的观察结果。

这是一个巨大的进步，但还只是理解量子之路上的第一步，还有许多问题和疑问有待解决。比如，为什么电子在原子之外可以自由移动，但在原子内部就只能以一种定态的形式存在？还有一个最为紧迫的问题：这个理论可以应用在氢原子之外的原子上吗？

在此后的 10 年里，无数才俊不断尝试将玻尔的理论应用到各类原子和其他系统之上。虽然我们很欣赏这些尝试所体现出的独创性，但可以毫不客气地说，结果只能算是喜忧参半。这就是一位名叫路易・德布罗意（Louis de Broglie）的法国贵族子弟在 1920 年前后开始研究生学习时面对的大环境。

德布罗意在 19 世纪的最后 10 年里出生于法国巴黎的一个贵族家庭，在改行研究物理学之前，他一直在研究历史。第一次世界大战期间，他在军队中的无线电报站工作，驻守在埃菲尔铁塔。

当时就和现在一样，理论物理学界高度社会化。在量子力学发展的关键时期，这个理论的支持者们频繁地用信件和明信片通信，并且常常坐火车互相造访进行讨论；而德布罗意则身处这个小圈子之外，这既因为他的个性和地位，也因为巴黎当时的理论物理学研究领域就是一潭死水。德布罗意只会同一人定期说起自己的工作，那就是他的哥哥莫里斯·德布罗意（Maurice de Broglie）①—— 一位研究 X 射线的实验物理学家。

孤立通常是科学家之间的障碍，但有时它也会让某些人突然得到一些局中人无法获得的灵感。德布罗意在读博士时就提出了一个足以撼动物理学根基的大胆假设：波粒二象性不只是光的特征，而是普遍存在的物质的特征。尤其值得一提的是，电子也像光一样具有波粒二象性。德布罗意曾这样说道：

> 普朗克于 1900 年在对黑体辐射的研究中引入了“量子”这个奇怪的概念，自此之后，随着这个概念日益渗透到物理学的全部领域，物质和辐射的结构也日渐清晰。我在 1920 年恢复学业时，吸引我研究理论物理学的正是这个还未完全解开的谜团[1]。

新人用全新的视角研究问题所能产生的力量堪称世界的一大奇迹。德布罗意在青年时代提出的这个显而易见的想法连爱因斯坦和玻尔都没有想到，他俩总是在寻找回避波粒二象性的办法；而德布罗意非但没有回避，他还把这个性质扩大化了。如果光具有波粒二象性，那为什么电子不能有呢？为什么不能假设波粒二象性适用于所有物质和辐射呢？

德布罗意后来回忆道：

> 在和哥哥讨论时，我们总能得出这样一个结论：在应用 X 射线时，既能观察到波，又能观察到粒子。于是，我突然想到了这一点：

---

① 后文中的德布罗意均指路易·德布罗意。——编者注

应该把波粒二象性拓展到所有物质粒子，尤其是电子[2]。

是什么激励德布罗意得到了许多经验更丰富的物理学家都错过了的想法？德布罗意当时从事的是一项宏伟的工程，也就是从本质上重构物理学，将波粒二象性纳入物理学的研究范畴。他首先研究的就是光，这是一个现成的能够证明波粒二象性的绝佳证据。然后，德布罗意问了一个此前几乎没人提过的简单问题："光子是如何移动的？"

你应该还记得我们在前文介绍过，牛顿更认可光粒子说是因为他认为光和粒子一样沿直线传播。托马斯·杨也在发现光遇到障碍物时会衍射、穿过两种不同介质时会折射后放弃了粒子说，转而拥抱波动说。如果光不沿直线传播，那么它就不是由粒子组成的，这个推理是有依据的。那么，光子又如何呢？光子也必须沿直线传播吗？德布罗意认为，光子并不一定沿直线传播，因为它们由波引导，而波会衍射和折射。

这个想法堪称石破天惊。粒子沿直线传播的思想是最基本的物理学原理——牛顿第一运动定律的直接产物。牛顿第一运动定律也叫作惯性定律，它告诉我们：在没有外力作用的情况下，粒子以匀速沿直线传播。这个定律的一个推导结果就是动量守恒；另一个结果则是，速度是个纯粹的相对量，因此，惯性定律也与相对性原理紧密相连。

德布罗意意识到，光子在遇到障碍物时会发生弯折，这违背了上述所有的基本原理。为了构建具有革命意义的全新运动理论，并将其应用于波粒二象性视角下的粒子，德布罗意撰写了论文。在这样的背景下，将波粒二象性从光拓展到所有形式的物质和能量这一步虽小但极为重要。

1924 年，德布罗意写完了这篇短小精悍、直言不讳的博士论文。坊间传言说，如果不是德布罗意出身贵族，他的这篇论文很可能会石沉大海。当时，巴黎的学术委员会面对这篇论文不知所措，就把它寄给了爱因斯坦评估。

爱因斯坦看完德布罗意的观点后建议采纳，同时还把这篇论文转寄给了一些他觉得会对此很感兴趣的人。其中之一就是爱因斯坦的朋友马克斯·玻恩。玻恩当时还是一位在德国任教的青年教授，他的一位同事、实验物理学家沃尔特·埃尔萨瑟（Walter Elsasser）听说了爱因斯坦转来的这篇论文并提出了在晶体上散射一束电子就能检验德布罗意关于“电子可以发生衍射”的预言。玻恩把这个建议传达给了英格兰的一些实验物理学家，但后者的所有实验均以失败告终。与此同时，美国贝尔实验室的两位实验物理学家克林顿·戴维森（Clinton Davisson）和莱斯特·格莫尔（Lester Germer）也在研究电子在金属表面的散射方式。1925 年，他们在尝试一种新方法时碰巧发现了电子的衍射现象。这种方法得到了意想不到的结果：金属样品表面形成了一层像晶体一样规则排列的原子。他们在测量从这种金属表面散射出去的电子时观察到了干涉图样，戴维森一直没有意识到这个发现的重要性，直到他于 1926 年夏天出席了一个在牛津举办的会议。当时，他碰巧听到了玻恩的一番讲话，玻恩展示了戴维森一篇论文中的图像并提出那就是德布罗意关于物质波的革命性理论的有力证据。戴维森回到美国后，立即和格莫尔前往实验室，随后确定无疑地证实了电子的衍射现象完全符合德布罗意的预言。

埃尔温·薛定谔是一名出生于维也纳的睿智的数学物理学家，后来成了苏黎世大学的教授。当时，他已年近四十，不属于德布罗意和其他在量子力学领域展开革命性工作的青年物理学家之列。1925 年 11 月 23 日，薛定谔参加了一个由彼得·德拜（Peter Debye）主持的研讨会，德拜在会上热情洋溢地介绍了德布罗意的物质波假说，并在会议结尾时表示，德布罗意绘制的美妙图景还缺少一个部件—— 一个能够描述电子波在空间中传播方式的方程。之后，薛定谔便带着德布罗意的论文到山里欢度圣诞。假期第一天，薛定谔就开始仔细阅读德布罗意的论文，并对自己提出了一项挑战：推导出能够描述德布罗意电子波的方程。第二天薛定谔就成功了，等到他从山里回来时就已经得到了一个以他的名字命名的方程，即量子理论的基本方程。

此外，薛定谔随后还在好朋友数学家赫尔曼·外尔（Herman Weyl）的帮助下解出了原子核外只有一个电子这种情况下的方程，并且得到了玻尔理论中的定态以及玻尔预言的氢原子光谱（见图 6–3），其中的关键在于电子波必须充满某个轨道。

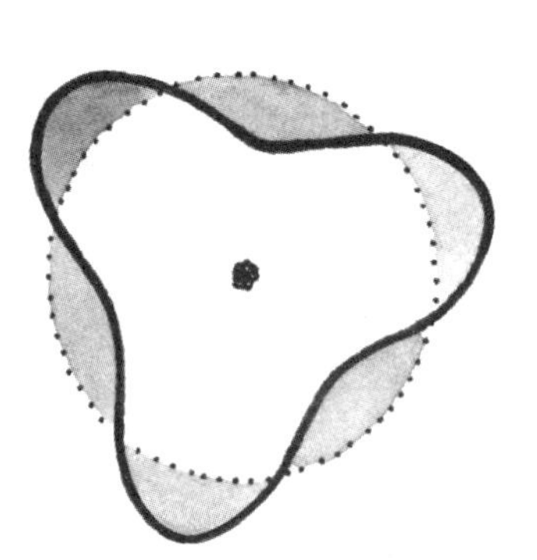

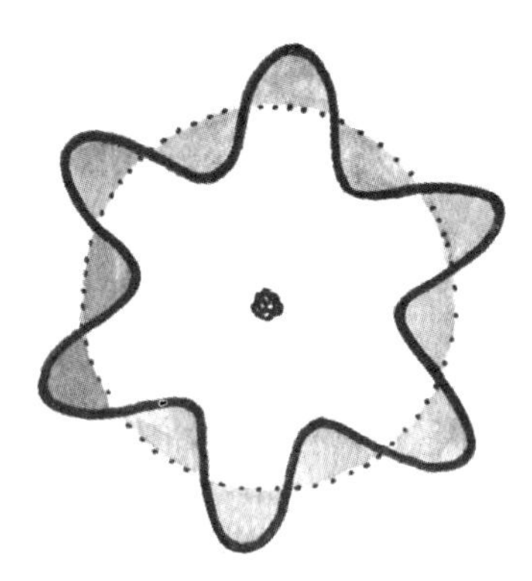

图 6–3　原子内的电子波

注：左图中的波分 3 步填满了原子核周围的某个轨道，因此，它的波长就是原子直径的 1/3。右图中波的波长是左图中的一半，分 6 步填满了轨道。

量子力学就这样诞生了。之后，大家面临的问题就是如何看待由德布罗意发现的、薛定谔“驯化”的这种电子波。薛定谔起初认为电子就是一种波，但是这个观点站不住脚，因为我们很容易证明波在传播时通常会在空间中扩散出去，但我们还总能在某处找到相应的粒子。此后，玻恩提出了他的看法：这种波与发现粒子的概率有关。

爱因斯坦认为，虽然波粒二象性是一个意义深远的理论，但它仅限于对光成分的讨论。由于讨论范围仅限于那个领域，它的影响就比较有限，或许也是因为光的粒子说和波动说都有漫长的研究历史且互相认识到了对方的价值。然而，物质波的概念就完全称得上石破天惊。德布罗意和薛定谔把波粒二象性引入了物理学核心，从而彻底改变了整个物理学。也是从这一刻起，我们把波粒二象性奉为量子物理学这个具有革命意义的全新理论的核心奥秘。

自此以后，我们需要关注的问题不再是“光怎么可能既是粒子又是波？”，而是“万物怎么可能既是粒子又是波？”。面对这个情况，率先提出波粒二象性概念的爱因斯坦举步维艰。他本人承认，虽然他花在量子物理学上的时间要比相对论多得多，却没有取得任何有说服力的成果。这一次，他那无与伦比的直觉没有帮到他，这很值得问问为什么，或许是因为他的现实主义、他对概念要完全清晰的要求让他止步不前，包括薛定谔在内的大多数物理学家也一度不知所措。

在所有量子力学先驱中，只有玻尔清楚接下来要做什么。这是属于他的时刻，而他也确实抓住了这个机遇，不仅宣告了一种全新物理学的诞生，更是宣告了一种崭新哲学的问世。属于反现实主义的时代已经到来，而玻尔已经做好了准备。

玻尔称这种全新的哲学为“互补”（complementarity）。他是这样解释这一概念的：粒子和波都不是大自然的属性，它们都只是我们脑海中的想法，是我们强加给自然世界的概念。我们在观察像玻璃珠和水波这样的相对大尺度的物体时构建了这些颇为有用的直观图像。电子既不是玻璃珠，也不是水波，它是一种我们无法直接观测的微观实体，因此，我们无法构建有关电子的直观图像。要想研究电子，我们就必须建造能够同它们发生相互作用的“庞大”的实验设备。我们观测到的从来就不是电子本身，而只是这种“庞大”的实验设备对这些微小的不可见电子做出的反应。

在尝试描述这种实验设备对电子反应方式的过程中，我们发现应用波模式或粒子模式这样的直观图景很有用。我们又不能把这些模式太当真，因为不同的实验需要的模式也不同。如果我们忽略背景，直接把这些模式应用到电子上，它们就会产生矛盾。不过，只要我们能记住如下两点，这种矛盾就并不存在。

**其一，**这些模式只在描述特定环境下的电子也就是特定实验装置中的电子时才有效。

**其二，**没有任何实验装置强制我们同时应用两种互相矛盾的模式。

玻尔是一个极端的反现实主义者，他甚至否认我们能够在构建的实验环境之外讨论或描述电子本身的可能性。按照他的观点，科学研究的对象并不是电子本身，而是我们如何描述我们与电子之间的相互作用。

在玻尔看来，互补并不只是一种原理，更是一种对整个科学哲学的描绘。另外，这种描绘确实非常激进。玻尔终其一生都秉持着这种互补哲学，量子力学的其他奠基人也同样如此，海森堡在某种程度上也支持这种理论。

玻尔认为，科学并不研究大自然。科学不会也不可能为我们提供描绘大自然面貌的客观图景，因为我们从来不会直接与大自然发生相互作用。我们只有借助中间媒介——我们发明并建造的实验设备才能获取关于自然世界的知识，因此，我们必须抛弃科学可以客观描述大自然的想法。缺少了我们的存在和干预，科学不会吐露一星半点儿大自然的样子。相反，科学只不过是我们用来描述各自对大自然干预结果的通用语言的延伸。

玻尔在论文和著作中提出，他的互补性哲学适用性极广，讲述的是生命和物理学、能量和因果关系，以及知识和智慧之间的互补。在玻尔看来，量子力学是一场超越了物理学甚至超越了科学的革命。

量子力学之所以能勾起年轻一代物理学家兴趣的一大原因是它可以从多个角度出发来探讨。到目前为止，我所讲述的故事只是从发明量子理论的一种方式，以波粒二象性为核心这个角度来看的。其实还有一种方法也能做到这点，并且在薛定谔开始圣诞假期之后不久就出现了，开创这种方法的是当时年轻且非常自信的德国理论物理学家海森堡。他在德国哥廷根的马克斯·玻恩研究小组中完成了自己的学业，之后又于 1925 年在哥本哈根开始与玻尔一起共同从事量子力学方面的研究。在此后的数年里，海森堡频繁奔波于哥廷根和哥本哈根两地，也就是说，他与当时科学圈内最有活力的两个人物——玻恩和玻尔都保持着紧密联系。玻恩及他的几位学生和助手也在这个故事里扮演了相当重要的角色。实际上，这个有关量子力学诞生的完整故事至少涉及 6 名互相之间一直在频繁联系的理论物理学家。

海森堡的研究是从一种特殊的物理学思想出发的，而且这种思想从一开始就是反现实主义的。他指出，物理学并不像现实主义者认为的那样描述了何种事物是存在的，它只是一种追踪可见事物的方法。就大尺度物体而言，我们已经习惯于混淆这两者。如果我们要研究原子物理学，就必须恪守这样一条准则：科学的描述对象只能是可观测的事物。海森堡提出，讨论电子在原子中的运动方式完全没有意义，除非这种运动产生的效应可以影响大尺度的测量设备。根据玻尔的模型，原子中的电子在大多数时候都处于定态，在这期间，它们不会和原子之外的任何其他事物发生任何相互作用，因此，讨论电子处于定态时的运动状态毫无意义。只有当电子在定态间跃迁时，原子才能与外部世界发生相互作用，因为这种跃迁必然伴随着光子的吸收或释放，而光子的能量又可以用光谱仪测量。

对于海森堡那一代的其他物理学家来说，他发出的这个不要试图描述电子处于定态时的运动轨迹的告诫一定算得上是一股新思想，因为他们那一代的物理学家把大部分时间都花在了这件事上，然而却一无所获。

海森堡则受此启发，想要发明一种表征电子能量的新方法，而且肯定不是用一个数字表征，因为这样做就等于宣称能量只是原子的一种属性。在海森堡看来，与物理学相关的只是弄清楚能量的哪个方面影响了实验设备。电子在不同能级间跃迁时，原子会释放或吸收光子，这些光子就携带着能量，也就是说，这反映了各个定态之间的能量差异。

海森堡把这些能量差排成了一个数表，接着，他认为这个表可以表征其他物理量的可观测部分，比如电子的位置和动量。只是这些还不足以形成理论，他还需要找到一种方法写出涉及此类数表的方程。在物理学的研究中，我们常常会在物理学方程中把数字相加或相乘，海森堡需要让这些数表也能进行这类运算，因此，他必须发明一些进行这类运算的规则。

海森堡既是玻尔研究所的成员，又是玻恩研究小组的成员，因此深受这两位工作风格迥异的大师的影响。这两位大师之间的反差毫无疑问也在激发着海森堡的思考。不过，要想彻底落实他的想法，他需要独立思考，就像爱因斯坦、德布罗意和薛定谔那样。同薛定谔一样，海森堡也选择了外出度假，地点则选在了一个叫作赫尔戈兰的小岛。抵达后，海森堡只休整了几天就开始了他的研究之旅，专心寻找各种方法，来书写和解答他的这个设计可观测物理量表的方程。

海森堡在一个简单的玩具原子模型上测试自己的想法。在这个模型中，束缚电子的是一个稳定增强的力，就像弹簧一样。当然，这个方法并不符合实际，但这只是简单的检验而已，因为我们已经知道了测试结果，那就是海森堡的方法是可行的。然而，还剩下一个问题没有解决：他发现，两个数表相乘的顺序会对结果产生影响，也就是说，海森堡的这些数表不能等价交换。这当然不是寻常数字该有的特性，因此，海森堡起初对这项发现很是失望。

不过，他还是在发表于 1925 年年末的一篇论文中写下了这个发现。正是在这篇论文的导言中，海森堡公开了他的这个构建全新物理学定律的计划，即摒弃一切描述电子运动轨迹的力学模型，只研究可观测物理量之间的关系，比如原子释放或吸收的光的光谱。

这是一项巨大的进步，但还未形成完备的理论。之后，海森堡回到哥廷根，同玻恩以及玻恩的一位聪慧的学生帕斯库尔·约当（Pascual

Jordan）一道开展研究。玻恩和约当之前就已经走在了一条通往全新理论的道路上，他俩对海森堡解释说，海森堡提到的数表就是数学中的矩阵，而且不满足交换律正是这种数表的一大特征，因此，海森堡的发现并没有任何问题。海森堡此后还了解到，正是因为这种数表或矩阵代表了一种测量过程，所以运算的先后顺序才会对结果产生影响——我们展开测量的顺序本就会对结果产生影响。之后，这三位理论物理学家便完善了这种全新的理论的剩余部分，并把整个理论命名为量子力学，他们合作撰写的一篇论文首次完整地陈述了量子力学这种新理论。

奥地利天才物理学家沃尔夫冈·泡利（Wolfgang Pauli）很快就跟上了海森堡等人的步伐，应用这个新理论发现了氢原子光谱，并且结果完全正确。这就是量子力学诞生的第二条路线，其在某种程度上直接受到了海森堡于1925年论文中表达的反现实主义思想的启发。玻恩、海森堡和约当共同建立的这个新理论是用那些描述原子在被外部测量设备探测到后做何反应的物理量来表达的，没有物理量可以独立于我们与电子之间的相互作用来精准描述电子的运动轨迹。

描述原子的量子理论一个就足够了，但如果有两个就会出现问题，而且他们还都给出了正确的氢原子光谱。这两种理论截然不同，正反映了各自发现者的不同的哲学思想。爱因斯坦、德布罗意和薛定谔都是现实主义者，即使还存在一些问题没有解决，他们也相信电子是真实存在的，且既具有波动性又具有粒子性。玻尔和海森堡则是热忱的反现实主义者，他们认为，我们完全无法碰触到现实的本质，我们所能了解的就只有代表与原子相互作用的数表，而不是原子本身。

这两种理论之间的紧张关系持续了几个月，然后就出乎意料地得到了解决——薛定谔证明这两种量子力学形式完全等价。它们就像描述同一事物的两种语言，既可以用波的形式来表达，也可以用矩阵语言来表述，但事实证明，我们需要解决的数学问题只是同一种逻辑的不同表达。

同在哥本哈根的海森堡和玻尔秉持反现实主义观点。他们寻求的是一种可以自洽地描述本不能同时确定的性质的方法，比如波与粒子、位置与动量。玻尔解决这个悖论的方案是互补原理，而海森堡用的则是我们在第2章中已经介绍过的不确定性原理。

不确定性原理指的是：我们无法既准确地知道粒子的位置又清楚地了解它的动量，这是一项适用面极广的原理。海森堡和他的导师玻尔很快就意识到，这个原理会产生令人意想不到的结果。一是牛顿力学的决定论无法在量子世界中拥有一席之地，因为要预测粒子未来的运动状态，就必须掌握它当前的位置、运动速率和运动方向，缺一不可，只要其中一条信息缺失，我们就根本无法预测粒子之后的状态。结果就是，量子理论能做到的最好的结果就是对未来做概率性预测。

互补原理的自洽性成立的基础是：必须同时使用粒子模式和波模式描述单一实验的情形不可能出现，而海森堡的不确定性原理正是这种不可能性的保证。海森堡提出这个原理是在1927年，也就是在他返回哥本哈根开始和玻尔密切合作之后。

科学史学家告诉我们，运气在科学的发展历程中扮演了一个颇为重要的角色。海森堡无疑拥有双份的幸运，他既是玻恩的学生，也是玻尔的高足，不仅在正确的时间出现在了正确的地点，而且还获得了两次这样的机会！受导师玻尔的启发，海森堡放弃了现实主义，只从原子与测量设备交换能量的角度描述原子；而海森堡的导师玻恩则教授了他准确表达这些想法必须的数学工具。

当然，海森堡明白且珍惜自己的这份好运，正是他大力推动了量子力学这个全新理论的框架建设。当时，玻尔和玻恩周围可能围绕着大约 6 位青年理论物理学家，他们都对量子力学这栋“大厦”的建设贡献了自己的力量，比如泡利；有一些则短暂地做了一些贡献，比如约当；还有一些则“迟到”了几个月，因此错过了理论建设之初的艰难，比如英国理论物理学家保罗·狄拉克（Paul Dirac）。发明量子力学的矩阵形式的完整故事要比我介绍的复杂得多，它表现了来自世界各国的理论物理学家紧密合作、不懈努力的奋斗历程。

不过，尽管这些物理学家背景各有不同，他们在 1927 年都是从玻尔宣扬的完全反现实主义的哲学角度来构建量子力学的。唯一一批有异议的是那些因波粒二象性而开始研究量子力学的科学家，也就是爱因斯坦、德布罗意和薛定谔这些坚定的现实主义者。然而，在薛定谔的波动力学与海森堡的矩阵力学被证明完全等价后，量子力学界马上给这些现实主义者贴上了抱着陈旧的形而上学幻想不放的标签，并无视了他们的声音。

玻尔哲学的本质是强调把科学建立在不相容模式和语言上的必要性，海森堡宣扬的观点与玻尔的侧重点有所不同，但大体一致。海森堡强调，科学研究的只是可观测量，并不能对原子尺度上的事件给出直观的描述。与原子相互作用有关的可观测量包括原子在定态上的能量和存续时间，但不包括电子围绕原子核运动时的位置和动量，因此，量子物理学只能在我们强迫电子进入测量位置的实验环境后回答“它们在哪儿”这个问题。按照海森堡的理论，只有测量行为才能创造可观测量。一旦原子脱离了测量设备，就没有物理量可以描述它。

或许，我们可以称其为“操作主义观点”（operationalist perspective），这当然是反现实主义的，因为海森堡强调它具有强制性。在他看来，我们根本不可能深入原子中探查电子在轨道上的运动方式，他的不确定性原理从根本上排除了这种可能。

海森堡还解释说，不确定性原理和互补原理是紧密相连的。

> 我们无法脱离观测过程来讨论粒子的行为，因此，量子理论中用数学形式表征的自然法则描述的不是基本粒子本身，而是我们对它们的认知。我们也不可能确定这些粒子是否在时空中客观存在……
>
> 当我们在这个时代应用精密科学来谈论自然时，与其说是意指一副关于自然的图景，不如说是一幅关于我们与自然关系的图景……科学不再以客观观察者的身份“看待”自然，而是视自身为人与自然互动中的参与者，科学的分析、诠释、分类方法已经逐渐“意识到”了自身的局限性。正是科学的介入改变并重塑了研究目标，进而最终导致了这种局限性。换句话说，研究方法和研究对象不再能分离……
>
> 虽然对于给定实验来说，我们用来描述原子系统的各种直观模式已经完全足够，但它们之间互不相容。举个例子，我们可以把一个玻尔原子描述为一个小尺度的行星系统，中心是原子核，周围萦绕着电子。然而，对于有些实验来说，更方便的研究方法是想象原子核周围是一个由定常波组成的系统，且这些波的频率与原子辐射的特征频率相同。最后，我们还可以从化学角度思考原子……只要

> 应用于正确的情形，上述所有模式都合理，但这些不同模式之间互相抵触，因此，我们称它们互补[3]。

玻尔的观点更加激进。在他看来：

> 寻常物理意义上的独立现实可以既不归因于现象，也不归因于观测主体，完整描述同一个客体可能需要各种不同角度的观点。实际上，严格意义上说，对任何概念的有意识分析都会与它的直接应用产生排斥关系[4]。

对于其他量子力学界的名人，比如21岁时就出版广义相对论教科书的年少得志者泡利，还有在从计算机结构到量子理论涉及的数学等大量领域中都有杰出贡献的匈牙利数学家约翰·冯·诺伊曼（John von Neumann），他们都秉持着这些反现实主义哲学思想的变体。他们的观点在侧重点上各有不同，但他们的著作都可以归为量子力学的“哥本哈根诠释”。这个名称肯定了玻尔在量子力学领域中的地位，他是这个领域中资历最深的物理学家，也是诸多量子力学先驱的导师，并且还开创了一种认识科学的全新方式。“哥本哈根诠释”这个名称也同样肯定了玻尔研究所是量子物理学家网络的中心，他们都曾到这儿研究、工作或学习。

这段时期最让人难以接受的一大认识就是翻天覆地的革命性理论走向正统的速度，对我来说这也是最令人不安的一大认识。在短短几年的时间里，拥护“危险”的新思想的年轻一代学生因最初的成功而被评为教授，由于身处这些颇有影响力的位置，他们形成了一个强大的学术网络，并且借助这个网络确保量子革命的延续。这就是量子革命者一代的发展脉络。1920年，海森堡、狄拉克、泡利和约当都还只是学生。1925年，他们就成了全身心建设量子理论的青年研究者。到了 1930 年，他们就都成了资深教授，而量子革命也随之告一段落。当然，其中也还有一些叛逃者，比如老一辈中的爱因斯坦和薛定谔，以及新一代中的德布罗意，但他们的“叛逃”对青年一代的理论革命者的胜利并没有造成任何影响，因为学生们很明白学术风向并且会紧跟冉冉升起的正统理论。在之后的半个世纪中，哥本哈根学派的反现实主义量子力学就成了学校里教授的唯一一个量子理论版本。

第二幕

# 现实主义的重生

# 07

# 德布罗意和爱因斯坦：现实主义的挑战

哥本哈根诠释从来不是只有一个版本，玻尔、海森堡和冯·诺伊曼各自的版本都不尽相同。不过，他们一致认为，科学已经跨过了一道门槛，再也不可能回到现实主义物理学了。他们为这种可能提出了各种论点，但都指向了同一个结论：量子物理学与现实主义并不相容。任何允许电子拥有确定位置和运动轨迹的原子物理学版本都不可能存在。

读者可能会觉得，击败所有这些理论的一个方案就是，提出一种基于现实主义思想且能代替量子力学的理论。

回顾过去，真正让人感到奇怪的是，从 1927 年开始就始终存在一种现实主义版本的量子力学。它的基础是一种异常简单的思想，即简单地假设波和粒子同时存在。粒子能被创造、探测、计数，而波则会在实验中流动，引导着粒子。这种引导的结果就是，粒子会流向波振幅较大的地方。

在像双缝干涉这样的实验中，波在绕过障碍物时会同时经过两条路径；而粒子只会通过一侧的一条缝，但通过之后又会立即接受波的引导，这样就把两条路径的影响都显示了出来。

德布罗意提出了这个能解决波粒二象性问题的显而易见的方案，并把这个自己全面构建的理论称为“导航波理论”( pilot-wave theory )。1927年，德布罗意正式提出这个理论是在布鲁塞尔举办的一场著名的会议上，也就是“第五次索尔维会议”，这个会议以创办人欧内斯特·索尔维（Ernest Solvay）的姓氏命名。参与这场量子物理学革命的大部分物理学家都在此次会议上做了演讲。

德布罗意导航波理论的核心概念是：电子实际上是两种实体，一种类似粒子，一种类似波。粒子总是位于某些特定地点，且总是沿着某些特定路径运动；而波则会在空间中“流动”，同时充斥在实验中所有可能的路径。波会引导粒子的运动，而这种导航的基础则是所有路径上的状况，即便粒子必须通过这样或那样的路径，具体通过哪条路径也还是由在所有可能路径上流动的波来决定。

波对粒子施加的这种影响是一种新概念，并且能够解释量子世界中很多奇怪的现象。量子世界中存在两类定律，一类与波有关，另一类与粒子有关。与波有关的定律大家相对熟悉，它与物理学家描述声波或光波的定律差异不大。波会四处扩散，并且会在扩散的过程中发生干涉和衍射。与水波和声波类似，量子波也会流向每一个向它们开放的通道。当这些通道发生交叉时，量子波就会出现干涉现象。

我们讨论的这种波叫作波函数，图7-1表示的是波函数平方图示，这种波传播方式遵循薛定谔在那个浪漫的周末里发现的简洁方程，即在量子力学框架下的规则一，这也是所有量子物理学方法都必须用到的关键方程。这个框架没有规则二，但有一个叫作“引导方程”的新定律引导着粒子沿着波运动。波函数定义的这个系统与粒子一道以确定性的方式演化，这表明整个理论是完备的。

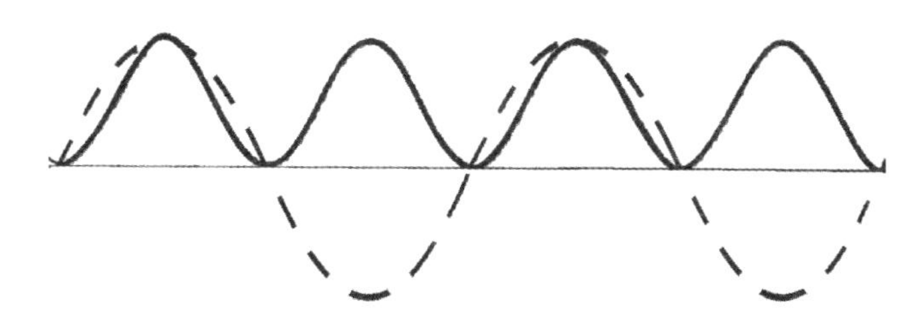

图 7-1　波函数平方图示

注：虚线代表一道沿着水平线向右运动的波。注意，这道波处于正值的时间与负值一样多。实线则是这道波的平方，总为正值。

其他诠释量子力学的方法都简单地假设可以在波较高处找到粒子，更准确地说，在特定地点找到粒子的概率与该处波函数的平方成正比。这就是我们之前提到过的玻恩规则。

在导航波理论中，在波较高处找到粒子的概率同样较高，但这不是假设出来的，而是驱动粒子沿着波运动的定律产生的结果。比如，把一个球放在山坡上，然后看着它滚下来，你会发现球总是会沿着最陡峭的路向下滚，这就是所谓的“最陡下降定律”。粗略地说，德布罗意的引导方程恰好与这个定律相反，它会指引粒子沿最陡峭的路径“爬上”波函数，我们可以称其为“最陡攀升定律”[①]。按照这个定律行动的“登山者”在攀爬的过程中每时每刻都会选择最陡峭的路径“登山”。

德布罗意证明，玻恩假定的概率定律正是粒子沿着最陡峭路径攀升的结果。这一点非常重要，可以这样进行证明：想象站在山坡（代表波函

① 需要补充说明的是：粒子攀爬的那部分波函数叫作波函数的相。

数）上往下扔一把粒子，无论何时做这个实验，粒子都会很快自行排布成更有可能被找到的形状，也就是波函数平方最大的样子，于是，我们就得到了玻恩规则。

导航波理论能够解释的不仅是所有的量子力学现象，系综影响个体的神秘方式也因此被揭开，运用导航波理论可以直白地将其解释为波对粒子施加的影响。对于每个粒子来说，波动性和粒子性都真实存在。导航波理论告诉我们，量子力学中一切令人困惑的神秘之处都是只截取这个理论一半所导致的结果。

无论玻尔和海森堡说了什么，电子在任一时刻总是处于某个确定的位置并沿着某条确定的轨迹运动，只要我们掌握了正确的定律，这些都可以被完美预测。我们并不需要操作主义，也完全没有必要把时间浪费在理解玻尔对互补原理的模糊描述上。波动性和粒子性并不矛盾，相反，它们都一直存在，并且只要把两者结合起来就能解释原子物理学。

或许历史本可以是这样的：在 20 世纪 30 年代，所有胸怀大志的聪慧学生都涌向巴黎，学习德布罗意的理念，并撰写导航波理论的教科书，而玻尔则成了历史的注脚，因为他提出的模糊不清且毫无价值的科学哲学饱受批评，然而，这一切都没有发生。为什么令人费解的互补理论取得了胜利，而德布罗意的导航波理论却成了被人们遗忘的注脚，这个问题很值得我们深思。

导航波理论与量子力学有重叠之处，但在某些方面也存在差异。量子力学和导航波理论中都有规则一，不同之处在于导航波理论中没有规则二，取而代之的是一种引导粒子的定律，而且它具有确定性。正是因为没有规则二，所以导航波理论中的量子态永远不会坍缩，这会造成一些奇怪的结果，导航波理论的追随者花费了不少工夫才把它们弄明白。我们会在下一章继续讨论这个问题。

在索尔维会议上，各位专家的演讲结束之后就是讨论时间，讨论内容会和演讲内容一起被记录下来并出版。尽管当时大家的确讨论了导航波理论，但并没有足够的证据表明德布罗意的演讲改变了大家的想法。不过，有一位物理学家确实抓住了这个理论的精华并且做出了评论，他就是爱因斯坦。

虽然记录在案的讨论内容并没有表明爱因斯坦当场做出了评论，但他的确曾思考过导航波理论。1927 年 5 月，爱因斯坦在普鲁士科学院做了一次演讲，提出了一种较为复杂的导航波理论。他还与海森堡等人讨论过这个想法，并以这些讨论为基础撰写了一篇论文准备发表。然而，就在论文即将正式发表时，爱因斯坦把它撤了回来，他显然意识到了自己这个版本的导航波理论存在几个重大问题，其中有些问题会直接导致整个理论无法推导出量子力学的所有预测。就目前已知的信息来说，爱因斯坦在这之后就再也没有提过这个理论。

爱因斯坦原本应该在索尔维会议上做一场演讲，主题很可能与那篇论文有关，但是他在最后一刻退缩了，并写信给会议组织者说：

> 我一直希望能给这次在布鲁塞尔举行的大会贡献一点有价值的东西，但现在我的这个希望破灭了……我尽力了[1]。

尽管如此，爱因斯坦还是出席了当年的索尔维会议，当然也为全新量子理论的讨论贡献了自己的力量。他在第一次和玻尔讨论时曾试图找出全新量子力学理论的内部矛盾。可惜的是，这番紧张且激烈的讨论并没有被记录下来，不过，许久之后，玻尔在他出版的一篇论文中回忆了他与爱因斯坦讨论的内容。这篇论文既是物理学史上不可不读的杰作，也是进行学术宣传的上品。

在会议聚餐时，爱因斯坦数次向玻尔提出：量子力学内部有不自洽的地方，完备的描述还需要别的变量，而且这些变量就隐藏在关于量子力学的描述内部。玻尔没有告诉他，这正是德布罗意的导航波理论能够做到的事，相反，玻尔后来称，他在度过一个无眠之夜后，反驳了爱因斯坦的观点，坚持了自己观点的自洽性以及互补原理的必要性。

在对德布罗意演讲的讨论环节中，爱因斯坦给出了积极的回应。他首先质疑了哥本哈根学派的解释，并表示："在我看来，唯一能打消我的疑虑的方法是，不仅要用薛定谔波描述这个量子过程，同时还要在波传播的过程中定位粒子。我认为德布罗意先生在这个方向上的探索完全正确。"[2]

在德布罗意于 1927 年正式提出导航波理论之后的几年里，几乎没有物理学家提到过他的这一理论。即使人们还是公正地赞赏了德布罗意将波粒二象性拓展到整个物质世界的睿智之举，即使德布罗意勇于在量子物理学最重要的会议上、在几乎全是原子物理学界举足轻重的人物面前公开介绍导航波理论，量子物理学界的反应仍好像德布罗意从未发表过或公开介绍过这个理论一样。据我所知，从 1927 年算起，之后几十年的教科书中都没有提及导航波理论。我们能看到的就只有哥本哈根学派的教科书，然而这些教材要么忽略了量子理论最根本的问题，要么自信地断言玻尔和海森堡已经解决了所有重要的问题。

反现实主义阵营能取得胜利的一大重要原因在于，数学家冯·诺伊曼发表了一些他自称能证明没有任何其他自洽理论能替代量子力学的证据。这些内容发表于索尔维会议结束几年后出版的一本介绍量子力学数学结构的书中。这番论断却是错误的，因为它暗示德布罗意的导航波理论并不自洽，但事实并非如此。

冯·诺伊曼的错误证明似乎演变成了科学史上经常出现的一种现象，那就是错误的理论却产生了巨大的影响力。冯·诺伊曼本人声名卓著，在他给出的“证据”面前，很多对“量子力学是最完备的理论”这种观点持反对意见的人都妥协了。尤其值得一提的是，德布罗意本人也在冯·诺伊曼以及泡利等理论物理学家的联合批评下屈服了。

有人注意到了冯·诺伊曼的理论中出现的错误，那就是一位名叫格雷特·赫尔曼（Grete Hermann）的青年数学家，她对量子力学很感兴趣，并且很自然地研究起了冯·诺伊曼的著作。赫尔曼是埃米·诺特（Emmy Noether）[①] 的博士生，她也是一位优秀的数学家。她的贡献中包括数项预言了计算机科学中算法研究的成就。赫尔曼对哲学也兴趣浓厚，并关注着量子力学对当时在德语系学术圈流行的新康德主义 [②] 的影响。

赫尔曼很快就注意到冯·诺伊曼对隐变量不可能性定理的证明有一处错误：该定理的一个假设等价于量子力学的基本框架，因此，该定理证明的是任何与量子力学等价的理论都与量子力学等价，这显然没有任何意义。

① 诺特是 20 世纪最伟大的数学家之一，我们稍后就会提到她发现的一个有关对称的重要物理学定理。

② 新康德主义是唯心主义哲学流派之一，在 19 世纪下半叶产生于德国。——编者注

非常遗憾的是，赫尔曼指出的冯·诺伊曼的证明过程中存在错误的论文没有产生任何影响[3]。一部分原因是她把这篇论文发表在了一份名不见经传的期刊上，但我们不难联想到也可能是她的性别导致了这篇论文没有受到应有的严肃对待。另外，赫尔曼的这篇论文戳穿了支撑量子力学必要性的一大论据。

直到20年后，才终于又有人注意到了冯·诺伊曼的证明过程中的错误，因为这与导航波理论不符。这个人就是下一章的主角戴维·玻姆。又过了10年，约翰·贝尔把这个谬误归因于一个错误的假设。如下是他的说法：

> 如果你真觉得自己掌握了冯·诺伊曼的这个证明，那就亲手把它毁掉！因为，这个证明完全没有意义，不只是有瑕疵，而且愚蠢……如果把他的假设翻译成物理学语言，你就会发现根本说不通。你完全可以引用我的这番话：冯·诺伊曼的证明不仅错误，而且愚蠢[4]！

对各类不可能定理都颇有研究的评论家戴维·莫明（David Mermin）遗憾地说："许多研究生都想尝试构建隐变量定理，但他们都因为冯·诺伊曼的错误证明而放弃了。"莫明很想知道，是否有学生或者那些对隐变量感兴趣并试图去解救它们的人士研究过冯·诺伊曼的证明过程[5]。

站在如今事后诸葛亮的角度回顾过去那段有数项诠释量子世界的理论争鸣的时代，我们很难真正理解第一代量子物理学家当时的思想状态。即便爱因斯坦、德布罗意和薛定谔始终强烈反对，玻尔开创的反现实主义哲学还是在量子力学于1925年诞生之后的至少50年内统治了量子理论学界。

据我所知，在那些年里，如果有人提出可能存在某种现实主义版本的量子力学并执着地坚持下去，他得到的回应很可能是典型的哥本哈根式的回答——以“冯·诺伊曼证明没有其他选项”为结尾。我们不禁猜想，如果赫尔曼阐述冯·诺伊曼的证明过程存在错误的论文能够得到重视，这种情况至少会稍有好转，然而，事实就是赫尔曼的论文最终石沉大海。

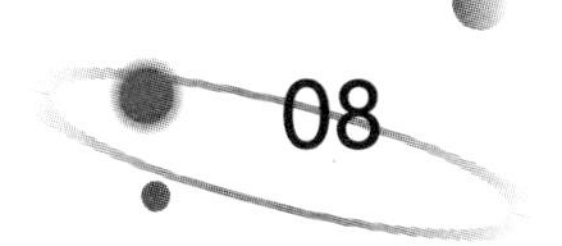


# 戴维·玻姆：现实主义的又一次尝试

> 1952 年，玻姆解决了量子力学所面临的最大问题，也就是如何诠释量子力学，遗憾的是，大家普遍没有认识到玻姆这项成就的重要性。在 1952 年之前甚至之后，他做到了人们觉得不可能的事：通过自洽的微观现实图景来诠释量子力学的规则。
>
> ——罗德里赫·图穆尔卡（Roderich Tumulka）

1930 年，德布罗意放弃了现实主义。从那时起，反现实主义的哥本哈根诠释统治了量子力学的教学与应用，以及针对这个新理论含义的大多数讨论。仅存的两个例外是爱因斯坦和薛定谔，他们延续着对哥本哈根学派的挑战，并且坚持认为量子理论需要现实主义基础，然而，他们的异议影响甚微。

这就是年轻的美国理论物理学家戴维·玻姆在 20 世纪 50 年代初着手撰写量子力学教科书时面对的情形。玻姆是个有趣的人物，注定要度过有趣的一生。他当时是普林斯顿大学物理系的助理教授，主攻等离子体物理学，此前，他在伯克利师从罗伯特·奥本海默（Robert Oppenheimer）。第二次世界大战前，美国军方拒绝了奥本海默带玻姆到洛斯阿拉莫斯研究原子弹的请求。

没有任何证据表明玻姆曾是间谍，但由于玻姆为人正直，当他在1950年受传唤到美国众议院非美活动委员会作证时，他拒绝指证他人。玻姆因此被捕并被指控藐视国会，但最后被无罪释放。普林斯顿大学则因此搁置了对玻姆的续聘工作，后来甚至直接取消。在玻姆被普林斯顿大学解聘后，爱因斯坦曾向普林斯顿高等研究院提议聘用玻姆，但他最终也没能战胜管理层中的反对声音。就在玻姆发现自己成了无业游民甚至很可能在整个美国都找不到教职工作时，他的教科书出版了，并大获好评。

自量子力学先驱保罗·狄拉克在1930年首次出版量子力学教科书开始，有关这种理论的教材一直层出不穷，而玻姆的这本教科书就在最优秀之列。此外，虽然他多年来一直心存疑虑，但在介绍量子力学的诠释问题时，玻姆始终尽可能地贴近哥本哈根学派的正统观点。比如，他撰写的教科书中有一节名为“量子理论与隐变量相抵触的证据”，还有一节则是“在更深层次上不可能存在拥有完全确定性的定律”。

爱因斯坦还曾与玻姆见过面，并对玻姆旗帜鲜明地捍卫哥本哈根学派观点的举动表示赞赏，但也希望玻姆听一听他的观点，以期改变玻姆的想法。现在看来，爱因斯坦当时应该是成功了。与爱因斯坦进行过交谈之后，玻姆开始思考是否可能存在一种具有确定性的更深层的现实主义理论。或许是因为现实主义对唯物论者具有别样的吸引力，又或许是因为爱因斯坦的思想清晰明了，总之，不久之后，玻姆就建立了基于现实主义的完备的量子力学理论。从本质上说，他的工作就是重新发掘了早已被人遗忘的由德布罗意提出的导航波理论。

当然，德布罗意和玻姆两人的理论还是有所差别的，具体来说就是玻姆为描述波引导粒子方式的引导方程另选了一种定律。就像我之前解释的那样，在德布罗意的引导方程中，粒子会沿着最陡峭的路径“爬”上波函数，这决定了粒子的运动方向和速率；而在玻姆的理论中，约束粒子的定律是牛顿运动定律的另一个版本：描述了粒子在受到外力作用后的加速方式。与牛顿运动定律的不同之处在于，玻姆需要假设这种外力会引导粒子朝着波函数最大的方向运动。此外，玻姆还不得不再引入另一个假设：粒子初始状态时的运动速度由德布罗意的引导方程给出。

除了上述区别，德布罗意和玻姆的理论只是用不同方法表达了同一种思想：波函数和粒子都真实存在，且正是波引导着粒子。就本质内容来说，这两种理论是等价的，且对粒子运动轨迹的预测完全相同。结果就是，这两种理论都预言：如果某个粒子系综初始状态时的分布符合玻恩规则，那么在波函数变化以及粒子运动的过程中，它们也会始终满足这个规则。

没过多久，玻姆就撰写了两篇阐述他这个新理论的论文，[1]并提交给了当时最负盛名的期刊《物理学评论》(*Physical Review*)。此外，玻姆还把这两篇论文发给了其他人，其中包括德布罗意，而德布罗意很快就发表了一篇短文来解释为什么玻姆的这个理论像他之前的理论一样是错误的。

玻姆在这篇文章的手稿中加了如下这句非常有趣的话：

> 就在写完本文后，我注意到德布罗意曾在1926年提出过类似的理论，且同样是对量子理论的一种诠释，只是德布罗意本人后来抛弃了这个想法。

这句话明确无误地表明：玻姆在创造他自己的导航波理论时完全不知道德布罗意的版本。由于德布罗意是闻名全球的诺贝尔物理学奖得主，因提出电子等其他粒子也具有波动性而受到普遍认可，因此这件事的确有点令人难以置信。然而，事实就是如此。

玻姆还在第二篇论文中解释了为什么冯·诺伊曼的定理不能应用于他提出的理论。

玻姆撰写的关于导航波理论的第一篇论文在1952年正式发表。那时，他已经在巴西圣保罗任教了。在那个遥远的地方，陌生的饮食让玻姆感到无比孤单和不适应，他只能在这种情形下等待其他人发表论文回应他的这篇具有革命意义的论文。

在玻姆希望得到肯定意见的人中很可能有爱因斯坦，毕竟，这位伟大的物理学家在德布罗意第一次发表导航波理论时曾给予了高度赞赏。然而，时隔25年，当玻姆发表自己的论文时，爱因斯坦的想法却发生了改变。

爱因斯坦在写给玻恩的一封信中这样描述自己对玻姆这篇论文的想法：

> 你有没有注意到玻姆觉得他能用精确的术语来诠释量子理论？

> 就像 25 年前德布罗意做的那样。在我看来，那个方法似乎有些过于简单了[2]。

爱因斯坦还继续写道：

> 我觉得这个方法过于简单了，就像是一个给孩子看的物理学童话，严重误导了玻姆和德布罗意[3]。

爱因斯坦在一篇为纪念玻恩而精心撰写的论文中正式提出了对玻姆理论的反对意见。玻姆的理论预言了粒子的运动，其推导结果之一就是：当原子处于定态时，其中的电子应该完全静止。爱因斯坦解释道："这种速度的缺失违背了成熟物理学理论的要求，宏观系统中的运动应该与经典力学描述的相近。"[4]玻姆的理论并没有做到这一点，因为根据经典力学，电子应该围绕着原子核运动，而不是静止不动。

爱因斯坦的反驳明显是错误的，因为原子可不是什么宏观系统，不过，爱因斯坦的反驳确实指出了粒子的导航波理论与牛顿物理学有极大的不同。正如我之前强调的，德布罗意从一开始就认识到，在导航波理论中，粒子的运动方式会违反牛顿力学基本定律，比如惯性定律和动量守恒，这是光子弯折自身的运动轨迹从而以衍射的方式绕过障碍物的必然要求。德布罗意和玻姆的引导方程能够推导出粒子运动轨迹会发生衍射和折射，但同时得付出一定的"代价"，那就是"明目张胆"地违背基本原理。那些在原子中静止不动、无须围绕原子核运动也不会坠落原子核中的粒子也违反了这些原理。在爱因斯坦看来，这个"代价"似乎太高了。

虽然爱因斯坦并不支持导航波理论，但当他从和玻姆共同的朋友那里听说玻姆因交替出现的腹泻和便秘而抑郁时，还是关切地致信慰问道：

> 我十分关心你的饮食和消化状况，听说了你承受的痛苦，我也非常难受[5]。

然而，玻姆收到的其他回应很可能不会对他的消化系统产生任何积极的影响。海森堡回信说，从他的操作主义观点看，玻姆理论中的粒子运动轨迹构成了一种与量子世界毫无关联的意识形态上的上层建筑。对任何一种意在代替量子力学的理论来说，可能遭遇的命运无外乎两种：要么这个新理论给出的预测与量子力学不一致，这很可能是因为新理论错了；要么这个理论预测的现象与量子力学一致，那么它就没给物理学提供任何新的思想。海森堡写道：

> 实验无法驳斥玻姆的解释……从基本的实证主义角度（或许称"纯物理学角度"更好）看，我们看到的这个理论并不是哥本哈根诠释的另一面，相反，它只是用不同的语言重复了哥本哈根诠释[6]。

泡利也发出了类似的批评，但在更进一步的研究之后，他妥协道：

> 只要你的结果符合寻常波理论的预测，而且没有采取任何措施测量隐变量的值，那就不会有出现逻辑矛盾的可能性[7]。

实际上，导航波理论对于某些情况的预测与量子力学的预测并不一致，但这一点还要再晚一点才能逐渐为人们所熟知。我们马上就会回到对这个问题的讨论上来。

不过，并非所有人都如此友好。让我们把视线转回普林斯顿大学——奥本海默拒绝阅读玻姆的论文，称这么做只是浪费时间。即便他没有读过玻姆的论文，但还是鲁莽地称玻姆的工作是“幼稚的异端”[8]。奥本海默在这件事上的最后一番评论是这样的：“如果我们不能驳倒玻姆，就一定要一致无视他。”[9]

因经济学上的均衡理论而闻名于世的数学家约翰·纳什（John Nash）写信给奥本海默抱怨他在普林斯顿大学的物理学家们身上发现的教条主义态度。纳什称：“无论是谁表达出一丝一毫的质疑态度，或者表现出对‘隐变量’的某种信念，这些物理学家都会把他们视为非常无知的人。”然而，就对玻姆理论的看法来说，纳什站在了失败者一边，因为他曾坦诚地说道：“我想找到另一种更令人满意的关于不可观测现实的深层图景。”[10]

自己的开创性工作被奥本海默这位既是导师又在某种程度上扮演了父亲角色的人物完全否决，玻姆肯定很受伤，另外，他还两次被当时的美国物理学研究中心普林斯顿大学驱逐。我们必须钦佩玻姆做出这些决定的勇气，也一定要记住他为此付出的代价——完全被物理学界孤立，他本人一定觉得这就是世界末日。

玻姆的好友兼传记作家透露，奥本海默当时那么做的动机是想撇清关系，因为他当时也身处险境，面临着同样的风险。即便抛开奥本海默的表态不谈，以及假设玻姆没有被普林斯顿大学驱逐，玻姆也无法让更多人对自己的这个颠覆哥本哈根诠释的理论产生兴趣。

无论如何，哥本哈根学派对玻姆的理论的回应也同样不屑一顾。当时造访过哥本哈根的哲学家保罗·费耶拉本德（Paul Feyerabend）撰写了一份报告，称玻尔至少曾短暂地被玻姆的论文震撼到。即便如此，他也没有在自己的论文中提及玻姆的理论，更不用说写篇论文来直接回应玻姆了。实际上，玻姆收到了来自玻尔的门生列昂·罗森菲尔德（Léon Rosenfeld）的一封回信。

如下这些摘自那封信的内容就很好地体现了哥本哈根学派当时的态度：

> 我肯定不会介入您和其他任何研究互补原理的人士之间的争论，原因很简单：根本没有任何值得争论的地方……您怀疑我们都在用某种魔法咒语使自己沉浸于互补原理之中，但这并非事实。我更想这样反驳："我发现，到现在为止，只有身处巴黎的某些仰慕您的学者曾经有过一些幼稚的念头。"
>
> 您提到的互补原理面临的困难本质上是形而上思维的结果，大多数人从小接受的教育中蕴含的主流宗教影响和思辨哲学让他们产生了这种想法。摆脱这种境况的方法当然不是对这个话题避而不谈，而是摒弃形而上学，学会辩证地看待问题[11]。

独自一人在圣保罗的公寓中阅读这些文字时，玻姆一定很想念自己的故乡美国宾夕法尼亚州。

尽管对物理学界略显失望，玻姆在巴西期间仍高产。在关注新量子理论的同时，他在等离子体物理学领域也在持续做着贡献。此外，玻姆还开始和德布罗意的学生兼同事让-皮埃尔·维吉尔（Jean-Pierre Vigier）合作。玻姆在巴西并不开心，1955年转去了以色列理工学院，过了几年又去了英国。在布里斯托待了一段时间后，玻姆在伦敦大学伯克贝克学院结束了自己的漂泊生活，并在那里度过了余生。

在伦敦期间，玻姆仍在不懈地追寻更深层次的自然理论，这番努力让他超越了量子理论，也让他形成了一种具有极高原创性的思想。在我看来，他的这种思想既是理性的也是哲学性的，既与物理学有关也超越了物理学。另外，玻姆还撰写了几本著作，这些作品让他收获了包括艺术家、哲学家在内的众多追随者，而他与印度哲人克里希那穆提之间的对话也成了物理学之外颇受欢迎的话题。

虽然玻姆后来的作品与评判其导航波理论的重要性之间没有联系，但我认为，如果不尝试总结这位复杂而矛盾的伟人一生的工作，那肯定是一种不负责任的胆怯行为。我由衷地同情玻姆追求超越的过程，不过玻姆身上的某些弱点则使他易于受到那些非常自信的强势人物的影响。

回顾玻姆的生活，他对神秘主义的追求显得那么天真和无知，完全体现不出他那优秀的判断力。我们在因此而批评他的同时也必须承认他多年来对科学领域（不仅限于量子理论）的坚定、不懈探索拯救了他，恢复了他的理论的完整性和严谨性。玻姆探索的是一种卓越的新科学形式，且同时受到了最艰深的理论物理学之谜的启发。这是一个鲜有优秀科学家涉足的领域，或许只有戴维・芬克尔斯坦（David Finkelstein）值得一提。要给予玻姆失败的评价并不难，他迄今为止最大的贡献也确实只是他在早年间对量子物理学做出的那些贡献。他还探索了一条极少有人有勇气或者眼界踏上哪怕一步的道路，即便事实已经摆在眼前：人类面临的最大危险与我们文化的彻底断裂有关，这种断层的根源在于对这个世界的科学理解和精神理解不可通约。

我们现在来总结一下我们从玻姆的量子理论中学到了什么。导航波理论解释了寻常量子力学能够解释的一切，而且避免了规则二带来的尴尬；波函数总是按照规则一演化，因此，它永远不会跃迁或坍缩。导航波理论的新颖之处在于，粒子在波函数的引导下遵循某种定律运动。规则一和这个定律一道给予了量子现象一个完全现实主义的描述。

另外，导航波理论还解释了一些寻常量子理论不能解释的东西。它完备地描述了每个个体过程中发生的一切，还解释了电子运动的原因和方式及其不确定性和概率性的来源，也就是粒子初始位置信息的缺失。此外，导航波理论还解决了测量问题，因为基于这种理论，我们无须将测量区别于其他过程。

玻姆在 1952 年撰写的第二篇有关这种新理论的论文中详细研究了测量过程并且证明：当原子与旨在测量其某种属性的探测器发生相互作用时，探测器最终会与原子产生联系，且这种联系既与粒子的位置有关，也与波函数有关。因此，测量行为在原子的粒子性和波动性两方面都能准确奏效。

从现实主义的观点来看，导航波理论大大优于哥本哈根诠释。它的存在本身就证明玻尔和海森堡关于“量子物理学不可能拥有现实主义描述”的论点是错误的。读者可能会认为，物理学界一定会转而拥抱导航波理论，时间要么是在德布罗意于 1927 年的索尔维会议上首次提出这个理论之后，要么是在玻姆于 1952 年再次提出该理论之后。这显然就是玻姆所期待的愿景，也是他失望的根源。

部分科学史学家指出，欧洲物理学界在 20 世纪 20 年代投入反现实主义的怀抱是他们这代人对刚刚经历的战争的回应。这并不能解释为什么物理学界到了 20 世纪 50 年代还是拒绝导航波理论，毕竟当时的物理学界已经被积极、乐观、务实的精神所主导。

有些人认为，是那些极富魅力的领袖统治下的研究学派造成了这个结果，尤其是玻尔，他启发并指导了许多从欧洲和美国慕名而来与他一道开展研究的量子革命者。相比之下，德布罗意终其一生都没有几个学生，而且据我所知他们还都是法国人。即便在法国物理学界内，他的这一小撮“党羽”都是被孤立的对象。

玻姆倒是激发了一些巴西理论物理学家的发展，但在这个国家之外，他并不受欢迎。离开巴西之后，玻姆辗转至以色列和伦敦，指导过的优秀学生寥寥无几，其中之一是亚基尔·阿哈罗诺夫（Yakir Aharonov），他后来成了一名有自己想法和规划的顶尖的理论物理学家，但他的理念和玻姆大相径庭。还有几位玻姆的学生后来成了基础量子理论的专家，然而，他们秉持的观点并不相同，且一直没有形成明晰的“玻姆学派”。等到玻姆来到伦敦，重回他能展现影响力的地方时，他本人却又将注意力转向了神秘主义，这对导航波理论的发展就更于事无补了。

不过，随着时间的推移，人们对导航波理论的兴趣一直在稳定地缓慢增长，毕竟这个理论是由世界上屈指可数的几位优秀的科学家提出并发展起来的。直到 20 世纪 90 年代，一个有时被称为“玻姆学派”的群体诞生了，这个群体虽然规模不大，但旗帜鲜明，成员包括科学家、数学家和哲学家，他们都致力于基础量子理论的研究。

这些“玻姆学派”的成员提出并解决了一些导航波理论中的精深问题，

其中最棘手的一大问题与导航波理论中概率的出现方式有关。这个理论具有确定性，给定某一时刻的波函数，我们就能运用规则一推导出之后任意时刻的波函数。描述波函数引导粒子方式的方程也同样具有确定性，并且，如果我们能够确定粒子的初始位置，这个方程就会准确地告诉我们该粒子此后的运动方式。也就是说，基于这种理论，每个粒子都有确定的运动轨迹。

那么，概率性是从何而来的呢？概率性被引入导航波理论的方式与被引入牛顿力学的方式并无不同：因为我们不知道粒子的准确位置。由于我们不可能知道粒子从哪儿出发，也就无法确定它们将来会出现在哪儿。导航波理论中的概率性表现了粒子初始位置信息的缺失。

要想理解导航波理论中的概率性，我们得想象一系列拥有相同波函数但粒子起始位置不同的系统集合。开始时，这些粒子的分布遵循概率分布函数，这个函数会告诉我们粒子的各个初始位置在所有系统中出现的频率。我们可以任意选择粒子的初始位置，让概率分布函数变成我们想要的任何样子，然后运用规则一约束波函数和引导定律的演化并驱使粒子四处运动，从而起到让整个系统随时间演化的效果。在这个过程中，概率分布函数也会随时间发生变化，并反映出粒子的运动状况。

就像我之前介绍的那样，在量子力学中，在各个地点发现粒子的概率由玻恩规则下波函数的平方给出，这在量子力学中就是规则二讨论前提的一部分。在导航波理论中，粒子是真实存在的实体，并且我们能够随意选择初始概率分布函数，与寻常量子力学一样，这种选择也要受到玻恩规则的约束。因此，粒子的分布方式必然满足如下关系：波函数平方越大，系统集合中粒子的数量越多。

我们做出选择后，这种关系就会持续下去。粒子会四处运动，而波函数也会随时间发生变化，但“发现粒子的概率由波函数的平方给出”这一点始终成立。

不过，德布罗意的理论中还有更多内容。如果我们给系统集合中的粒子设定一种不同的初始概率分布，且这种分布并不由波函数的平方决定，那么，系统也会朝着实际概率分布与波函数的平方一致的方向演化。安东尼·瓦伦丁尼（Antony Valentini）的一项重要工作率先证明了这一点[12]。此后，还有很多模拟结果都证实了这个结论[13]。

这与热力学的原理类似。当由许多粒子构成的系统与周围环境处于平衡状态时，系统的熵最大，这是因为熵就是对无序性的度量，通常情况下会随着时间的推移而增大。如果系统初始状态发生变化，变得比平衡态更有序，那么很可能出现的情况是：系统的无序性上升，直至与环境重新取得平衡。

德布罗意导航波理论的情况与之类似。我们可以这么看：如果粒子位置的实际概率分布与波函数平方给出的不同，那么这个量子系统就处于量子非平衡态；如果两者相同，那么系统就处于“量子平衡态”（quantum equilibrium）。瓦伦丁尼的理论告诉我们，处于量子不平衡态的系统很有可能会不断演化，直至达到量子平衡态为止。

一旦系统达到了平衡态，导航波理论给出的预测就与传统量子力学的预测一致。因此，我们必须驱动系统朝脱离量子平衡态的方向演化，这样才能营造一种可以用实验区分导航波理论和传统量子力学理论的环境。

系统脱离量子平衡态时的物理学产生了几项令人惊喜的结果。其中一项就是以超光速传递信息成为可能。这是瓦伦丁尼另一项重要工作的成果，即当系统脱离量子平衡态时，信息和能量可以违反狭义相对论，实现瞬时传送。[14]毫无疑问，如果实验能够证实这个结论，那么它必然会成为我们理解大自然之路上最重要的里程碑，甚至对实现科幻作家梦想中的技术也颇为重要。这就是实验可以明显区分导航波理论和传统量子力学的一大方式。物理学家们已经展开了一些驱使量子系统脱离量子平衡态的尝试，并以此检验如上这些预测，不过，到目前为止，这些尝试既没有成功发现量子非平衡态，也没有证伪导航波理论。

有望发现量子非平衡态物理学的一个可能场景就是极早期的宇宙。瓦伦丁尼及其合作者提出了这样一种假说：宇宙诞生于量子非平衡态的大爆炸之中，并在膨胀中逐步走向了量子平衡态。这个过程可能会在宇宙微波背景辐射（Cosmic Microwawe Background，CMB）中留下痕迹，我们也正在搜寻这些蛛丝马迹，但目前还没有得到确凿的证据[15]。

我们现在回到薛定谔的猫这个实验上来，看看导航波理论对此如何解释。

导航波理论认为：量子力学是一种具有普适性的理论，只有规则一是合理的，且这个规则适用于所有情况。这就意味着测量与其他过程并无二致。任何事物如原子、光子、盖革计数器和人都以两种形式存在——波和粒子。无论是从粒子角度，还是从波动角度描述，像盖革计数器和猫这样庞大的事物都很复杂，因为它们都是由协同工作的众多粒子构成的。也就是说，我们需要一个术语来描述构成猫的这么多粒子在空间中的各种排布方式，幸运的是，我们的确就有这样一个术语：原子的“位形”（configuration）。

我们在讨论构成猫的粒子之间的相对位置时，描述的其实就是猫的位形，即猫内部的所有原子都处于空间中确定的某处，由于构成猫的粒子数量庞大，因此，描述猫的位形就需要大量的信息，而且所有这些信息都必须被编码成一串数字。那么，要描述一只猫究竟需要多少个数字呢？就一个原子来说，描述它需要3个数字，这些数字在三维空间中能够定位出原子的位置，因此，要定位构成猫的所有原子的位置就需要3倍于猫所含原子的数量。一只猫大约由$10^{25}$个原子构成，因而描述猫的位形需要$3\times10^{25}$个数字。

导航波理论涉及的重要一点是：所有原子都真实存在，且都处于空间中某一确定的位置。每个原子都有自己的位置，也就是空间中的某个点，同样的道理，每只猫都有自己的位形。

在三维空间中，每个原子都有与自身对应的波，每只猫也都有与自己对应的波，但这种波所在的位置颇为奇怪。猫对应的波并不处于三维空间中，而是处于一种高维空间中，这个空间称为“位形空间”（configuration space）（见图8-1），其中的每个点都对应猫的一种位形。

想象高维空间非常困难，甚至可以说完全不可能。我曾经敬畏地看着罗杰·彭罗斯（Roger Penrose）在黑板上做这样一种计算：在八维空间中让二维平面在六维障碍物周围滑动。跟着他一步步地展开计算，我的内心无比震撼，但这已经是我想象力的极限了。大多数数学家的具象天赋没有彭罗斯那么高，但我们可以用自己的方法推理高维空间附近的情况。我们在绘制三维物体时，其实是在绘制这个物体在二维空间上的投影。类似的，当我想象像猫这样的可能会涉及$3\times10^{25}$个维度的位形空间时，我在脑海中看到的只是这个空间在三维空间中的投影，以及一种无声的警惕：要千万小心，不要从这些根本不完备的具象画面中总结出错误的结论。

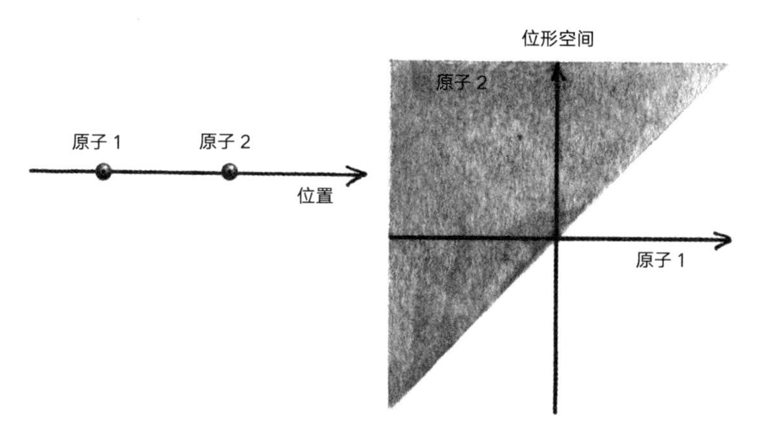


**图 8-1 位形空间示意图**

注：一条线（一维图形）上的两个原子。它们的位形由 2 个数字表征，因此，它们组合而成的位形空间就是平面（二维图形）上的一个点。我们忽略这两个原子之间的差别，认为它们完全一样，于是，2 号原子始终都是右面的那个。

位形空间中的波携带着大量信息。举个例子，让我们回想一下对立态，这种状态描述的是同时询问两个粒子时它们给出的回答之间的关系，但不包含任何关于这两个粒子自身情况的信息。通常情况下，要想编码出这样的量子态，我们需要的不只是猫内部所有原子的三维波，而是一种在所有可能的猫的位形空间中流动的波。一旦我们接受了“存在某种波在猫的所有位形空间中流动”的设定，薛定谔的猫这个量子谜团的答案就显而易见了。

猫只有一只，它总是处于某种位形之下。其中，既有猫处于死亡状态的位形，也有猫仍存活的位形，但就某一时刻来说，猫的位形一定是这两种之中的一种，而不可能两种同时存在。因此，在任意时刻，猫都是要么死了，要么活着。

猫的波函数可以是这两种波的和，因为我们总是能够将波叠加，通俗来说就是把它们加在一起。波可以引导单个电子，也可以引导位形。就像一条河流可以拥有多个支流并且同时流经各个支流一样，波函数也可以有分岔并同时流经猫活着的位形和猫死亡的位形。

波函数最终的归宿与发现各位形的概率有关，如果某些位形上的波函数较大，那么我们发现它们的概率就较高。因此，粗略地说，我们发现猫处于存活位形的概率与发现猫处于死亡位形的概率应该大致相当，各为50%。不过，猫只有一只，就像一个电子某一时刻只能处于一个地点一样，一只猫要么活着，要么死了。

波函数能够产生分支，并且流经粒子或其位形真实状态以外的那一支，这是不是很奇怪？的确，但很合理，因为粒子总是会沿一个分支运动，不过，粒子并未经过的那个分支仍可能在未来产生作用。各分支可能会在未来重新汇聚，从而形成影响粒子去向的干涉图样。

18 年前，我曾面临着一个艰难的抉择。当时，有两种未来摆在我面前，从我当时能够收集到的所有信息来看，它们都非常具有吸引力。当然，在做这样的决定时，我们很难掌握足够的信息，未来的一切都取决于我当下的选择。我当时面临的问题是：我要选择到哪个国家、哪座城市定居？我要和谁结婚？我的孩子又会是谁？他们的母语是什么？我又能活多久？如此种种都会影响我之后的决定。

由于实在难以抉择，我咨询了在量子实验室工作的朋友，并决定用一个放射性原子来帮助我做决定。如果这个原子在半衰期内衰变了，我就抓住机会去一个新的国家、一座新的城市碰碰运气；如果它在半衰期内没有衰变，我就留在当地。最终的结果是，那个原子衰变了，于是，我现在身处加拿大的多伦多。如果当时那个原子没有衰变，我就遇不到现在的家人、朋友和邻居了。

我们都是由粒子构成的，正是各种可能位形构成的庞大空间中的波函数引导这些粒子走到了目前的状态。我现在所处位置的附近萦绕着波函数，但它还有其他分支流经那些我可能在但目前不在的位置。其中的部分分支起源于当初那次决定我未来的实验，源头就是实验中的那个原子没有衰变，并且后来演变成了一段我并没有实际经历过的“空历史”。粒子相应的“空波函数”从那里开始流淌，直到今日，这个“空分支”如今应该仍然位于伦敦。

我们每个人都可能会对自己可能拥有的生活有些眷恋，都可能会畅想如果当初的某个决定稍有不同会怎样。如果导航波理论正确，那么这些我们没有实际体验的生活也会有空波函数流经，并时刻准备着引导我们身上的原子，哪怕我们已身在别处。

在做出是否前往加拿大的决定前几年，我的波函数还出现过另一次分岔，并产生了两个不同的分支。最终，我选择了其中之一，但如果我当时选择了另一个，我的命运也会变得完全不同。

当时，我预订了一张瑞士航空公司的机票，准备从纽约飞往维也纳参加一个会议。就在启程前一天的晚上，我从会议组织者那里得知，我的讲座被安排在会议的最后一天。于是，我一时兴起，出于某种我现在已经记不得了的原因打电话给旅行社，把行程往后推了一天。第二天晚上临睡前，我打开收音机，听到了一个消息：我原本计划搭乘的那架飞机在加拿大哈利法克斯坠毁。如果导航波理论是正确的，那么那一天必然会有我身上原子的一个波函数分支在飞机坠毁之处汇集。

这个分支是空的，就和其他无数分支一样，但如果导航波理论是正确的，那么这些空分支都必然真实存在。它们与现在真正引导着我的这个分支之间的唯一差别就是只有一个分支碰巧引导了构成我这个人的原子。其他无数分支同样流淌，只不过是空的，我的所有原子都不在那儿。

那么，我是否应该关心这些其他分支呢？总是存在这样的可能：空分支在未来的某个时刻重新汇入我现在实际所处的这个分支，并引起干涉，最终突然改变我的生活。这种情况出现的概率极其微小，它们属于物理定律允许的可能发生的事件范畴，但实际上从未发生过。当我在电脑前输入这段文字时，房间里的所有空气原子有可能碰巧排成一列飞出窗外，让我窒息，这种情况虽然没有被物理定律所禁止，但出现的概率确实极其微小，因为所有原子无时无刻不在四处随机运动。

也就是说，代表我们没有实际体验过的生活的空分支以及那些我们没有做出的决定基本上不会对我们的未来产生任何影响。不过，如果只是把我们视为原子，那么波函数空分支和非空分支之间是无时无刻不在发生干涉的。

基于以上的论述，从实用主义角度和道德角度看，如果导航波理论正确，我们就可以忽略这些空分支，因为我们只在我们当下所处的这个非空分支上真实存在，也只在这个分支上生活，我们需要关心和负责的，也只有代表真实的这个分支。

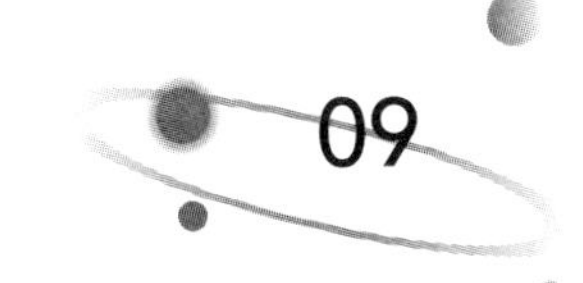


# 量子态的物理坍缩

实验和常识表明，宏观物体之间不会出现状态的叠加，因为足够大的物体总是位于确定的某处。规则二的出现就是为了解释这一点，至少就测量仪器和与其产生联系的系统的行为来说的确是这样。为了避免出现测量仪器状态的叠加，规则二规定，对粒子位置的测量一旦完成，它的波函数就会立刻坍缩成一种与测量结果相对应的状态。

在测量之前，特定原子的波函数可能弥漫在整个地球上，在任何地方发现它的概率都是一样的。等到测量出这个原子的位置后，并且假设测量结果表明它位于美国纽约某处，那么在得到实验结果的那一刹那，这个原子的波函数就坍缩到了纽约 5 个行政区的范围之内。

在标准量子力学中，波函数的这种坍缩只作为测量结果出现。这就向现实主义提出了问题，因为只有我们的使用方法以及对测量结果的诠释才能决定粒子与大型物体之间产生的相互作用是否能算作测量行为。

按照现实主义的观点，测量工具就是一种相对更大的物理系统，并且具有一种特殊能力，可以放大原子行为中的微小差异，从而记录下我们看到的可以在宏观变化中表现出来的现象。因为测量工具也是物理系统，所以它也应该遵循构成它的原子所遵循的物理定律，因此，如果原子可以处于叠加态，那么构成测量工具的原子集合也应该如此。我们在上一章中已经指出，导航波理论为实现现实主义付出的代价是一个充满空波函数分支的世界，这些空分支许久以前就同它们本可能引导的事物分道扬镳了。

不过，如果坍缩是一种无论大型物体何时参与到相互作用中都会出现的真实的物理现象，那又会如何？触发坍缩的就会是物体的以质量衡量或以构成物体的原子数量衡量的尺寸，而与其作为测量工具的用途无关。所有大型物体的波函数都会坍缩，并抹掉它们原有的一切叠加态，而由无数原子构成的测量系统也会坍缩。这就是现实主义版本的量子力学。

要想解决这个矛盾，我们就得修正量子力学，关键之处在于将规则一和规则二合并成一个能够具体描述波函数随时间变化的规则。当这个规则应用于微观系统时，我们就可依据原来的规则一对系统的量子态做出近似的估计，原子波函数可能坍缩，但概率极小，而当系统比较大时，坍缩就会频繁发生，于是，整个物体就似乎总是处于某个确定地点。这种理论自 20 世纪 60 年代起就出现了，被称为“物理坍缩模型”（physical collapse models）。

玻姆的学生杰弗里・布勃（Jeffrey Bub）在 1966 年提出了第一个物理坍缩模型，之后玻姆和布勃两人又进一步发展了这个模型[1]。同年，卡罗利哈齐（F. Károlyházy）提出了这样一种观点：时空几何结构中的嘈杂波动可能会导致波函数坍缩。与同一时期出现的导航波理论及贝尔的论文一样，物理学界对这些具有开创性的论文反应很迟钝。美国理论物理学家菲利普・珀尔（Philip Pearle）提出了一个非常精确的物理坍缩模型。虽然珀尔的整个科研生涯都在一个小本科院校度过，但他完成了极为重要的工作。为了寻找关于波函数坍缩的自洽的物理学理论，珀尔奋战了将近10年，并最终在1976年正式发表了他的第一个融合了波函数物理坍缩模型的理论[2]。

珀尔的坍缩模型引入了一个随机元素，于是，在决定波函数在何时以及何地会发生坍缩这个问题上，就好像引入了一枚骰子，我们需要掷骰子才能决定。就原子波函数而言，这枚骰子不需要掷很多次，因此，由少量原子构成的小系统很少发生坍缩，然而，含有许多原子的宏观系统则会经常发生坍缩。珀尔称他的这个理论为“连续自发局域化”（continuous spontaneous localization，CSL）。

在之后的几年里，珀尔几乎是唯一一个在研究这种现实主义方法的人。再之后，三位在意大利的利雅斯特工作的意大利人于1986年提出了一个相当精简的CSL理论版本，这就是后来为人们所熟知的GRW理论——以这三位创立者的名字命名，即贾恩卡洛・吉拉尔迪（Giancarlo Ghirardi）、埃马努埃莱・里米尼（Emanuele Rimini）和图利奥・韦伯（Tullio Weber）[3]。这些动态探索模型的发展还有其他物理学家的参与，其中包括拉约什・迪奥西（Lajos Diósi）、莱恩・休斯顿（Lane Hughston）和尼古拉斯・吉辛（Nicolas Gisin）。

这些理论在细节层面上各有不同，但它们都共同拥有一个关键特征：任何量子系统的行为都是规则一和规则二的混合体。大多数时候，原子系统的波函数都会按照规则一缓慢而平滑地变化，但有时它会按照规则二突然跃迁到一种确定的状态。

这类自发坍缩模型的一大缺点在于，自发坍缩速率必须受到严格限制，以保证坍缩现象的出现频率不至于破坏由原子系统精妙叠加构成的干涉图样。这就在必要的时候保持了微观系统叠加态的自洽性，从而保证量子力学理论的正确性。由于大型物体包含大量原子，其波函数发生坍缩的频率要高得多。对单个原子来说罕见的事件，在一个更大的集合中的另一个原子身上发生的频率则可能会高得多。只要有一个原子坍缩了，构成同一整体的其他原子也一定会坍缩。于是，我们就可以调整自发坍缩模型，大幅调高宏观系统波函数的坍缩频率，这样就能解释为什么宏观尺度上的物体总是处在某个确定的位置了，进而也就解决了测量问题。

从导航波理论的角度来说，这种自发坍缩理论并不需要涉及粒子，而只涉及波，且自发坍缩的结果会是一道在某个位置附近高度集中的波，我们是很难将这样一道高度集中的波和粒子区分开来的。由于不涉及粒子，波粒二象性之谜也就消失了，因此，我们只需要研究波在两个迥然不同的过程之中如何演化。

这些坍缩理论完全符合现实主义。波函数就是这个系统，并且解释起来没有任何令人生疑的地方。坍缩理论将波函数简化到了只与物理学现象相关的程度，从而避免了导航波理论产生的无穷多的分支。坍缩理论没有测量问题，因为包括测量设备在内的大型物体总是处于坍缩态。意识、信息以及测量在这种理论中并不会产生任何特殊的影响，我们观察到的现象就是我们得到的信息。

要想应用这类坍缩理论，首先就得找到需要用波函数坍缩解释的矛盾问题，通常就是空间中的位置。坍缩后的波函数会在空间中的某处达到峰值，因而看上去就如同粒子一般。

从坍缩理论出发可以得到的一大结论就是：能量不再精确守恒。比如，金属块会因为其所含原子的波函数坍缩而缓慢升温。在我看来，这是自发坍缩模型最惹人生厌的一大特征，不过，物理学家也已经开始规划探测这些热量的实验了。

新理论往往会有很大的自由度，自发坍缩理论也是一样，存在一些可以自由调节的地方。其一是可以自由调节坍缩的频率，我们可以通过原子的质量或能量决定这个频率。如果自发坍缩假说坚实可靠，那么就一定有一种设定坍缩频率的方法，能同时保证原子和基本粒子的波函数极少坍缩，而大型物体的坍缩频率足以使其始终处于确定的某处。另外，我们还必须保证，所有意想不到的后果都无法被我们感知，如物质升温。值得注意的是，目前所有这些条件都可以满足，因而自发坍缩理论的确可靠。

在部分此类模型中，自发坍缩是随机过程。这类理论只限定了坍缩的概率，因此，它们的初始内在设定本就会带来不确定性和概率性。在这种情况下，概率性随基本定律而来，而非人类的无知或某种信念的结果。也就是说，坍缩过程的这种内在随机性在不剥离测量过程的前提下解释了量子物理学中的不确定性。这样一来，对概率性的解释就与现实主义完美相容了，这是一个极大的优点。当然，对于那些想要一种确定性理论的人来说，这就是缺点了。与此相关的事实是，基本定律不可逆，因此，时间的方向必须编码在最基础的层级上。或许有些人会认为这是缺点，但在我看来，它们正是坍缩模型非常正面的特征。

自发坍缩模型的一大令人担忧之处是波函数的坍缩全都发生在同一时刻。由于波函数可能弥漫在空间中，它的坍缩定义了整个区域内的一个同时性时刻。按照相对论的说法，空间区域内同时性的概念在物理学上毫无意义，因此，自发坍缩模型违背了相对论。对于那些最早被提出的自发坍缩模型来说这的确是个问题，然而现在已经出现了能够与狭义相对论相容的改进版坍缩模型[4]。

不过，所有坍缩模型最吸引人的特点就是：它们预言的新现象能够用实验加以验证。随机坍缩给系统带来了噪声，对于各类参数的部分数值来说，这种噪声产生的效应非常显著，我们甚至可以直接观测到。在一些实验中，我们发现没有必要引入这样的噪声源，这即便不能说是证伪了随机坍缩理论，也至少排除了各类参数的部分特定值。也就是说，这种效应与传统量子力学相抵触，却能证明量子力学现实主义版本的一项预言，再也没什么能比这样的发现更令人感到神奇的了。

此类坍缩模型的一个缺陷在于：它们没有提到或应用到其他重要的物理学研究课题。如果我们对量子力学的修正源于无关测量的其他问题，比如量子引力问题，那么这类修正就会更有说服力。说到这里，我们就不得不提到彭罗斯的研究了。

如果说如今在世的理论物理学家中有谁的成就和思想深度及影响力能与 20 世纪初的那些先哲们相媲美，那么这个人一定是彭罗斯。简而言之，彭罗斯的理论全都是实打实的干货。

彭罗斯在基础物理学的大部分重大问题上都得到了令人惊喜的新颖结论，比如量子引力和量子基础等方面。由于他的全部思想都是由一根前后紧密关联的隐藏主线联系在一起的，因此，研究彭罗斯量子理论的最佳方式就是追溯到 20 世纪 60 年代初他还是一位青年数学家时的研究工作。当时，他深深地被与空间、时间和量子相关的基础理论所吸引。

可以说彭罗斯是爱因斯坦之后对广义相对论贡献最多的人，但这并不足以概括他的所有成就。20 世纪 60 年代初，为了从因果关系的角度描述时空几何，彭罗斯发明了具有革命意义的全新的数学工具。他描述时空的方式并不是讨论两个事件相距多远，也不是考虑流逝了多少时间，而是探究事件之间的因果关系。彭罗斯在思索这类问题的过程中提出并证明了一些定理。这些定理表明，如果广义相对论没错，那么黑洞核心的引力场强度应该趋于无穷大[5]，然而，这样一来，广义相对论就失效了，它的方程无法预测引力场强度无穷大环境中的未来。提出这些定理之后，彭罗斯又和史蒂芬·霍金（Stephen Hawking）合作，把这种研究方法扩展到了膨胀宇宙模型中，并且证明了广义相对论的预言：宇宙的膨胀肇始于一种密度无限大的状态，与此同时，时间也起始于过去某个有限的时刻[6]。

即便是这些能够彻底改变广义相对论的理论贡献也不足以涵盖彭罗斯的所有成就。和爱因斯坦一样，彭罗斯也比大多数人更关心我们诠释这个世界的理论是否自洽，并且，就同玻姆与戴维·芬克尔斯坦一样，这种热情驱使彭罗斯提出了极具个人特色的基础物理学理论。此外，在彭罗斯延续多年且高产的科研生涯中，他的理念也催生了许多后来被大家广泛使用的数学框架。

在颠覆了广义相对论的理论实践之后，彭罗斯又把注意力转向了基础物理学领域。量子纠缠与马赫原理①之间的共通性令他感到震撼——这两种思想都蕴含了能将整个物质世界联系在一起的高度和谐性。

① 马赫原理的真正核心是相对关系，爱因斯坦正是受到这个原理的启发才提出了广义相对论。

彭罗斯首创地提出了这样一个问题：量子纠缠能否产生定义空间和时间的相对关系。为了深入研究这个问题，他创造性地发明了一种以画图为基础的简单游戏，游戏的规则同时代表了量子纠缠和物理几何中的几个方面。这个被彭罗斯命名为“自旋网络”（spin networks）的游戏是他对有限、离散量子几何的第一个构想。

大多数理论物理学家都是在已有的理论中做各类计算，然后得出自己的想法，而彭罗斯有时会通过发明游戏做到这一点。他发明的这些游戏虽然简洁，却总能抓住深奥问题的本质，在玩这些游戏的过程中就能研究相关问题。彭罗斯关于自旋网络的主要论文不但没有发表，甚至根本就没有输入电脑，这很符合他的一贯作风。彭罗斯手写笔记的油印本——类似于现在的影印本——在他的学生和好友间不断流传，他的这些笔记读起来很是让人兴奋，只不过主要证明过程总是到一半就没了[①]。

自旋网络在诞生之后的几十年里始终是一种哲学上的小把戏，人们只会在学术会议晚宴甜点时分对其进行简单地交流。然而，数年之后，事实证明这些自旋网络是一种被称为“圈量子引力”（loop quantum gravity）的量子引力研究方法的核心结构。在圈量子引力理论中，自旋网络体现了一种可以让量子理论和广义相对论共存的方法。

彭罗斯在拓展了自旋网络之后，便发现了“扭量”（twister）理论。扭量理论的精华是一个极其简洁的公式，描述了潜藏在电子、光子和中微子传播过程背后的几何学原理。扭量的本质是中微子物理学中的一种与

① 彭罗斯的一位名叫约翰·莫索里（John Moussouris）的学生在博士论文中完善了证明过程，但他的这篇论文也没有发表，同样只是在学术圈子里“手手相传”。

“宇称”（parity）有关的美妙的不对称性。如果某个系统的镜像在自然世界中存在，我们就称它具有宇称性。比如，我们人类有两只手，它们互为镜像，因此，我们的双手就具有宇称性。不过，从整体角度看，人体并不具备宇称性，因为我们的心脏和其他内部器官并不对称，且每个人要么惯用左手，要么惯用右手，这也并不对称。中微子的存在状态不存在镜像，因此我们称中微子“宇称不守恒”。彭罗斯的扭量理论就体现了中微子的这个特性，因为该理论运用的数学框架并不构成镜像对称关系。

彭罗斯和他的一些学生在英国牛津大学独立发展了扭量理论多年。20 世纪 70 年代末，他们的研究引起了当代著名物理学家爱德华·威滕（Edward Witten）的注意。许多年后，威滕和一些年轻的理论物理学家以扭量理论为基石，有力地重新阐述了量子场论，如今这个新理论仍在不断发展之中。

我发现彭罗斯的非凡之处在于，他有一根内在主线，能够把他所做的一切研究都串成一个逻辑自洽的故事，因此，彭罗斯对新物理学的远见卓识引导着他重新阐释量子力学也就不足为奇了——这只是“将量子理论同广义相对论结合起来形成量子引力理论”这个更宏大的战略的一部分。

和往常一样，彭罗斯无视了大多数人都会使用的寻常方法，特立独行地吹响了进攻量子引力理论的号角。构造系统量子描述的标准路径是一种叫作“量子化”（quantization）的过程，这个过程首先需要用牛顿物理学语言给出对系统的描述，然后，再应用一种特定的算法对其进行“量子化”。其中的细节与我们这里讨论的主题无关，读者只要知道这个过程的输出是一种绝对传统和标准的量子理论就可以了。

这项技巧在很多情况下都能给出描述原子、基本粒子和辐射的有效的量子理论，还能应用于引力理论——实际上，圈量子引力理论就是通过“量化”广义相对论得到的。

彭罗斯则另辟蹊径。量子理论和广义相对论在一些关键问题上存在冲突，其中最重要的是，这两种理论对时间的描述差别极大。量子力学认为只有一种普适的时间，而广义相对论则认为有很多种时间——这里对时间的定义是用时钟测量的时间间隔。爱因斯坦的相对论的开端就是讨论两个时钟的同步问题。实验开始时，我们把这两个时钟调成完全同步，但通常来说，随着时间的推移，它们并不会始终保持同步，而是会慢慢发生偏移，偏移的具体速率取决于两个时钟在引力场中的相对运动状态和相对位置。

量子理论和广义相对论的另一个矛盾之处是态叠加原理。就像我们之前讨论的一样，给定某个量子系统的两个状态，我们可以把它们加在一起，形成一种新状态。此外，还有一点我们在前文中没有提及，那就是：叠加同样的两种状态可以产生许多不同的新状态，只需改变两种初始状态在叠加过程中的权重就能做到这一点。因此，以我们之前举过的例子来说，我们既可以 1∶1 地叠加“爱猫”（以下简写为“猫”）和“爱狗”（以下简写为“狗”）这两种状态：

新状态 = 猫 + 狗

也可以这样叠加：

新状态 =3 猫 + 狗

还可以这样叠加：

新状态 = 猫 +3 狗

每一种状态之前所乘的数字叫作振幅，它的平方对应的是概率。因此，如果对方处于“猫 + 狗”态中，那么他回答“爱狗”或“爱猫”的概率一样，都是 50%；如果对方处于“3 猫 + 狗”态中，那么他回答“爱猫”的概率是“爱狗”的 9 倍。

广义相对论并不涉及态叠加原理，因此我们不能通过叠加相对论方程组两个解的方式得到新的解。用数学语言来说就是：量子力学是线性的，而广义相对论是非线性的。

量子力学和广义相对论的这两种差异之间存在联系。态叠加原理之所以能在量子力学中拥有一席之地是因为量子力学只涉及一种普适的时间，我们可以用它来记录量子态随时间变化的方式。在广义相对论中，相距遥远的两个时钟会脱离同步状态，所以就没有叠加或组合两种时空进而形成新时空的简易方式了。

彭罗斯接受了广义相对论中的时间多样性以及态叠加原理的缺失，并且视这两者为不得不接受的事实。他怀疑，一旦用广义相对论的语言描述量子现象，态叠加原理就会受到挑战。另外，他还认为，态叠加原理的简易性和线性都只是近似正确，且只有在忽略引力作用的情况下才能成立。

彭罗斯是一位现实主义者，但他在量子理论的研究中做出了一项寻常现实主义者不会做的举动。彭罗斯既没有把现实归为波与粒子，也没有发明新的“隐变量”，而是提出现实只由波函数组成。于是，他采纳了珀尔等人的说法，认为测量中的波函数坍缩是一个真实的物理过程。波函数的突然改变并不像有些人认为的那样是因为我们突然知道了粒子的位置，而是一种切实存在的物理过程。

彭罗斯在研究了珀尔和“GRW”之前的著作后提出：波函数坍缩是一种间歇性发生的物理过程[7]，会干扰原本在规则一约束下的波函数的平滑变化。此外，他还引用了迪奥西和卡洛里哈吉的观点：坍缩过程与引力之间存在某种关联[8]。波函数坍缩后，叠加态就解除了，系统波函数坍缩的速率则取决于系统的大小和质量。就像我们之前讨论的那样，这个速率的存在保证了原子系统几乎从不坍缩，而宏观系统却经常坍缩，因此大型物体无法叠加。

迪奥西、卡洛里哈吉和彭罗斯的研究真正令人兴奋的地方在于，他们为坍缩何时发生提出了一个标准，而且这个标准让坍缩成了由引力引发的效应。粗略地说，当可以用引力效应测量原子的位置时，原子处于不同位置的叠加态就坍缩成了一个确定的位置。这与广义相对论中时间的多样性有关。想象这样两种状态叠加而成的波函数：原子在客厅与原子在厨房，那么，无论这个粒子在哪儿，它的引力场都会影响时钟。广义相对论对这种情形最令人震撼的一大预言是：引力场深处的时钟会变慢。这个预言已经得到了很好的检验，我们已经观察到太阳表面的原子振动得比地球上的原子慢，甚至通过比较一栋高楼中地下室内的原子钟和楼顶的原子钟就能看到这种效应。

回到我们刚才所说的原子在厨房或客厅的这种量子态，观察这两个房间中放置的时钟，我们会发现原子所在房间的那个时钟会比另一个房间里的时钟走得慢。不过，如果是原子处于厨房与处于客厅的这种叠加态，那么情况又会如何呢？这似乎就意味着引力场也一定处于厨房时钟变慢与客厅时钟变慢的叠加态。然而，这样的状态并不存在，因为我们无法通过叠加时空几何的方式得到新的时空几何，因此，该原子的波函数必然坍缩。

彭罗斯给出了一个波函数何时会坍缩的预言，物理学家现在已经开始着手设计实验以检验他的这个预言。最近有两个实验团队[9]提出，他们能够构建不同引力场的叠加态，这恰恰与彭罗斯的假说相反。这令人难以置信，但真正令我们担忧的是：彭罗斯还没有建立能够统一引力和量子理论的详细理论，且保证这个理论能推导出他的这个具有启发意义的模型。不过，彭罗斯已经提出了一个相关模型，它结合了规则一约束下的量子态寻常演化和规则二约束下的波函数坍缩。

彭罗斯的理论并非量子力学，而是一种崭新的理论。这种理论以一种叫作“薛定谔－牛顿”定律的新演化定律为基础，囊括了现实主义框架下的量子力学，且将规则一和规则二整合成了一个单一的动力学定律。

如果我们只关注原子和辐射的性质和行为，那么这个演化定律就能模拟标准量子力学，态叠加原理也将得到很好的近似。波函数的行为就像波一样，且满足规则一，因此也能再现描述原子系统波函数的薛定谔方程。不过，如果我们把视线转回宏观世界，彭罗斯的模型就描述了坍缩后的波函数，且集中于单一位形。这些高度集中的波函数就像粒子一样，这样就在宏观层面上再现了描述粒子运动的牛顿定律。

因此，在微观尺度上，这种理论再现了量子力学；而在宏观尺度上，它也能推导出宏观物体会表现出粒子性并且遵守牛顿定律。

目前，物理坍缩模型仍在发展之中。近来，珀尔在构建符合狭义相对论的坍缩模型方面取得了进展[10]。罗道夫·甘比尼（Rodolfo Gambini）和豪尔赫·普林（Jorge Pullin）则提出了这样一种思想：引力会导致量子态失去相干性，并进而导致坍缩。甘比尼和普林称他们的观点为量子力学的蒙德维的亚①解释[11]，而史蒂夫·阿德勒（Steve Adler）则在他正在发展的一种隐变量模型中找到了自发坍缩扮演的角色[12]。

导航波理论和坍缩模型给了那些想要成为现实主义者的量子物理学家两个选项。这两个选项之间的差异令人震惊，但它们之间的相似性也同样惊人。

选项之一是，相信波和粒子都真实存在，即接受导航波理论。这种理论轻松地解决了测量问题，但要付出一定的代价：导航波理论是一种双倍的“奢侈”。它是一种双重本体理论，但相应的动力学解释并不对称：波函数可以引导粒子，而粒子却不会影响波，即粒子对波没有任何反作用。此外，如果我们接受了导航波理论，我们就要相信我们是生活在一个充满波函数的“幽灵”空分支的庞大世界里。

另一个选项是接受坍缩模型，坍缩模型避开了以上所有的缺陷。在坍缩模型中，只有波是真实存在的，因而就没有双重本体和反作用的问题，波函数的空分支也不存在——坍缩消除了这些空分支。这类模型也能解决测量问题，但也要付出代价：这个理论引出了一些可调节的参数，只有不断调节这些参数，才能保证理论的可行性。

① 蒙德维的亚是乌拉圭首都，这里应该指甘比尼所在的大学乌拉圭蒙得维的亚共和国大学。——译者注

不过，这两个选项在如下两个关键点上却具有惊人的共通性，且这两点都是对未来物理学发展至关重要的线索。

**其一**，它们都认为，波函数是现实的一个方面；

**其二**，它们都与相对论存在矛盾之处。

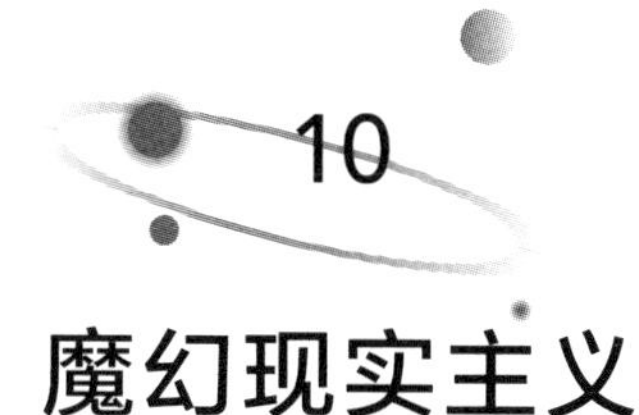

# 10 魔幻现实主义

在每一颗恒星、每一个星系、每一处遥远的宇宙角落里发生的每一次量子跃迁都在分裂我们所处的世界，并产生无穷多的副本。

——布莱斯·德维特（Bryce Dewitt）

在前几章中我们已经看到，除了哥本哈根诠释这种反现实主义理论之外，现实主义者还有别的选择，但这些选择都需要在一定程度上改变量子理论。自发坍缩模型让波函数的突然坍缩成了动力学理论的一部分。在这类模型中，无论测量是否发生，坍缩都会发生，且与我们是否知晓无关。坍缩模型理论总体上与传统量子力学并不相容，但仍接纳了量子力学在某些方面的结论，从而保证了自身不会与迄今已经获得的各类实验结果相抵触。

导航波理论则是现实主义者的另一个选项。这种理论规避了规则二，因此，波函数就能始终在规则一的约束下演化。这个理论也带来了新元素：由波函数引导的粒子，因此，这种理论也有别于量子力学。当粒子处于量子平衡态时，导航波理论和传统量子力学给出的预言是一致的，然而一旦粒子脱离了量子平衡态，导航波理论的预言就会与传统量子力学不同。

如果未来某一天我们能够通过实验证实，相比于传统量子力学，大自然更偏爱这两个现实主义理论中的一个，那一定是件美妙的事情。然而，如果许多年后，事实证明没有任何实验结果要求修正传统量子力学使其趋于完备，尤其是如果任何宏观系统或复杂系统都能叠加而对系统的规模及复杂性没有任何限制，那又会如何呢？换句话说，如果量子力学的原初形式的确完全正确，那么现实主义者还有什么选择吗？

现实主义者处境艰难又无法完全信任传统量子力学的原因在于规则二，因为这个规则赋予了测量过程特殊的地位。规则二决定了波函数会在测量过程中突然坍缩，这意味着量子态随时间变化的方式并不遵守局域性原理且与能量无关，反倒是似乎取决于我们的认知和信仰。由于规则二使量子态依赖于我们的认知，因而它就不可能成为现实主义理论的一部分。

现实主义理论的假设中不应该包含规则二，因为这个规则本质上违背了现实主义，因此，我们只能以规则一为基础构建现实主义理论。这同样也是对传统量子理论的修正，但由于它与导航波理论存在共性，因而或许也是一个值得深入探索的改变。这样一种理论与实验没有明显关联，同样也没有显著的不确定性或概率性概念，因为规则一就是确定性的，与概率无关。那么，我们真的可以做到让这样一种理论起作用，并使其符合现实主义吗？

方法之一是从并不以规则二为前提的理论中把它推导出来。波函数坍缩只会在特定环境下发生，比如原子与一个人类大小的大型测量工具发生相互作用时。要做到这一点，我们就必须在一个由不具备不确定性和概率性的理论描述的世界中找到这两种性质的位置。

仅以规则一为基础诠释量子力学并使其符合现实主义这种想法由来已久。1957 年，约翰·惠勒的博士生休·埃弗里特三世（Hugh Everett III）率先提出了这个规划，因此，这种理论应该叫作埃弗里特量子力学。我们现在更常用量子力学的“多世界诠释”来指代这种理论，因为有些人提出，这种理论认为我们所体验的这个世界只是众多平行世界中的一个，当然，这还尚处于争议之中。

1957 年，埃弗里特在其博士论文中提出了这个想法，并于同年正式发表[1]。以博士论文的标准来看，这篇论文短得有些不同寻常，却在不久之后产生了巨大影响。

埃弗里特在拿到博士学位后就离开了学术圈，开始在国防工业领域工作，因此，他的这篇论文是他对物理学仅有的贡献，并且在正式发表很多年之后才得到了广泛关注。从长远角度看，除了德布罗意的论文，我想不到还有哪篇博士论文能够对物理学基础理论产生如此颠覆性或革命性的影响。

埃弗里特的观点之一肯定正确且有用。如果没有规则二，波函数就不会坍缩，因此，我们必须仅凭规则一来描述测量过程中究竟发生了什么。就像我们在第 4 章末对“薛定谔的猫”的讨论中看到的那样，包括测量在内的相互作用会催生相关态。我们当时讨论的例子是这样的：

> 中间态 =（激发态 AND 否 AND 活）OR（基态 AND 是 AND 死）

这里的“OR”代表各种可能状态的叠加，原子、盖革计数器和猫在其中任意一种状态中都相互关联。由于这三者都处于叠加态，像猫是死是活这样的可观测量就没有确定值。不过，埃弗里特注意到，我们可以这样理解：把叠加态视作描述整个系统测量后状态的两个条件语句。这两个条件语句分别是：

> **如果原子处于激发态，那么盖革计数器会显示“否”，且猫活着。**

以及：

> **如果原子处于基态，那么盖革计数器会显示“是”，且猫死亡。**

这两个条件语句告诉我们：光子通过探测器时的可能路径让原子、盖革计数器和猫关联了起来[①]。

这种叠加态无法告诉我们会在测量结束后观测到什么结果，但会告诉

① 请注意，这两种条件语句结合起来就表达了“中间态”的所有内涵，但它们并没有要求或者暗示原子衰变并释放光子、触发探测器。每一次测量时，原子都可能衰变，也可能没有衰变，这就是为什么我用了“光子通过探测器时的可能路径”这样的措辞。——译者注

我们测量结果反映了原子的状态与计数器和猫的状态之间的相关关系。

埃弗里特在论文中提出的这个观点可以说是无懈可击的。两个量子系统之间的相互作用的确在这两个系统的状态之间建立起了相关关系，并且这些相关关系也的确可以视作各种条件语句的集合。这是将规则一应用于相互作用之后产生的结果。

不过，请注意量子态没有告诉我们的信息：它没有告诉我们会观测到什么结果。条件语句或许有助于我们得到有关系统的确定信息，但它们绝对给不了完备信息。一个只能给出条件语句的理论对现实主义者来说是不够的。

于是，埃弗里特便更进一步。为了让只以规则一为基础的理论符合现实主义，他提出了一个方案：改变我们对现实的看法。埃弗里特提出，在由探测结果叠加态构成的状态所描述的现实中，各种可能结果都会实际发生。在这个扩大版的现实中，所有条件语句所描述的场景都会真实发生。因此，埃弗里特断言：对现实的完整描述就是各种状态的叠加。这个观点表明如下这个陈述是正确的：

**原子处于激发态，盖革计数器显示“否”，猫活着，**
**AND 原子处于基态，盖革计数器显示“是”，猫死亡。**

上述这个论断似乎明显错误。在我们生活的这个世界中，猫只能经历一种现实。这就是为什么我们在第 3 章中用“或”来描述叠加。要么猫活着并且感受到自己的存在，要么它死了且没有任何感受，在我们的世界中，这两种情况只能出现一种。

埃弗里特提出，我们经历的这个世界只是完整现实的一部分。在构成完整现实的更宏大的世界中，存在各种版本的我们自己，并经历着每一次量子实验的每一种可能的结果。

换句话说，埃弗里特提出，在量子力学中，寻常经历中的“或”变成了“且”。我们称“猫要么活着，要么死了”是因为这两种状态互斥，但在埃弗里特的理论中“猫既活着，也死了”。

这就意味着，每一次开展可能出现不同结果的实验，宇宙就会分裂成不同的平行世界，每个世界都代表一种可能的结果。我们自己当然也会随着世界一起分裂。每一种可能的实验结果就创造了我们自身的一个版本，然后，这一个个“我们”就在平行世界中体验着组成完整叠加态的每一种条件语句所描述的情境。

与导航波理论相反，埃弗里特版量子力学中没有粒子，因此，我们无法区分各分支之间的差异[①]。于是，我们就只能视所有分支为同样真实，然后思考每一个分支产生的结果。如果埃弗里特的理论是正确的，那么此时此刻我既在多伦多，也在伦敦，也同时在生活可能驱使我前往的无数地点。我们有时把这些分支称为“世界”，这样一来，你应该明白为什么人们把埃弗里特的观点叫作量子力学的多世界诠释了。

---

① 我们可以把埃弗里特量子力学视为没有粒子的导航波理论。这两种理论都没有规则二，且都把规则一放到了普适的位置上，因此，在这两种理论中，波函数都会不断产生分支，创造各种不一样的历史，比如我待在伦敦或者随瑞士航空公司的航班一起长眠在佩吉湾海底。这两种理论之间的区别是导航波理论涉及粒子，而这些粒子只会前往波函数众多分支中的一个。

多世界诠释成立的一大前提是，所有版本的观测者都不能互相交流，各个分支必须严格独立开来。

到目前为止，我介绍的是埃弗里特多世界诠释理论的最初版本。这个版本在实践过程中被证明略显天真，因为它遇到了几个大问题。

第一个问题在于，埃弗里特认为进行测量时会产生分支。这个看法似乎给予了测量过程特殊的地位，然而现实主义的一个基本原则就是：测量过程只是一种普通的相互作用，无须特殊对待。

实际上，规则一不会因任何实验而产生变化，因此，如果你是现实主义者①，就必须认为测量过程中发生的事一定会在更普遍的情况下发生。造成分裂的关键之处是相互作用，系统之间正是因为相互作用才产生了相关关系。我们之前已经介绍过，这类相关关系可以用描述相互作用各种可能结果的有条件陈述表达。

为了避免把实验置于特殊地位，每当某个相互作用可以产生不止一个可能的结果时，宇宙就必须分裂一次。从字面含义上说，这种相互作用每时每刻都在发生——相互作用所要求的无非是两个原子相互碰撞一次。即使在一个房间的空气中，每一秒也会发生近乎无数次这样的相互作用。

① 埃弗里特的理论有一种操作主义的解读，即把多世界诠释看作一种产生前述有条件陈述集合的方法，但这种解读没有说明这一方法背后的真实究竟是什么。我认为，这也是一种理解埃弗里特论文的自洽方法［参见《量子引力理论：布莱斯·德维特六十寿辰论文集》（斯蒂文·克里斯滕森、布莱斯·德维特编，英国布里斯托尔：亚当西尔格出版社，1984）中斯莫林的《论量子引力理论及量子力学的多世界诠释》一文］。

此外，引起分裂的相互作用可以出现在宇宙中的任何一个角落，因此，当你阅读这句话的时候，你就已经分裂了无数次，并产生了无数个自己[①]。从现实主义的角度出发，这实在很难让人相信，难怪埃弗里特的观点在提出后过了一段时间才逐渐流行起来。

初始版本的埃弗里特量子力学面对的第二个问题是：如果要用分支代替规则二，那么产生分支的过程就必须不可逆，以符合"我们作为观测者经历了每个拥有确定结果的实验"这个基本事实。实际上，分支过程的目标替代者（规则二）的作用过程就是不可逆的。然而，埃弗里特提出的分支过程只是规则一的产物，而规则一是可逆的。

放弃规则二面临的第三大问题与概率性有关，或者说，与概率性的缺失有关。

通过实验测量不同结果出现的概率，并将其与理论预测相比较，这是检验量子力学的重要组成部分。不过，请注意有一点很重要：规则一并不涉及概率。量子力学中所有与概率相关的方面都来自规则二，这个规则还给了我们一个描述每一种可能的结果出现概率的公式。我们之前已经强调过，这个公式就是玻恩规则，它把概率同波函数的平方联系了起来。这就是量子理论中唯一涉及概率的部分，也是规则二的组成部分。如果我们从量子理论中剔除规则二，那么剩下的理论就没有概率性的容身之地了。

---

① 在下一章中，我们会讲到有些专家认为，分裂的必要条件是一种叫作"退相干"的微观过程。这种过程发生的频率的确要小很多，能够把正文句子中的"无数次"削减到"相当多次"。

也就是说，埃弗里特版量子力学只告诉我们所有可能的结果都会发生，其中不涉及任何概率，一切都是必然。

换言之，多世界诠释断言，一项实验的每个可能的结果都会有一个分支在其中真实出现，不存在某些分支比另一些分支出现的概率更大这种说法。规则一断言的一切都具有确定性，因此，所有分支都必然存在。这样一来，我们似乎就丢失了量子力学的一个重要组成部分——预测各种可能结果出现概率的那部分。

埃弗里特意识到了这个问题，并且也尝试去解决。他在论文中给出了一种只运用规则一预测概率的方法，即直接从规则一推导出概率与波函数的平方之间关系的方法，也就是规则二假定的一种关系。

一开始，这个结果令很多人感到惊艳。我在第一次读埃弗里特的那篇论文时也是颇为震惊。后来的发展证明，他的推导过程存在一些问题，同许多错误的证明一样，埃弗里特的证明也把一些有待证明的结论当作前提来用了。某个看似没有问题的步骤中隐藏了波函数平方与概率间的关系，这个步骤假定小波函数[①]对应的概率也较小[②]，然而，这等于预先假定了波函数大小与概率之间的关系，因此，这个证明过程并不能证明预想中的结论。

不过，埃弗里特的证明仍证明了重要的一点：引入带有概率性的量等

① 小波函数是指振幅较小的波函数。

② 说得更准确一点：在能够进行无限次尝试的前提下，虽然所有那些数据不符合玻恩规则的分支的测量值都会趋向于 0，但这些分支的数量并不会趋向于 0。

价于假设它们符合玻恩规则。不过，他并没有证明必须引入概率，也没有证明这些概率一定与波函数大小相关。

埃弗里特多世界诠释的原始版本还面临着另一个问题：量子态分裂成各分支的含义模糊不清。就像我之前解释的那样，每个分支都由一些具有确定值的量来定义。在其中一个分支中，原子处于基态且猫死了。然而，为什么用这些量作为区分的标准，而不是别的量？基态和激发态是不同的能量状态，但我们也可以用其他不相容的量来定义分裂标准，比如，我们可以用一些基态和激发态的叠加态对应原子左侧的电子，再用不同的叠加态对应原子右侧的电子。我们不妨称这两种状态分别为“左”和“右”。为什么不按照这个标准分裂呢？这样就会让猫的状态处于既生又死的叠加态，它就不会再有机会去经历实验具有确定结果的世界了。规则一并不关心猫是否经历确定的结果。我们称多世界诠释原始版本面临的这个问题为偏好分裂问题。

这个问题看起来似乎有个显而易见的答案：我们必须让波函数分裂，这样才能保证在各个分支描述的情形中，像猫这样的宏观观测者能够看到确定的结果。

这相当于重新引入了规则二，因为它赋予了宏观观测者所看到之物一个特殊的地位。这样做并没有解决为什么宏观观测者能看到确定结果这个问题。此外，给予观测者及其所看到之物特殊地位也就意味着放弃了对现实主义诠释的追求，毕竟，现实主义必须以那些即便没有观测者也仍然真实可靠的假说为基础。

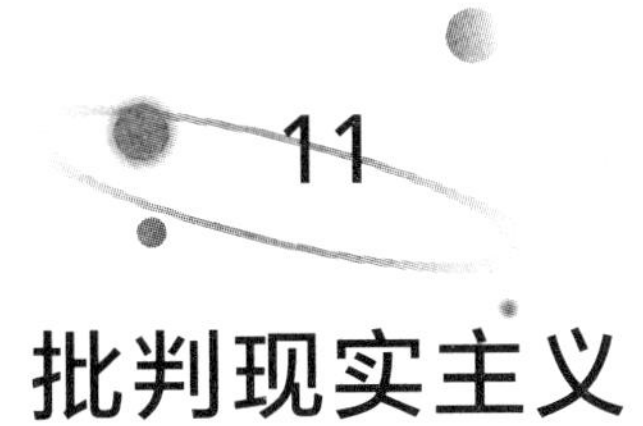

# 11 批判现实主义

在研究了由埃弗里特提出并且得到了惠勒和德维特支持的多世界诠释的原始版本后，人们基本都会达成一种共识：作为量子理论的现实主义方法的探索，这个版本失败了。在多世界诠释的原始版本中，要么把测量过程置于特殊地位（这就意味着放弃了现实主义）；要么面对我在前文中提出的那些问题。这些问题中最重要的是偏好分裂问题以及概率性与实验物理学家测得的相关不确定性在理论中的位置问题，即概率性的来源问题。

那么，只以严格按照规则一演化的波函数为基础建立现实主义量子理论是否还有希望？

近年来，人们为解决偏好分裂问题及概率性起源问题这两大难题提出了一些相当大胆的方案。目前普遍认为，一种叫作“退相干”（decoherence）的思想解决了偏好分裂问题，后面我会简要介绍这种思想。有关概率性的来源问题的诸多思想大多数来自牛津大学哲学系的一批深邃的思想家。其中，戴维·多伊奇（David Deutsch）构建了解释概率性来源的新方法，他在牛津大学的同事们则对此进行了广泛研究，并进一步发展了他的方法[1]。

牛津大学有一群非常睿智的物理哲学家，其中有几位特别关心埃弗里特的观点，比如希拉里·格里夫斯（Hilary Greaves）、韦恩·迈沃尔德（Wayne Myrvold）、西蒙·桑德斯（Simon Saunders）和戴维·华莱士（David Wallace），他们与多伊奇等人[2]一道提出了现在有时被称为“量子力学的牛津解释”的理论[①]。这种理论的观点及论据既新颖又精妙，但几位物理学家和哲学家的反对意见也同样精妙。考虑到这一理论的发展经历了非常多高层次思维碰撞的淬炼，我觉得称其为批判现实主义很恰当。

经过许多激烈而细致的讨论之后，只以规则一为基础发展现实主义量子理论的探索仍在进行中。这些问题错综复杂且难以捉摸，专家们连我们究竟已经取得了哪些成果都还没有达成普遍共识。让事情变得更加扑朔迷离的是，提出“牛津解释”的群体内部也没有达成共识。首创“牛津解释”的这些物理学家中存在几种不同的观点，这些观点彼此间有细微但重要的差异，因此，我只能粗略地介绍这种全新的“牛津解释”背后的关键思想和问题。

退相干的思想起源于这样一种现象：像探测器和观测者这样的宏观系统从来都不孤立，实际上，它们频繁地与周遭环境发生相互作用，而环境由大量原子构成，这些原子全都在毫无规律地四处乱窜，因而也就给整个系统引入了大量随机性。这种随机元素影响了构成探测器的原子的运动。粗略地说，它们让探测器丢失了微妙的量子特性，让后者表现得完全符合经典物理学定律。

① 迈沃尔德和华莱士后来离开了牛津大学。截至我写作本书时的2018年，多伊奇、格里夫斯和桑德斯仍在牛津大学工作。

考察一下观测者可以通过探测器得到的信息。观测者同样也是一个由海量原子构成的巨大物体，这些原子也同样在与周围环境发生相互作用。如果我们细致地考察构成探测器和观测者的原子在微观尺度下的行为，我们将会看到一片混乱，因为画面将完全被我们身上的以及探测器之上的原子的无规则运动所占据。要想看到相干现象，就必须考察更多构成探测器的原子在大尺度下的更大规模的运动，这就需要对大量原子的运动状态取平均值，此时出现的就是能够测量宏观物理量且能批量讨论的量，比如像素的颜色或刻度盘的位置。只有这些能批量处理的量才可靠，我们也才能对其加以预测。

实际上，这些能批量处理的量表现得就像牛顿力学定律完全正确一样。只有当我们把焦点放在这些能批量处理的大尺度的量上时，才能察觉到一些不可逆事件的出现，比如一幅图像记录的内容，其中一个像素就由海量原子构成。此外，在这样的模式中，只有当某些不可逆事件确实发生后，我们才能说“发生了一次测量”。

退相干是我们对这样一种过程的称呼：不可逆的变化在这种过程中出现，并且通过平均来消除原子真实运动中的随机性。退相干是量子理论的一个非常重要的特征。正是因为有了退相干，如足球、摆桥、火箭、行星等大尺度物体的粗略运动状态才有了符合牛顿物理学定律的确定值。

“退相干”这个词表明，这些大尺度对象似乎失去了波动性，且因此表现得就像只由粒子构成一样。按照量子力学的观点，包括猫、足球、行星在内的任何物体都具有波粒二象性。然而，就这些大尺度物体来说，波动性因为它们与混沌环境的相互作用而变得完全随机，以至于无法通过任何实验来进行评估，于是，我们可以认为波粒二象性中的波动性被静默了，物体也因此表现得与寻常粒子一样。

系统退相干的方式有时不止一种，这方面最好的例子就是“薛定谔的猫”。猫既可以以活着的方式退相干，也可以以死亡的方式退相干：如果原子衰变了，猫就会以死亡的方式退相干；如果原子仍处于激发态，那么猫就会以活着的方式退相干。因此，探测器就是一种带有滤波器的放大仪，这种滤波器导致探测器正记录原子确定处于激发态或衰变的状态。

前文提到过，其中令人困惑之处在于：当原子以激发态和基态的叠加态存在时，猫究竟发生了什么。从微观角度考察量子态，那么这个问题的答案没有任何不同：这是一种原子处于激发态且猫活着与原子处于基态且猫死了的相干叠加态。如果只考察批量特性以保证退相干能够奏效，那么随机性就会把叠加转变成一种几乎不可逆的改变。于是就出现了两种结果：猫活着且猫死了，而且这两种结果都出现了！按照退相干理论，这就是世界被一分为二的方式。

接着，牛津大学的思想家提出，退相干定义了波函数的分支和分裂[①]。分裂的出现是为了分离拥有不同宏观属性值的各类结果，如测量仪器仪表盘上的指针位置。

这样一来，核心观点就变成了：只有那些退相干能够奏效的子系统才能与观测者产生联系。因为我们感兴趣的正是观测者看到了什么，所以我

① 其实，“多世界诠释中退相干定义分支”这种想法在很久以前就已经由其他一些学者提出了，其中包括海因兹 - 迪特尔·泽（Heinz-Dieter Zeh）、沃伊切赫·泽瑞克（Wojciech Zurek）、默里·盖尔 - 曼（Murray Gell-Mann）和詹姆斯·哈特尔（James Hartle）。

们应该重点关注符合条件的子系统，且忽略其他的系统。这就为概率性的出现开辟了一条道路。在这条道路上，我们只需要比较各个发生了退相干的分支上可以被我们观测到的事件发生的概率。

这就引入了观测者的概念——有人认为，正是这个概念削弱了该理论的现实主义特征。这的确是一种在理论机制内部为观测者确定一个位置的可行方法，且毫无疑问这要好过从一开始便假设观测者具有特殊地位。还有人会认为，概率性并不是这个世界的内在属性，而只是观测者对这个世界的看法。这样一种描述恰恰遵循了现实主义，因为描述中存在某种属性的客观表征，而这种属性的确将观测者和其他子系统区分了开来。观测者就是一种退相干的子系统。

退相干解决了偏好分裂问题，因为退相干只在涉及特定可观测量时才会发生。通常来说，这些量就是大尺度物体的位置。

在我们进一步讨论之前，我应该提及一件有些遗憾的事：让退相干成为量子诠释理论的必要部分存在一个问题。很久之前，我的老师艾伯纳·希蒙尼（Abner Shimony）就曾指出过这一问题，这一问题可以用非常简单的语言描述。规则一在时间上是可逆的，所以，量子态在规则一的约束下经历的每一种变化都是可被撤销的，实际上，只要我们等待足够长的时间，这种变化一定会被撤销。规则二是不可逆的，而且它为测量结果引入概率性的方式只在测量不可逆且不可撤销的前提下才奏效。希蒙尼认为，规则二不可能只以规则一为基础推导出来。

正如我在前文中描述的，退相干是一种不可逆的过程。在这类过程中，定义叠加需要的相干态会在测量仪器环境造成的随机过程中丢失。既然规则一约束下的所有改变在时间上都是可逆的，那么退相干要如何在一个只以规则一为基础的理论中产生呢？答案是：退相干是一种近似的概念，实际上，如果我们等待足够久的时间，退相干过程也一定会发生逆转，因为定义叠加态所需的信息会从周围环境回流至系统中。

这一切都源于一种叫作“量子庞加莱回归原理”（quantum Poincaré recurrence theorem）[3] 的一般原理。这个原理告诉我们：在特定条件下，系统量子态经过一定的时间就必定会近似地回到初始状态，原子系统加上探测器的情形就符合这个条件。这个时间叫作“庞加莱回归时间”，可以非常漫长，但总是有限的。这些特定条件中有一条就是能量谱必须离散，这当然合理①。

与导致熵增加的原子的无规则运动相似，退相干是一种能让系统趋向均衡状态的统计过程。这些过程似乎是不可逆的，但实际上它们是可逆的，因为规则一约束下的所有过程都是可逆的。这一点无论是在牛顿力学还是在量子物理学中都完全正确，这两种理论也都拥有回归时间。在这两种理论中，告诉我们熵总是会增加的热力学第二定律能保持有效的时间范围要远小于庞加莱回归时间。如果我们等待足够久的时间，就会看到熵下降的频率其实与上升完全一样。或许有人会辩称：在较短的时间跨度内退相干过程发生逆转即让位于再相干的概率较低。

① 实际上，完整的原理（在本书第 15 章中有详细定义）要求任何能够装到各面面积都有限的盒子中去的系统都必须拥有有限种状态，这当然符合我们在此讨论的所有系统，即与测量工具发生相互作用的原子系统。有一种情况不得不提：我们生活在一个不断膨胀的宇宙中，这意味着空间的各个维度都在持续扩张，因此，这个情形并不适用庞加莱回归原理。这会引起许多有意思的问题。就目前来说，读者只需知道这意味着量子力学只有在应用于宇宙整体时才有意义就可以了。

现在，既然我们只关心比再相干所需时间短得多的时间跨度内会发生什么，并且我们只想出于实践目的近似地描述原子系统与大尺度物体发生相互作用时出现的事件，那么退相干就提供了这样一种近似描述测量期间究竟发生了什么的方法。实际上，退相干是一种在分析真实量子系统时很有用的概念，例如，量子计算机的很多设计都是为了中和退相干的影响。不过，作为一条原理，这种描述并不完备，因为它忽略了如果我们等待足够长的时间量子态就会再相干的过程。

当量子态再相干时，基于退相干的测量也就解除了，因此，规则二描述的测量不可能是退相干的结果，至少只以规则一为基础的理论描述的退相干的确是这样。只靠退相干似乎无法完全解释埃弗里特量子理论中出现的概率性，因为这个理论完全只以规则一为基础。

这番讨论让我们清楚地明白了一点：概率性的来源问题是理解多世界诠释的关键。理解“牛津诠释”的关键也在于理解概率究竟是什么，这个问题其实要比听起来难得多。我们都对“抛硬币正面朝上的概率为 50%”有直观的认识；大家也都明白天气预报说明天降水概率为 90% 和 10% 之间的区别。不过，当我们深入研究概率究竟意味着什么的时候，就会发现这个概念其实很微妙。

概率如此令人困惑的部分原因是至少有 3 种概率，或者说概率的含义至少有 3 种。其中，最简单的含义是：概率是一种对我们相信某事会发生的可能性的度量。我们说抛硬币正面朝上的概率是 50%，并不是在描述硬币，而是在描述我们对抛硬币结果的看法，这就是所谓的“贝叶斯概率”（Bayesian probability）。

当我们说明天下雨的贝叶斯概率为 0 时，其实只是在表达我们相信明天不会下雨；当我们说明天下雨的贝叶斯概率是 100% 时，其实我们只是在表达我们相信明天一定会下雨。在这两者之间的概率，比如 20%、50% 或 70%，表达的就是我们相信明天会下雨的程度。其中比较特别的是，当我们说明天下雨的概率为 50% 时，其实就表明我们并不知道明天会不会下雨。

贝叶斯概率明显是一种主观描述，预估值在很大程度上会受我们的行为影响。下雨的概率越高，我们愿意在下雨这件事上下的赌注就越高，至少我们愿意带把伞的意愿就越高。

我们在日常生活中碰到的许多概率问题都可以从这种“打赌意愿”的角度进行很好地理解，对股市和房市的概率性预测无疑就属于这个范畴。实际上，当我们提到某些未来事件发生的概率时，常常都是在用贝叶斯概率来进行主观陈述。

概率的第二种含义会在我们持续记录相关事件时发挥作用。如果我们扔很多次硬币，并且持续记录结果出现正面朝上的频率，我们就可以把这一系列扔硬币事件中出现正面朝上的比例定义为这种结果出现的概率，我们称这种概率为“频率概率”（frequency probability）。

体育运动中的统计数据都是频率概率，比如棒球中的打击率，打击率表明了击球手在击球回合的上垒频率。天气预报有时也是使用频率概率来描述对未来天气的预测。当气象网站早上告诉我们下午的降水概率为 70% 时，他们可能指的是，网站的海量数据记录显示，每 100 个上午出现了那种气象环境的日子中大约有 70 个的下午最终下了雨。

当然，这些概率并不完全准确，问题在于：只要我们观测天气的天数是有限的，特定天气的出现频率就会发生变化。不过，气象网站记录天气数据的日子越多，他们给出的预测就越可靠。

如果有人抛了 100 次硬币，我们就可以问他出现正面朝上的频率是多少。正面朝上的次数在抛硬币总次数中所占的比例就叫作正面朝上的相对频率，答案很可能会在 50 次左右，如果结果是 48 或 53，我们也不会感到意外。

对于任何次数有限的抛硬币试验来说，结果出现正面朝上的次数恰好等于试验总次数一半的情况极为罕见。关键之处在于，如果我们能做无限次这样的实验，那么各种结果出现的比例总是会趋向某些确定值，这就是概率的相对频率概念。

问题是，在现实世界中我们只能做有限次试验。以抛硬币为例，只要试验次数有限，出现正面朝上的次数就很可能不会恰好等于总试验次数的一半。由此产生的一大艰难问题就是：既然我们只能做有限次试验，那么我们要如何证明某个概率预测是否正确？实际上，我们的确不可能准确地做出此类预测。不过，要想让这一切有意义就必须定义我们刚刚所说的“不可能”背后的含义，且不能在定义的过程中预先假设我们知道“不可能”究竟意味着什么。

假设我们抛 100 万次硬币，结果出现 90 万次正面朝上，这种情况的确非常罕见，但并不是完全不可能出现，当然，前提是我们的硬币没有什么问题。不过，我们却可以据此得出结论：硬币两面的重量很可能（不是 100% 肯定）不一致。

从定义上说，我们可以自由挑选想要的主观概率。不过，我们可以问这样一个问题：我们挑选的主观贝叶斯概率和从过去的记录中得出的客观频率概率之间是否存在联系？在没有更多信息的情况下，我们的最佳赌注一定是参考大量历史记录后总结概率做出的。这里所说的“最有把握的赌注”是指大部分情况下能够满足我们利益需求的选择。用经济学的话来说，这就是一种最理性的选择。

我们可以用如下这番话来描述两种概率之间的关系：

**在信息有限的情况下，最理性的选择就是按照从历史记录中观察到的频率概率来决定主观概率性赌注。**

这就是哲学家戴维·刘易斯（David Lewis）所说“基本原理”的一个版本。这条原理有一条根本性假设：如果一切等效的话，那么未来一定与过去相似，至少在所知信息不完备的情况下，参考过去的情况对未来下赌注才是理性的选择。这种博弈有时会让你站到历史的错误一边，但它仍然是你能下的最安全的赌注[①]。

我们现在再来看另一个问题：如何解释在特定实验记录中观察到的某种结果出现的频率。如果我们观察到的某种实验结果出现的频率接近50%，那么我们很自然地就会想要应用物理学定律来解释这个结果。

① 请注意，这个原理并没有解释关于概率问题的一切，因为它对我们迫切希望理解的第一原理的某些部分避而不谈。它回避的是一种能迫使我们将客观概率与主观概率联系在一起且具有说服力的论据。

这类解释能够解答为什么结果出现正面朝上的频率和反面朝上的频率相似，且其中会涉及各种假说，如硬币正反面的情况、每次扔硬币的方式、硬币触及地面或其他表面时的行为等。我们提出的这种解释可能还会涉及其他能够提供支持的实验结果。

一旦我们拥有了这样一种解释，我们就会以它为基础，预测单次抛硬币的结果出现正面朝上的概率等于反面朝上。这种预测是一种信念，因此是一种主观贝叶斯概率，但它只针对单次抛硬币的结果，这次抛硬币并不一定非得是大量实验中的一个，因而也就不涉及相对频率。在这种背景下，我们就可以称这枚硬币拥有一种物理"倾向性"：在单次抛掷试验中出现正面朝上的概率为 50%。

这种倾向性是硬币基于物理学定律而拥有的一种内在属性，它可以以概率的形式表现出来，但它并非一种信念。相反，这种属性印证了某种信念，即我们相信这个世界上存在的某种事物。就像之前介绍的那样，这种倾向性也不是一种频率，因为它是硬币的固有属性，能够应用到每一次抛硬币的尝试中。于是，倾向性似乎就成了第三种概率，与信念和频率概率都不一样。

需要注意的是，与其他两种概率不同，倾向性是自然理论和假说的产物。倾向性与其他两种概率之间也存在明显的联系。我们可以对倾向性产生某种信念，而倾向性又会反过来解释相对频率，并印证这种信念。

在一般量子力学中，概率性肇始于规则二，尤其是玻恩规则。玻恩规则将在某个地点观察到粒子的概率同那个位置上波振幅的平方联系了起来。一般量子力学还假设概率性是量子态的一种内在属性，因此，它就是一种“倾向性概率”。量子力学认为，这种概率性以及随之而来的不确定性没有更深层次的解释，只是量子态的内在属性而已。

由于埃弗里特放弃了规则二，所以他得到的自然就是一个没有任何概率性、固有性等性质的理论。就像我刚才介绍的那样，他竭力想要用概率的频率概念填补这个空缺，但最后以失败告终。

埃弗里特量子力学的拥护者面临的困境是：在一些分支中，观测者会看到联结概率与频率的玻恩规则奏效；但在另一些分支中，又能看到玻恩规则被打破了。我们暂且称前者为“好分支”，后者为“坏分支”。坏分支的波函数可能比好分支小，但我们不能据此得出坏分支出现的概率更小的结论，因为这么做等于预先给理论强加了波函数大小与概率之间的关系。这正是埃弗里特理论的拥护者竭力想要从规则一中推导出的结论，又怎么能拿来当作条件使用呢?

埃弗里特理论是一种关于现实本质的假说。它假设所有存在之物都是一种按照确定性方式演化的波函数。如果宇宙之外有一个上帝般的观测者，那么在他看来就不存在任何概率，因为这个理论完全是以确定性方式演化的。波函数的所有分支都存在，且每一个都同样真实。

埃弗里特理论提出，我们每个人的生活都有许多平行分支，而定义它们的正是一个个已退相干的分支。这个理论还告诉我们，所有这些分支都是真实存在的。如果埃弗里特理论正确，就没有规则二什么事了，也就根本没有什么客观概率了。我们就把以上内容称为埃弗里特假说。

我们并不是上帝，我们只是生活在宇宙内部的观测者。按照埃弗里特假说，我们本身也是波函数所描述的这个世界的一部分，因此，外部描述与我们无关，也与我们所做出的观测无关。

于是，就有一个谜团摆在了我们面前：我们可以在何处找到一般量子力学所预言的概率？这些概率中又有哪些可以与实验物理学家得到的频率相比较？如果没有规则二，那么少了我们这些身处其中的观测者，这些概率就不是世界的组成部分了。频率是对确定结果的计数，但频率在埃弗里特量子理论中并没有什么特殊之处，因为某次重复实验结果的所有可能性都对应着一个真实存在的波函数分支。在某些分支中，结果与涉及规则二的量子力学的预言相符；但在另一些分支中，结果则与预言不符。我们不能说前者出现的概率大于后者，因为埃弗里特量子理论中没有客观概率。我们甚至不能说前者的数量比后者多，因为在真实案例中，前后两者情况的数量都是无穷大。

埃弗里特量子力学预言，有无穷多个观测者会观察到实验结果与量子力学的预言相抵触！这就是那些无穷多的观测者的命运，他们的运气很差，因而与波函数的坏分支相随。另外，同时存在着无穷多个与波函数好分支相伴的观测者，他们观察到的实验结果与量子理论所预言的一致。这也只不过是一种小小的慰藉，因为好分支随时可能会转变成坏分支。

这样一来，在埃弗里特量子力学中，我们似乎就不能认为量子理论所预言的客观概率是在没有我们作为客观观测者的情况下也存在的大自然的内在属性。此外，除非我们能找到引入概率性的另一种方法，否则，我们就不能说可以通过实验以及对各种不同结果的统计来检验这个理论，因为如果这类检验失败了，我们也可以安慰自己说这只是由于我们处在坏分支上而已——而且这些坏分支的数量和出现概率一点儿也不比能够验证量子力学概率性预言的好分支更多、更大。

为了解决这个问题，多伊奇提出了一个有趣的方案。他并不考虑埃弗里特理论究竟是对是错，而是考虑我们这些宇宙内部的观测者能够在认为埃弗里特理论是正确的这件事上下多大赌注，也就是有多大的意愿相信这个理论是正确的。另外我们必须下赌注的一件重要之事是：假设埃弗里特理论是正确的，我们生活的这个分支究竟是好分支还是坏分支，我们在其他事件上能下什么赌注或许都取决于这件事。如果我们所在的是一个好分支，那么基于玻恩规则所下的赌注就会得到回报；如果我们不幸处于坏分支上，那么赌注就都泡汤了，因为坏分支意味着可能发生任何事。

这个赌注无关宇宙，因为宇宙中包含着生活于坏分支和好分支上的所有观测者，实际上，这个赌注的主题是我们究竟处于宇宙中的什么位置。这个问题没有正确答案，因为如果埃弗里特的理论是正确的，那么这两类观测者都存在，我们中的一部分人会处于好分支上，而另一部分人则必然处于坏分支上。

不过，多伊奇指出，把赌注放在我们处于坏分支上是更为理性的选择。其论证过程涉及许多技术细节，还运用了概率论的一个分支——决策理论（decision theory）。多伊奇的论证结果以决策理论中的一些确定的公理为前提，这些公理明确指出了什么才是理性的决策。

部分专家对这种方法持批评态度，另一些则持支持态度并对其加以发展，还有一些专家则给出了不同的论证过程，但都得到了相同的结果。

我们需要注意这类论证中没有做到且实际上也不可能做到的事情，那就是：它不能给我们提供埃弗里特假说正确的证据，因为多伊奇和他的同行们在论证过程伊始就假定这个假说正确。他们的论证过程还以决策理论的公理为前提，如果不接受这些公理，我们就无法证明概率与波函数振幅的大小相关。这个论证过程只能证明：以决策理论的公理为前提，埃弗里特假说等效于按照玻恩规则下赌注及做其他各种决定。

请注意，即便假设埃弗里特正确，埃弗里特量子理论世界中的观测者也不会知道自己生活在这样一个世界中。他们没有理由知道，并且如果他们知道自己生活在一个什么样的世界中，那么他们就肯定与我们这些观测者不同，因为我们还尚未掌握我们所在宇宙的全部物理学原理。无论是对他们还是对我们来说，埃弗里特假说都是阐述量子宇宙已然量性质的有力的假说之一。

下面，我们再来讨论一下埃弗里特宇宙内部的观测者。情况无非两种，两者之间的区别就是我们生活在哪个分支上。如果我们运气不错，生活在好分支上，那么我们根据玻恩规则下的赌注就会获得回报。这样一来，从定义上说，我们取得的效果就和那些支持其他量子力学诠释和理论的人士完全一样，因为他们也会按照玻恩规则下赌注，而其他方法缺少的只是基于决策理论的正当性论证。导航波理论和坍缩模型并不需要这种论证，因为它们完全依赖于概率这一客观存在的概念，而这种概念又来自我们对个体实验细节的忽视。

多伊奇的理论本身并不能解决何为真实这个问题，只能为我们如何下赌注提供建议。这个理论告诉我们：对于埃弗里特世界内部的观测者来说，信奉埃弗里特理论并不会比信奉玻尔、德布罗意或其他任何理论更理性。在最理想的情况下，即便假设埃弗里特是正确的，埃弗里特世界的观测者也找不到任何能够表明埃弗里特假说优于其他理论的证据。

对于那些生活在坏分支上的我们情况又如何呢？答案是，他们按照玻恩规则下的赌注只会全部泡汤，因为他们测得的频率与玻恩规则的预测不符。在这些运气欠佳的观测者眼中，埃弗里特理论和其他量子理论又是什么样的呢？请记住，对他们来说，普通版本的量子力学即冯·诺伊曼在其著作中介绍的那个版本一定只是一种假说，而埃弗里特假说则是一种与之完全不同的有力假说。

坏分支上的观测者会得到这样的结论：普通版本的量子力学肯定不对，因为玻恩规则没有正确预测他们观察到的现象。后一种假说即埃弗里特假说则尚未被证伪，因为这种理论预言有些观测者会看到玻恩规则失效的案例。事实情况比这个还要糟糕。鉴于在埃弗里特理论中重复测量产生的所有可能结果都会出现，这种理论相当于预言生活在坏分支上的某些观测者一定会看到玻恩规则失效的情况。我们就不能通过检验任何基于玻恩规则的概率预测来证伪埃弗里特假说，因为重复测量所能产生的任何结果都不能推翻埃弗里特理论体系。

能够证伪普通版本的量子力学（这种理论能够区分理论概率与实验观测频率）的大量实验预测似乎都无法证伪埃弗里特量子力学。虽然这并不意味着埃弗里特量子力学是无懈可击的，因为这个理论还做出了其他不涉及概率性的预测，但它似乎在这些证伪手段面前要比普通量子力学坚实得多。这本身就是我们拒绝接受埃弗里特量子力学的一个绝佳理由，因为从定义上说，越是不可证伪的理论，其能够解释的东西也就越少。

如果我们接受多伊奇和其他牛津大学科学家的假设，就必须忽略坏分支的观点，因为坏分支出现的可能性极小。已经有研究表明，一旦将坏分支排除在外，这个理论就是可检验的。

牛津派学者强调，如果假设决策理论公理正确，我们就能合理地推导出波函数振幅大小与概率相关，接着，我们又能合理地推导出，如果我们生活在坏分支上的概率很小，就可以忽略这种情况。他们还可以进一步认为，这个结论适用于任何涉及概率的推理过程。我们可能总是不那么走运，也可能连抛1 000次硬币都是正面朝上，但这两者之间还是存在差异。我们可以确信，在我们有限的人生中，在这个有限的世界里，连抛1 000次硬币都是正面朝上这样的事情几乎永远不可能发生。然而，与之形成强烈对比的是，埃弗里特量子力学认为，坏分支不仅存在，而且它们的数量和好分支一样多。虽然多伊奇对埃弗里特量子力学的诠释告诉我们埃弗里特世界内部的观测者涉及主观“打赌”概率，但总的来说，整个理论仍是具有确定性的，且每个分支都必然存在。

在我看来，多伊奇等人[①]从决策理论引入埃弗里特宇宙内部观测者主观概率以拯救埃弗里特假说的尝试并没有取得具有说服力的成果。仅靠以主观概率概念为基础的论据不能解释为什么我们要忽略坏分支；因为如果埃弗里特是正确的，那么坏分支在客观上也是真实存在的。

看来，我们需要一些新的理论。为了拯救这个理论，西蒙·桑德斯提

① 这些人包括格里夫斯、迈沃尔德和华莱士。我在文中没有提到他们的论证思路，因为这些思路没有得到专家的普遍认可，所以情况多少要比我在文中呈现的思路更复杂一些。

出了一种解开这个“戈尔迪之结”[①]的方法。他假设，波函数分支的大小决定了观测者发现自己身处退相干分支之上的客观概率，而不是主观的“打赌”概率，这就与玻恩规则一致了。为了论证这个观点，桑德斯指出，波函数分支的大小拥有许多我们希望客观概率拥有的性质。实际上，他的论断是说，它们拥有的这些性质是规则一的产物，因此，这是一项有关量子态演化定律产物的发现，它与规则二不同，并不是一种附加假设。如果桑德斯的理论是正确的，那么他就真的完成了纯粹以规则一为基础推导出玻恩规则和规则二这一壮举。

如此一来，我们摆脱了坏分支带来的问题，因为假如桑德斯正确，我们处于坏分支上的可能性就不会很大。桑德斯宣称这个理论的作用不止于此，并认为这一理论能真正从本质上推导出客观概率的产生方式，还能解释为什么我们必须让主观“打赌”概率与客观概率协调一致。

在我看来，牛津大学的专家们目前在桑德斯理论能否取得成功这个问题上存在分歧。这个理论存在的一个重要问题是：波函数分支大小的确拥有部分客观概率但并非全部，因此，我们的讨论就只能到此为止了。在埃弗里特提出多世界诠释这个大胆想法的 60 多年后，关于该设想是否有意义仍尚无定论。

关于埃弗里特假说的研究尚在进行之中，接下来，我要谈一谈一些个人看法。

① 西方传说，谁能解开戈尔迪之结，谁就能成为亚细亚之王，此处指代错综复杂的问题。——译者注

总体上，我认为如果埃弗里特假说最后能取得成功的话，它能解释很多东西，但也几乎什么都解释不了。说这个理论能解释很多东西是因为：假如它正确，我们就不得不相信我们一直以来信以为真的这整个世界都只是比我们原来构想的广阔得多的真正现实中的一个分支。说埃弗里特假说几乎什么都解释不了是因为：它提供的这幅现实图景中缺失了很多东西。我们所体验的现实最重要的特征就是我们观察到的每一个过程都有确定的结果，而量子理论最令人印象深刻的能力就是运用规则二准确地预测这些结果的观测频率。我所期待的现实主义理论要能详尽解释如何通过对一系列重复实验的结果进行平均得出源自相对频率的概率。

现实主义者追寻的现实是一个即便没有我们存在也依然如此的世界。引导决策者下赌注的主观概率并不是这个世界的一部分，因为只要决策者不存在了，这些主观概率也会随之消失。问题不在于作为决策者的我们是否真实，因为我们必然是真实的，问题也不在于我们是否可以为理性决策提供科学解释，而在于我们是否可以通过一种完全独立于我们自身存在的方式实现用物理学理论来描述光和原子的宏图大志。

我还是得强调一下，牛津方法是否能成功解释埃弗里特假说还尚无定论。或许，事实会证明埃弗里特假说有漏洞、不自洽，当然，事实也可能会证明埃弗里特假说是唯一一种现实主义量子力学理论，只靠规则一就能支撑起整套理论。在我看来，无论出现哪种结果，都只会让我们对新理论的需要变得更加迫切。

即便对理论的实证检验失效了，我们也仍然需要决定继续对哪一种理论进行研究。就像很多哲学家和历史学家所说的那样，在出现决定性的证据之前，我们在评估一个研究项目或理论是否值得研究时，不可避免地要引入看似不科学的因素。这在我们讨论的这个主题上体现得尤为明显，因为它在某种程度上涉及个人决策，并且，在实证标准起不到决定性作用时，鼓励使用与当前已有证据相一致的各种方法也符合科学界的整体利益。就像保罗·费耶阿本德（Paul Feyerabend）在其著作《反对方法》（*Against Method*）中解释的那样：正是不同观点和研究项目之间的竞争驱动了科学的发展，在现有证据不足以说明哪一种方法最终会获得最好的结果时更是如此。

从某种程度上来说，基于非实证因素评估研究项目是一项有关个人品位和判断的事情[①]。我在广泛了解了埃弗里特理论支持者的想法后，对这个理论有了如下的想法。我期待其他详细研究过这个问题的科学家能提出反对意见，对我个人来说，没有什么问题带来的挑战和痛苦能超过埃弗里特理论，我在研究这个理论的过程中也和与我共事多年我本人十分敬仰的诸多同事和朋友产生了分歧。

我们知道，多世界诠释的原始版本并不是一个成功的现实主义方法，因为它遇到了两个大问题：其一是分裂偏好问题；其二是这个理论是确定性的，不涉及概率。虽然一些专家以退相干和主观概率为基础做了许多努力，也建立了更为精细的理论，但他们在许多技术问题上仍存在分歧。即便他们真的成功了，最终得到的理论也只是按照决策理论公理要求埃弗里特理论世界内部的观测者按照玻恩规则下赌注，但这本身并不能让我们相信自己生活在埃弗里特宇宙中。目前，我也还没有找到任何实证方面的证据能够证明埃弗里特理论优于其他量子理论。虽然部分埃弗里特量子力学

① 我在《物理学的困惑》（*The Trouble with Physics*）一书第17章中概述了我对科学工作方式的看法，并论述了我对个人判断在整个科学界达成一致观点过程中所起到的作用。

的拥趸者宣称找到了这样的实证证据，但至少没有任何实验结果能达到其他现实主义方法所取得的效果。也有人宣称，埃弗里特理论本身就能解释诸如量子计算加速性这样的现象，但其他现实主义理论如导航波理论对这些实验的诠释至少具有同等内涵。

支持埃弗里特理论的一个论据在于，量子理论的现实主义版本只有三个，埃弗里特理论之外的两个——导航波理论和坍缩理论都与相对论存在矛盾之处，并且因此无法整合量子场理论。于是我们或许能得到一个结论：只要我们理解了这个理论，埃弗里特就必然是正确的。我并不认同这种结论，并将其视为寻找其他现实主义方法的强大动力，我会在本书最后几章中介绍相关内容。

可以说科学在此处失效了，接下来我们讨论一些非实证因素。哲学家伊姆雷·拉卡托斯（Imre Lakatos）建议人们投资那些具有进步意义的研究项目，因为这些项目涉及的领域往往发展迅速，且拥有取得突破性成果的潜力。相比于那些我们已经掌握了基本原理和基本现象的研究项目，具有进步意义的研究项目完全向未来发展和惊喜敞开怀抱。判断一个科研项目是否具有进步意义的标准则更偏爱研究基本量子力学的现实主义方法，而非反现实主义方法，因为后者限制了我们对量子力学新方法的开拓，而前者则意识到量子力学并不完备，并因此把目标放在了发现有可能弥补这种缺陷的新现象和新原理上。

在现实主义方法中，我认为有一件事可以肯定，那就是埃弗里特假说并不是一个具有进步意义的理论，尽管人们关于这个理论存在诸多争议。物理学家和哲学家为了发展埃弗里特量子力学付出了很多努力，其中有很多尝试都有很高的技术价值且相当睿智，但其中的大部分工作都旨在解决多世界诠释内部的问题，不会对其他领域的研究方法产生任何影响。我认为，在所有现实主义方法中，埃弗里特理论未来能够引导我们修正量子力学数学形式体系和原理的可能性最小。

另外，我也应该指出，埃弗里特理论激发了很多退相干方面的研究，而退相干对我们理解量子物理学具有重要意义。此外，这个理论还激发了量子计算方面的许多进展，并且在未来还会起到持续促进的作用。多世界诠释在多伊奇具有开创意义的工作中也发挥了作用。我们也必须肯定导航波理论和坍缩模型，因为它们激发了许多实验方面的研究，比如与早期宇宙非平衡态相关的研究。对于“哪种现实主义方法更具有进步意义”这个问题，目前各个备选答案似乎势均力敌。

牛津方法的古怪之处在于，它无法提供任何关于我们体验到的这个世界的相关信息，无法提供我们尚不知道的信息，也无法提供其他通过量子理论无法获得的信息，但它却提供了很多关于那些我们没有体验过且根本无法体验的世界的信息，尤其是那些数量巨大的与我们自身极为相近的“副本”世界。鉴于在牛津方法的假设中这些副本世界中的人们和我们一样活蹦乱跳且意识清晰，因此我很好奇，那些笃信且严肃看待埃弗里特理论的人是否应该关心我们的这些副本，以及我们是否对他们负有某种责任。

诚然，想要深入研究其他分支上我们的副本的生活质量似乎有点学术了。作为学者，我们的一项任务就是寻找各种假说和假设的逻辑结果。在我看来，埃弗里特理论最具煽动性同时也最令人讨厌的一大特点就是：我们必须相信我们每个人都有无穷多个副本，并且每个副本都像我们自己一样活蹦乱跳且意识清醒。这听上去更像是科幻小说，而非科学，但这似乎的确是埃弗里特假说能够推导出的直接结果。既然这是科学而非仅仅是信念，我们就不可能“自由”地诠释埃弗里特理论，也就是说我们不能有倾向性地选择采纳这个理论中的某些特定观点（比如宇宙波函数的存在）却忽略其他。

在我看来，埃弗里特理论带来了两种伦理困境。其一，它让大量拥有意识的、活生生的人承受了我们无法通过努力进行移除的痛苦；其二，我担心这么多能力卓绝且成就丰硕的科学家相信我们生活在这样一个很难令人愉快的宇宙中会损害长期的公共利益，因为它消除了可能性与现实性之间的区别，从而降低了我们努力改善自身所处世界的动力。

或许你会产生这样的疑问：热力学第二定律所阐述的熵增原理不也是这样吗？毕竟依据熵增原理我们可以知道，绝大多数生物最终都会走向灭亡。这两者之间的区别在于，我们明确地知道热力学第二定律真实可靠。我们没有不采信这个定律的选择，但量子力学的其他版本并没有像埃弗里特理论那样强迫我们接受自身的副本的存在。此外，埃弗里特理论尚不完备，它忽略了自组织在离平衡状态差得很远的非平衡系统中的积极作用。因此，我们批评那些从这个理论中推导出不必要的悲观结论的科学家和哲学家也是合情合理的。

我们可以这样反对“生活”在坏分支上的观测者这整个概念：在玻恩规则失效的世界里，没有任何生命仰仗的生化机制可以正常运行。更准确地说，我们可以根据玻恩规则失效事件所占的比例来给坏分支分级，然后还可以按照玻恩规则失效的程度给这些分支分类。生活在一个“恶意程度较低”的坏分支上，就像是暴露于低剂量电离辐射环境中，同样会导致生命体的健康状况恶化。

即便是在好分支上，各个生命副本之间的健康状况也会出现差异。假如明天有一束伽马射线击中我的一段 DNA，我们和我们所处的世界就会因此分裂成大量退相干的世界。我的部分副本会因此患上癌症，我的其余副本则不会，这两种结果下又都会出现我的无数个副本，因此，这两者我都会关注。按照这个模式继续推理下去，在极端情况下，一直到遥远的未来，我的部分非常幸运的副本会躲过每一颗子弹、逃过每一次可能出现的疾病，并一直活下去。

在我看来，多世界诠释对我们的伦理思维提出了深刻挑战，因为这个理论消除了可能与现实之间的差异。对我来说，之所以要为让这个世界变得更美好而不断奋斗，是因为我们希望真实发生的未来比其他任何可能存在的未来更好。如果我们通过不懈努力消除的每一种无论是充满饥饿、疾病还是暴政的可能世界都会在波函数分支中的某处真实出现，那么我们的努力在总体上是徒劳无功的。如果地球有众多副本，且人类修正各项决策的机会不止一次，那么解决像核战争和气候变化这样的重大问题也就没那么紧要了。

我觉得我们自身所有这些副本的存在让我们陷入了道德和伦理的困境。假如无论我在人生中做出了怎样的选择，都会有另一个版本的我做出相反的选择，那我做选择的意义何在呢？我可以选择的每一个选项都对应着平行宇宙中的一个分支，在其中的部分分支上，我或许会变得像希特勒那样独裁；而在另一些分支上，我又会像甘地那样备受爱戴。我大可以因此而变得非常自私，只做利己选择，反正无论我怎么选，都会有无穷多个分支上的无穷多个我做出友善且无私的选择。在我看来，这就是一个伦理难题，因为相信这些副本的存在会削弱我自身的道德感。

那些研究埃弗里特量子理论的人可能会坚称，世界就是这样。我们的职责就是找出世界运行的规律，而不应该强行加入个人的好恶。我对这种观点的回应是：只要没有出现能够证明埃弗里特理论优于其他量子理论的决定性证据，我就有选择把赌注压在其他方法上的自由。当然，他们也有选择支持埃弗里特理论的自由，但我选择把时间花在能够激励我们寻找新粒子、新现象、新物理学的宇宙学理论上，而不是那些研究其他宇宙中我们的副本如何生活的纸上谈兵式的理论。

此外，我还得补充一点，鉴于我不相信埃弗里特之类的理论最终能够被证明为真，那么一部分睿智的哲学家选择把精力花在研究那些真正震撼和精妙的假说上也几乎不会有什么危害。即便这些假说不正确，它们也迟早会出现，而这些睿智的哲学家受过严格的训练，具有极强的分析能力，足以应对这些问题，而我显然不行。就让我们翘首以盼，看看他们能不能最终解决这个问题——只以规则一为基础的现实主义理论是否成立？

杰出的粒子物理学家史蒂文·温伯格（Steven Weinberg）对于人们没能从量子力学中推导出概率性一事发表了如下看法：

> 除了我们狭隘的个人偏好（也就是我们“不喜欢”自己有副本的这种概念）之外，多世界诠释这种现实主义方法还有一个令人不满意的地方：在这个理论中，平行宇宙的波函数以确定性的方式演化。我们虽然仍可以讨论概率，那就是把它看成任何一段历史中重复多次测量行为得到的各种可能结果的实际出现频率，但约束那种观测结果概率的规则必须遵循整个平行宇宙的确定性演化……现在已经有好几种从现实主义角度出发的尝试接近得到像玻恩规则这样已经得到良好实验验证的理论了，但我认为它们目前还都没有取得

最后的成功[4]。

埃弗里特量子力学理论的故事中还有一点值得我们思考，它的部分支持者声称：埃弗里特量子力学是真正的量子力学，其他量子力学理论都只是对埃弗里特理论的修正，然而，事实显然并非如此。普通量子力学教科书中教授的狄拉克、玻姆等人的理论以规则一和规则二为基础，因此也是物理学家们普遍采用的理论，这些理论根本就不会有现实主义角度的诠释。

总而言之，无论是哪个版本的现实主义量子力学理论都要付出一定的代价。问题在于，我们究竟要付出什么样的代价才能得到一种完全说得通且能正确、完备地描述大自然的理论。

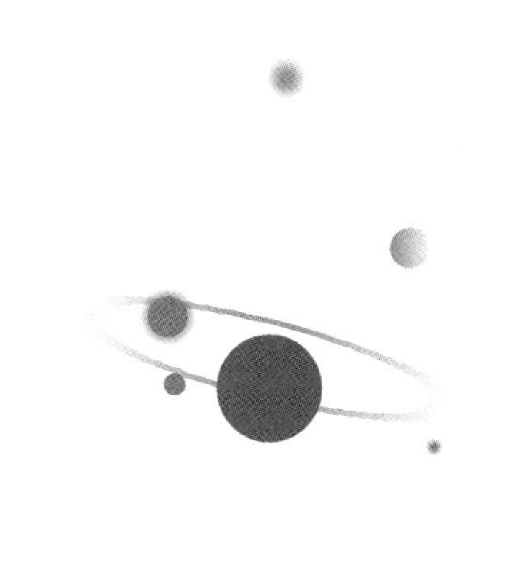

第三幕

# 超越量子力学

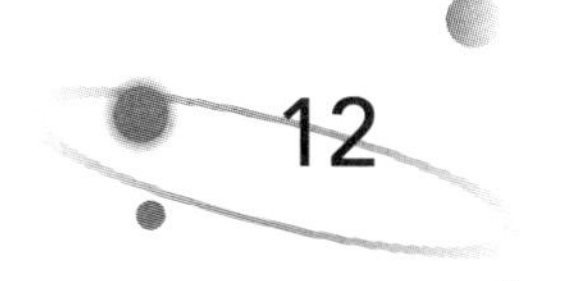

# 12 革命的替代品

> 最终，我们还是不得不去寻找那些有望成为正确的世界本体论的理论。毕竟，所有真正的物理学家灵魂最深处燃烧的欲望之火都是为了探明现实的本质。
>
> ——卢西恩·哈代（Lucien Hardy）

在过去的几年里，量子基础方面的研究很活跃，并且热度在不断上升。这个领域沉寂了80年之久，任何想要成为这方面专家的物理学家都难免会打退堂鼓，但现在，成为量子基础领域的专家总算可以算作一份不错的职业规划了。这当然是一件好事，只是如今该领域的大多数进展以及大多数年轻人都偏向于反现实主义一边。目前，这个领域大部分新的研究工作的目标并不是修正量子理论使其不断完备，而只是给我们提供一种讨论它的新方式。要想解释这背后的原因，就得先稍微回顾一下量子力学基础研究领域的历史。

量子力学并不是在一夜之间出现的，而是长期积累的结果。这个理论的开端是普朗克于1900年发现光以离散的小份形式携带能量，并在1927

年量子力学的最终形式正式问世时迈向巅峰。之后的一段时间就是量子力学建立者之间的一场论战，许多量子物理学家都在这场论战中表达了对量子力学这种新理论基础的担忧，不过，这段自由论战时期很快就结束了。虽然仍有爱因斯坦、薛定谔和德布罗意等人的反对，但这场论战最终还是以哥本哈根学派理论的大获全胜而告终。

自20世纪30年代初至20世纪90年代中叶，玻姆、贝尔、埃弗里特等人的重要著作逐渐终结了漫长的黑暗时代，但在物理学界，大多数人都很少注意到这些著作，也很少注意到一般意义上的量子力学的基础问题，大多数物理学家都认为量子力学的含义问题已经得到了解决。在20世纪70年代中叶物理学家正式开始通过实验验证贝尔限制之前，玻姆等人具有重大意义的论文都极少被引用，仅凭这一点就足以反映我刚才提到的问题。即便是现在，我们也会发现一些卓有成就的物理学家错误地认为贝尔证明了所有隐变量理论都不正确。物理系几乎一直都没有留给专门从事量子理论基础研究的学术职位，直到最近这种情况才有所改变。一直以来，在量子理论基础研究领域耕耘的这一小部分专家们要么因其他方面的研究而得到学术地位（比如贝尔），要么只能去学术界的一个偏僻角落度过一生（比如玻姆）。他们中的一部分以哲学或数学为学术生涯研究重点，还有一些则在小型本科院校从事教学工作。

世纪之交前夕兴起的量子计算带来的光明前景为那些想要在量子力学基础研究领域有所建树的人士打开了通向成功的大门。1981年，理查德·费曼在一场讲座上提出了可以运用量子力学构建新型计算机的想法[1]。那番讲话以及这个想法的一些早期实践起初似乎没有掀起什么波澜，直到1989年拥有牛津大学教职的量子引力专家戴维·多伊奇在一篇主题为数学和逻辑基础的论文中提出了一种量子计算的方法[2]。他在论文中提出了与图灵机类似的通用量子计算机概念。几年后，当时在 IBM 研究实验室工作的计算机科学家彼得·肖尔（Peter Shore）证明了量子计算机对大数进行因数分解的速度要比寻常计算机快得多。至此，人们才开始注意到量子计算机的概念，对大数进行因数分解的一项应用就是破解如今许多常用的密码技术。

自此之后，量子计算机研究小组开始如雨后春笋般在世界各地涌现，并且大量睿智的青年研究者迅速涌入该领域。他们中的很多人都采取了两手抓的研究策略，也就是在为量子计算领域做贡献的同时努力攻克量子基础方面的难题。在他们的努力下，计算机科学的一大基本工具——以信息论为基础的全新的量子物理学语言诞生了，这门新语言叫作“量子信息理论”（quantum information theory），它是计算机科学和量子物理学结合的产物，并且能够很好地应对构建量子计算机带来的挑战。随之而来的是一整套现已证明对提升我们对量子物理学的认识非常有价值的工具和概念，然而，量子信息理论只是一种纯粹的操作方法，最适合在实验的环境下描述大自然，也就是准备好系统然后展开测量的工作模式。这个理论中甚少出现对实验室之外的自然界的讨论，即便出现了一些关于真实自然事物的讨论，也常常毫无意外地被类比为量子计算机。

量子力学基础研究领域或量子信息领域目前的复兴势头几乎有百利而无一害，最重要的原因是其中的大部分理论工作都扎根于真实的实验。科学家在量子计算领域的不断耕耘产生了很多对量子力学基础问题也有启迪作用的副产品，比如量子隐形传态（quantum teleportation）。借用这种技术，原子的量子态就可以在未被测量的情况下传输到遥远的另一个原子上。虽然这项技术还未达到科幻小说中瞬间传输的程度，但也已经成为现实且随时可以派上用场了。例如，我们现在可以运用量子隐形传态技术创造一种无法被破解的新型密码。

这些进展还加深了我们对量子理论构建方式的理解。例如，哈代开创了一种新方法，用以寻找能从中推导出量子力学数学形式的最简洁的公理集。在这些公理中，有几条很简单，并告诉我们所有理论都正确；还有一条公理则囊括了量子世界的所有怪异之处。

与此同时，在这样一种受操作主义方法支配的环境中，几乎没有什么空间留给那些苦苦寻找完备的量子理论以解释各种事件的老派的现实主义者了。在这些现实主义者中有一些是多世界理论的支持者，但也有一小部分支持玻姆的人，还有少数现实主义者则发展了波函数坍缩理论，而尝试脱离这些现存的方法来搜寻量子力学现实版本的人就更少了。研究这个问题的大部分人本身都是其他领域的专家，有些还在自己的专业领域中取得了极高的成就，比如美国路透社社长兼总编辑斯蒂芬·阿德勒（Stephen Adler）和 1999 年诺贝尔物理学奖获得者赫拉尔杜斯·霍夫特（Gerardus't Hooft）。我们无法完美融入目前已经颇为活跃的量子基础领域，主要是因为我们的关注重点和最终目标以及我们为了实现这个目标而提出的理论无法用操作主义语言表达，而精通这种语言正是量子信息理论专家的标志。即便如此，我们仍没有停下搜寻量子世界现实主义完备图景的脚步。

我认为，就像哈代在本章章首语中所说的那样，相比于操作主义观点，很多物理学家还是更喜欢现实主义解释，并且一定会对能够克服现有方法缺点的量子力学的现实主义版本感兴趣。现阶段操作主义方法盛行的部分原因在于，可供我们选择的且接近真相的现实主义方法还是少了一些。

本书的其余部分介绍的就是量子物理学现实主义方法的未来。在我们忘却非现实主义方法之前，先来看看近来它们的盛行是否提供了一些值得我们深思的地方。

我能从中吸取的第一点教训是：描述量子世界与适用牛顿物理学的经典世界之间差异的方法有很多。如果你愿意采纳量子力学的反现实主义观点，那么你就有很多选择。你可以选择站在玻尔这一阵营，他激进地提出：科学只不过是我们用以相互交流各自实验结果的共同语言的延伸。你也可以投入“量子贝叶斯主义”（quantum Bayesianism）的怀抱，这种理论认为，波函数无非就是对我们心中想法的表征，而预测不过就是赌博的另一种说法。你还可以站在纯操作主义观点一边，也就是只讨论准备工作和测量操作等过程，纯操作主义的相关理论也正是基于这些过程的。

这些理论派别有一个共性，那就是都回避了测量问题，或者说得更准确一点，都从定义上拿掉了测量环节，因为根本不存在用量子态描述观测者及其观测工具的可能性。

部分新理论的核心概念是认为世界由信息构成，我们从约翰·惠勒的名言“万物源于比特”中就能总结出这一点。他这句名言的现代版本为“万物源于量子比特（qubit）”，其中量子比特是量子信息的最小单位，在我们前面有关宠物偏好的故事中就可视为一种量子二元选择。在实际应用中，这种模式设想所有物理量都可以简化为数量有限的量子“是否问题”，并且规则一约束下的时变演化过程可以理解为量子计算机世界中的量子信息处理过程。这就意味着，系统的时变过程可以表达为在某个时间点上将一系列逻辑运算应用到一两个量子比特上的操作。

约翰·惠勒对此是这样表述的：

> 万物源于比特意味着物理世界中的所有物件在本质上都拥有非物质来源和非物质解释。我们所称的现实归根结底来自“是否问题”的提出以及对仪器反应的记录。简而言之，一切物质理论上都起源于信息，并且这个宇宙有我们所有人的参与[3]。

第一次听到这种观点时，你或许会觉得说这话的人只是随便说说，但惠勒的确是认真的。这个观点还有一种更简洁的表述：“物理学让观测者参与了进来，观测者的参与产生了信息，信息产生了物理学。”[4]

惠勒曾说：“这个宇宙有我们所有人的参与。”他是指宇宙诞生于我们对其展开的观测或感知。没错，对此你可以这样回应：“可是，在我们掌握观测或者感知能力之前，我们必须先诞生于宇宙之中，并且还要借助宇宙的力量。”惠勒则会回应道：“没错，这有什么问题吗？”

我们能从类似上述这种对话中得到何种启示？某些演化结果数量有限的系统可以用这种方式表述，并且这么做的确能指引物理学的前进方向，例如，量子物理学中纠缠概念的重要性就可以借此走上前台。不过，如果一个系统涉及的物理变量拥有无穷多个演化结果，那就没法轻松套用这种模式了，比如电磁场。尽管如此，这种研究量子力学基础的量子信息方法已经对多个物理学领域产生了积极影响，从居于核心地位的固态物理学领域到关于弦理论、量子黑洞等的研究，无不如此。

我们应该小心谨慎地区分有关物理学与信息间关系的几个不同概念。在我看来，其中有些概念的确有作用，但很琐碎；还有一些则颇为激进，仍需进一步论证。

我们就从信息的定义开始。信息理论的奠基人克劳德·香农（Claude Shannon）给出过一个相当有用的关于信息的定义。他的定义建立在通信框架之内，设想从发送者到接收者的信息传递通道。按照设定，这类通道共享一种语言，正是这种语言让符号有了意义。信息接收者收到信息后，要通过一系列“是否问题”来理解该信息的含义。这些“是否问题”的数量就决定着所传递的信息量。

按照这个标准，只有很少的物理系统可以看作共享某种语言的发送者和接收者之间的信息传递通道。从整体来看，宇宙并非这样一种信息通道。香农关于信息的定义的威力在于它可以从语义环境中即从信息的意义中衡量究竟传输了多少信息。按照香农的定义，信息的发送者和接收者共享一套赋予了信息含义的语义学规则，但你无须掌握这套规则就能衡量一则信息所携带的信息量。如果缺少了这样一套语义学规则，一则信息也就不会具有任何意义。例如，若要衡量某则信息的信息量，你首先得对该信息所使用的语言有所了解，比如在使用这种语言的社群中各种字母、单词或者词组出现的相对频率。这种有关语言环境的信息并不一定需要编码进每则信息中，如果你没有指定这种语言，该信息就失去了香农定义下的信息。尤为重要的是，这意味着被传递的信息必须使用发送者和接收者共有的语言，脱离了双方共享语言的无规则符号无法携带任何信息。香农定义对信息的衡量依赖于消息所用的语言以及其他各个方面，这些规则由信息的发送者和接受者共有，但不必然被编码进信息本身之中，并不是纯粹的物理量。

理解说话的人表达的意图、传递含义的方式是语言哲学中的一个老大难问题。这个问题棘手不代表说话意图和含义并非这个世界的组成部分，它们的确是这个世界的组成部分，只是它们的存在依赖于思维。香农定义下的信息就是对这个含义和意图世界中所发生之事的衡量。即便我们没有深入了解信息的含义和意图是如何嵌入自然世界之中的，这种信息定义也相当不错。

为了介绍得更清楚一些，我再举一个例子。一场大雨过后，我听到水滴从漏水的污水管中断断续续地滴落下来。水滴滴落的节奏似乎很不规律，但无论是对我还是对其他任何人来说，这种水滴声都没有携带任何信息，因为并没有发送者，而我也根本不是接收者，因此，按照香农定义，水滴中当然没有任何信息。另外，我们也可以利用水滴滴落时的长短间隔编制摩尔斯密码来传递消息。这两种情况之所以会产生大相径庭的结果，就是因为前者缺少传递信息的意图，而后者正好具备，这种意图很重要：香农定义下的信息必然伴有传递信息的意图。对一个想要了解的知识超越了人类已知世界的现实主义者来说，信息的香农定义在应用于原子所处的微观世界时用处不大[①]。

英国人类学家格里高利·贝特森（Gregory Bateson）给信息下了一个不那么精确的定义，他称信息为“带来差异的差异”，有时也表达为“带

---

① 这里我需要进行一些补充说明，非专业读者可以跳过这部分内容。可能有些专家会反对我对香农关于信息定义的描述，指出那个量等于该信息熵的负数。他们会辩称，熵是一种客观存在的自然物理属性，（在系统处于热力学平衡态时）由热力学定律约束。既然香农定义下的信息与熵存在联系，那么它就一定得是客观且符合物理学规律的。我对此有三点要说明：首先，热力学定律约束的不是熵本身，而是热力学熵的变化。其次，就像卡尔·波普尔几年前指出的那样，与香农信息定义相关的熵的统计学定义并不是一个完全客观的量，它取决于粗粒度的选择，而粗粒度能近似地为我们描述系统。就特定状态来说，如果能准确描述系统，那么它的熵一定是零，这种近似描述特定化的需要就给熵的定义带来了主观元素。量子系统的熵取决于形成两个子系统的分裂过程，我们在这类过程中就能看到主观元素的存在。最后，信息的熵属性是一种定义，用香农给信息下的定义来定义。

来差异的区别”。这个定义应用在物理学中可表述为：如果某个可观测物理量的改变导致物理系统的未来出现了可以观测到的变化，那么我们就认为这个物理量构成了信息，按照这个思路，几乎所有物理量都有传递信息的可能。这个定义意味着，如果两个物理量的值相关，那么它们之间就存在“信息”。这也没什么深奥之处，毕竟它并没有表明物理世界的各个部分之间存在本质上的相互依赖关系。此外，我们对这种相关性已经有了测量的方法，现在改称其为“信息”，不过是换了一个弱化这种概念的特殊性的名字，但这似乎并不能给这个世界的原有概念带来变革，反而更可能让人混淆。

计算机按照香农定义来处理信息，它们从信息发送者那儿获得输入信号，然后应用某种算法将输入信号转变成供信息接收者阅读的输出信号，这类过程个性化程度非常高。植入的算法是定义计算过程的关键组成部分，然而，大多数物理系统都不是计算机，并且，物理系统中初始数据演化成后续数据的过程并不总能用算法或者一系列逻辑操作来进行解释。

有些学者似乎混淆了信息的这两种定义，他们希望把大自然描述为计算机，把这个世界在不同时期的各种状态之间的关系描述为计算过程。我认为这种激进的假设是存在问题的。

诚然，某些物理系统的确能够通过计算模拟达到某种程度的近似，这显然是可以做到的。你可以给物理学中的重要方程（如广义相对论和量子力学中的一系列方程）取近似并将其编码成算法，然后放在数字计算机上运行。这常常是一种得到方程近似解的非常有效的办法，但也只能是近似，而不可能得到准确的答案。例如，我们可以通过数字化手段在某种程度上将交响乐团演奏的声音近似地捕捉下来，但这永远只是近似，数字化手段只能截取一定频率范围内的声音，现场聆听交响乐的全部体验永远无法通过数字模拟手段完整地呈现出来。这就是现在仍有许多观众更乐意亲临交响乐团演奏现场的原因，也是黑胶唱片仍有市场的原因，因为它是纯粹的模拟录音。物理学也是如此，对爱因斯坦的方程进行“数字模拟”可以非常有用，但它永远也无法囊括这个方程组的所有精华。

虽然我们不能把物理学整体理解为信息处理过程，但或许可以这么说，量子态代表的不是整个物理系统，只是我们掌握的系统信息。这显然符合规则二，因为只要我们得到有关系统的新信息，波函数就会突然发生变化。如果波函数代表我们掌握的系统信息，那么就必须把量子力学预言的概率视为主观的、具有赌博性质的概率。我们还可以进一步把规则二视为一种更新规则，即当做出测量动作后，我们对未来实验结果的主观性概率预测会按照规则二发生变化，这就是所谓的“量子贝叶斯主义”[5]。

还有一种相当精妙的方法也认为量子态传递了系统间的信息，即所谓的“关系性量子理论”（relational quantum theory）。这个理论介于操作主义和某种形式的现实主义之间，它认为，量子态与宇宙的分裂、观测者以及被观测者有关，并且代表了观测者可以知晓的关于被观测者的信息。关系性量子理论以量子引力理论为基础，诞生于 20 世纪 90 年代初我与路易斯・克莱恩（Louis Crane）、卡洛・罗韦利（Carlo Rovelli）的讨论中。

克莱恩等数学家之前就已经提出了一种极简宇宙学理论——“拓扑场论”（topological field theories），关系性量子理论就是一种对拓扑场论的简练的数学描述。这两个理论不涉及任何对整个宇宙的量子描述，当然也不涉及描述宇宙整体的量子态。这两个理论中的量子态描述的是宇宙分裂成两个子系统的各种方法。我们可以这样理解这类量子态：它们携带了某一侧子系统中的观测者可以掌握的关于另一侧量子系统的信息。

这让我们想起了玻尔的观点。玻尔认为，量子力学必然要求世界一分为二，一部分遵循经典力学，另一部分遵循量子力学，并且任何分裂过程都会产生这样的结果。克莱恩等数学家研究的模型则更进一步，他们提出，系统的每一次分裂都会产生两个量子态，即分裂产生的两个子系统都各有一个量子态，这是因为我们有两种方式解读每一次分裂。假设爱丽丝生活在分裂后的一侧，而鲍勃生活在另一侧，那么爱丽丝会把自己视为经典观测者，测量另一侧的“量子鲍勃”；而鲍勃的视角则正好相反。

这类模型非常简单，但有一个问题：这两种视角之间的相似度如何？爱丽丝对鲍勃的量子描述有多大概率与鲍勃对爱丽丝的量子描述相同？数学家们认为，无论宇宙如何分裂，这个答案都不会改变。以此为前提，两侧观测者描述相同的概率就测度了某些普适的性质，这些性质表征了宇宙内部的联系方式，数学家们称其为宇宙拓扑学，这也是拓扑场论这个名称的由来。

克莱恩意识到，拓扑场论中涉及的数学结构经过拓展可以囊括圈量子引力，所以就把这个宇宙模型拿出来与罗韦利和我一同研讨。事实证明，克莱恩的观点完全正确，不过那是另外一个故事了。他还提出，这种全新的数学方法提供了一种将量子力学拓展到宇宙整体的方法，关于这一点他也是正确的，这种方法就是关系性量子理论。

我们两人都很受启发，并把这个方法应用到了一般量子理论上，然后各自发表了相关结果[6]。罗韦利的版本更具普遍意义，也更为大家所熟知，所以我在此介绍一下他的理论。

玻尔认为，量子物理学家必须始终从两个世界的角度思考问题。我们这些观测者生活在被经典物理学支配的世界中，但我们研究的原子处于量子世界中，这两个世界遵循的物理规则是不同的。尤为重要的是：量子世界中的客体能以叠加态的形式存在，而在我们所处的世界中，事物的可观测属性总是只能取确定的数值，而不可能叠加起来。玻尔认为，这两个世界对科学来说都是必需的。

从某种意义来说，我们用来操控和测量原子的仪器处于我们这个世界和原子世界的边界，玻尔强调，这个边界的位置并不固定。目标不同，划定的边界也不同，只要它能把整个世界划分为两个区域就行。

还是以薛定谔的猫实验为例。划定边界的一种方法是把原子和光子看作量子系统，而把盖革计数器和猫视为经典系统。在这幅图景下，原子可能以叠加态的形式存在，但盖革计数器总是会呈现确定的状态：要么显示“是”——表征它探测到了光子；要么显示“否”——表征它没有探测到光子。不过，我们也可以重新划定这条边界，把盖革计数器也划入量子世界。这样一来，猫要么活着，要么死了，即总是处于这两种状态中的一种，但盖革计数器可能处于一种与原子的纠缠叠加态。或者，按照薛定谔的说法，我们可以把边界划在盒子四个垂直面上。这样一来，猫也成了量子系统的一部分，并且可能与原子和盖革计数器产生纠缠叠加。此时，经典世界中的一个叫萨拉的人打开了盒子探查其中的情况，由于萨拉是宏观世界的一个主体，因此，我们认为她总是处于某种确定的状态中。从她的视角来看，萨拉会觉得自己身处经典世界这一侧，所以在她看来，猫要么死了，要么活着，总是两者居其一。

尤金·维格纳（Eugene Wigner）建议我们更进一步，我们可以把萨拉和盒子、猫以及盒子中的其他物件一起划到量子系统中，而我本人作为旁观者则划分到边界之外，这样我就能看到萨拉成为纠缠叠加态的一分子。在这种叠加态的一部分中，猫活着且萨拉看到它活着；而在另一部分中，猫死了且萨拉看到它死了。

于是，我们就有了 5 种区分量子世界和经典世界的方法。我们在此用“量子”一词表明事物可以处于叠加态，而“经典”一词则表明物理量只能拥有确定值。这些看似不同的描述似乎互相矛盾，比如我们看到萨拉处于叠加态时她却始终觉得自己处于确定状态。

根据罗韦利的理论，所有这些理论都是正确的，都描述了这个世界的一部分，也都是事实真相的一部分。它们都各自有效地描述了这个世界的一部分，至于具体是哪个部分，则由划定的边界定义。萨拉是否真的处于叠加态，又或者她是否确定无疑地看到了一只活猫或听到了一只猫的声音？罗韦利不想在这两者之间做选择。他认为，对物理事件和物理过程的描述总是与划定量子世界和经典世界边界的某些特殊方式有关。罗韦利假定，所有划定边界的方式都同样有效并且都是对世界的完整描述的一部分。简单来说，罗韦利认为：在萨拉看来，猫活着，这一点没错；而在我看来，萨拉处于“看到死猫”和“看到活猫”的叠加态中，这一点同样没错。

那么，是否存在不会受到观察者观察视角的影响的事实？依我看，罗韦利对这个问题的回答是否定的。在上述例子中，虽然萨拉和我对检视结果有不同看法，但我们一致认为，她打开了盒子并且检查了猫的状态，不过，萨拉打开盒子的决定是否可能取决于某些量子事件的结果，比如某种不稳定原子是否衰变。这种情况下，我就能称萨拉处于已经打开盒子和尚未打开盒子的叠加态，但萨拉本人不是已经开了盒子就是还没开，两者只能居其一。

请注意，其中存在一种微弱的一致性，因为我对萨拉的描述并没有完全与她自身的描述相抵触。我们还得注意到的关键一点是：所有划分边界的方法都会让这个世界分裂成两个不完备的部分。不存在宇宙整体的视角，即我们无法跳脱到宇宙之外来观察整个宇宙，也不存在能够描述宇宙整体的量子态。

如果关系性量子理论有口号的话，那一定会是“众多局部视角定义了一个宇宙”。我们可以从多种角度来看待这个理论。务实的操作主义者会把每个通过划定边界将世界一分为二的方法视为定义一个可以用量子力学处理的系统。每一次边界的选择都会带来一种全新的描述，它包含处于经典世界一侧的观测者所能掌握的关于边界另一侧量子系统的所有信息。对这些务实的操作主义者来说，所有这些量子态包含了每个层级上的观测者所能掌握的信息，而这些层级则由分隔观测者的边界确定，而且每一位观测者都用量子态编码他们掌握的有关边界另一侧系统的信息。这些量子态之所以会各不相同，是因为它们描述的就是不同的子系统。

从操作主义的视角来看，关系性量子力学与埃弗里特最初提出的关联态诠释有一些共同之处。两者都以编码不同子系统间相关性的条件语句来描述世界，而这种相关性在子系统发生相互作用时就已经建立，然而，这并不是罗韦利看待关系性量子力学的方式。在他看来，他的这个理论应该符合现实主义，但却不是我在前文中阐述的那种朴素现实主义。罗韦利认为：现实由一连串事件构成，边界一侧的系统通过这些事件获取另一侧世界的信息，因此，我们可以称罗韦利是一名基于因果关系的现实主义者。在他的理论中，现实取决于边界的选择，因为在某个观测者看来确定发生的某些事——确定事件可以是另一个事件叠加态的一部分。由此我们可以看出，罗韦利的现实主义与朴素现实主义之间显然存在一些差异，因为在朴素现实主义中，构成现实的事件是所有观测者都会一致认为确实发生了的。

罗韦利认为，这种朴素现实主义不可能存在于我们的量子世界中，因此，他建议我们接纳他的这个完全不同的现实主义：世界的分裂定义了观测者，而对现实的定义又总是相对于这种分裂而言的。罗韦利的描述与玻尔大相径庭，并且得到了一种更为精准的阐释，但他们运用的逻辑是相似的，他们都认为量子系统中不可能有朴素现实主义的容身之地。

还有一种理论也同样认为量子系统中不可能存在朴素现实主义，其理论基础是把原本定性为“可能”的事件即那些或许为真的事件提升到现实世界中。从朴素层面上说，我们称某件事可能时，是指它可能发生。某件可能之事确实发生后，就成了现实的一部分，但在此之前，它还不能算作现实。

语言和逻辑能反映“可能性”所指代的独特状态，并且将其与现实区分开来。排中律告诉我们，真实存在的事物在某一确定时刻不可能既拥有一种属性，又没有这种属性。例如，兔子不可能既是灰色的又不是灰色的。如果状态为可能的事物就没有这种限制。例如，你的一位朋友下周将要去宠物店购买的兔子可能是黑色的，也可能是白色的。

在真实生活中，现实与可能之间的关系并不对称。例如，我邻居家的女儿真实存在，她未来可能会养一只兔子作为宠物，因此，“可能”会受到“现实”或者说“真实”的影响。严格地说，确定何为真实并不必然要求我们了解那些可能之事，尽管那样做会有一定的帮助。对于具有确定性的牛顿物理学定律来说，只要能完整描述某一物体此时此刻的现实情况，我们就能预测其未来的真实情况。

从海森堡开始，包括我的老师阿布纳·希莫尼（Abner Shimony）在内的数位科学家提出，可能存在的世界必然也是现实世界的一部分，因为在量子物理学中，可能发生的事件会影响未来的现实。近来，我的朋友斯图亚特·考夫曼（Stuart Kauffman）同鲁斯·卡斯特纳（Ruth Kastner）以及迈克尔·埃珀森（Michael Epperso）合作，共同发展了这个理论[7]。

无论用什么方式描述这个理论，都难免会出现因与寻常语言表达习惯相抵触而引起混淆的困境，但请保持好奇心，忘却陈规，我会努力把这个理论说清楚。首先，我得声明，某种情形要成真有如下两种方式：

**其一，**它就是真的，这意味着它就是这个世界的组成部分，同牛顿体系描述下的粒子拥有确定的位置一样。

**其二，**它也可以是可能的，这就是我们赋予波函数中叠加态属性的状态。例如粒子可能既穿过左缝也穿过右缝，再比如薛定谔的猫可能既生又死，这些都是真的。

确为真实但只是可能会发生的事并不遵循排中律，但因为它们同样会影响现实，所以也可以将其视为真实世界的一部分。按照这种观点，这就是量子物理学的与众不同之处。考夫曼及其合作者认为，实验就是把可能转变为现实的过程，因此，“薛定谔的猫既生又死”并不是从寻常意义上的某物处于某种状态来说的，而是与一种我们目前尚知之甚少的理论有关。此外，它也不是指传统意义上那些事件的某些确定状态，只是表明其真实存在包含了可以通过实验实现的某种可能的状态。

实验依据玻恩规则给定的概率把可能转变为现实，并在这个过程中起到独一无二的作用。这个事实已经足以告诉我们这绝不是朴素的现实主义理论，因为朴素现实主义描述下的世界无须我们的存在也仍如此，实验在其中自然无法发挥任何作用。如果朴素现实主义最终失败，那么或许这个理论也是一个值得进一步发展的方向。

有一种或许可以发展这种“视可能为真实”的理论的方法，那就是引入时间，并且认为此时此刻以及时间的流动是真实且根本的[①]。这番陈述的部分含义是：过去、现在与未来之间存在客观差别。从这个角度来看，现在就是真实的，它由已经发生的事件构成，但这些事件尚未催生后续会替代其自身的未来事件；过去则由那些曾经存在的真实事件构成，虽然这些事件的性质仍能为我们所知晓且仍存在于现在的各种结构中，但它们本身已经消失，未来则并不真实。此外，未来还多少具有一点“开放性”，因为具有奇异特性的罕见新奇事件偶尔也会发生［参见我将在后文中介绍的优先原则（principle of precedence）］。不过，如果我们暂时忽略这些偶然事件发生的可能性，那么现在确实存在有限个可能的下一步选项，它们会成为未来真实发生的事件并表现出相应的属性。

就这个世界现在的状态而言，并非所有事件都会在下一个时间阶梯上发生。考夫曼称那些没有发生的事件为“相邻可能”（adjacent possible）。构成相邻可能的那些近期可能发生的事件尚未变为现实，但它们定义并限

① 我在《时间重生》以及和昂格尔合著的《奇异宇宙与时间现实》一书中对此有详细论述。

制了何为现实。

薛定谔的猫的相邻可能包括一只死猫和一只活猫，但并不包括早已灭绝的雷龙或者一只外星狗。虽然相邻可能的元素不适用排中律，但它们仍有自身的属性。既然它们是拥有属性的对象，那么必然存在关于它们的事实。正是基于这一点，我们才认为可以把一小部分可能发生的事视为真实。

接下来就好理解了。并非所有可能的都是真实的，只有一小部分拥有确定属性的可能才能最终成为真实的或可能的。

魔幻现实主义方面最近也取得了一些新进展。早在 20 世纪 90 年代，朱利安·巴伯（Julian Barbour）就提出了一个涉及许多时刻而非许多世界的宇宙学量子理论[8]。恩里克·戈麦斯（Henrique Gomes）近来又在巴伯的基础上有了新的研究进展。接下来，我将直接介绍巴伯理论的原始版本[9]而并不深究其技术细节。我下面介绍的大部分内容仍适用于戈麦斯的理论，以及巴伯及其合作者最近的研究[10]。

在以巴伯和戈麦斯为代表的科学家看来，时刻是一种描述宇宙整体的位形。他们认为，这类位形是相对性位形，编码了在某一时刻可以被我们捕捉到的所有相对性关系，比如相对距离和相对大小。

就我们的日常体验来说，时间似乎是一系列平滑流动的时刻，而巴伯认为，所谓的时间流动其实只是幻觉，现实只是无数时刻的堆砌，每一个时刻都是描述宇宙整体的位形。你此刻体验的就是一个时刻，然后，等你看到这句话时，你体验的又是另一个时刻了。在巴伯看来，这两个时刻都始终存在于构成现实的那个庞大的“时刻堆”中。现实不过就是凝固在时间之外的时刻的集合。对时刻的每一段体验同样也永远存在——它就是这个时刻的一部分，时刻的短暂性其实只是它所表现出来的一个方面，是时刻所拥有的一种永恒的特征。

所有时刻都同时存在，且每一个时刻都是一个描述宇宙整体的位形，但它们之间有一个重要差别：一个位形在时刻堆中可以有不止一个副本，且副本的数量既可以是无穷大，也可以是零。

巴伯假设时刻堆中的所有时刻被我们体验到的概率原本都相同，但既然其中某些时刻的副本更多，那我们的体验就有了结构，也就是说我们更有可能体验到那些副本更多即更常见的时刻。时刻集合的结构是这样的：按照某种程度的近似，最常见的时刻描述的那些位形串在一起后可以表现得像是宇宙按照某种规律产生的一段历史。这就让我们产生了有规律在起作用的错觉，但其实没有任何能够产生所谓历史的规律，并且实际上也根本不存在什么历史，现实只是无数时刻构成的庞大集合。

巴伯还假设最常见的时刻拥有结构，它们能够向我们描述其他时刻。例如，虽然书被永远定格在某个时刻，但它讲述的故事可能只能理解为随时间演化的一系列事件。每本书都有一个出版日期，标志着过去某个时间点上的一个事件。另外，负责生产这本书的至少还有出版公司、印刷公司和造纸厂，它们都拥有各自的历史，且都包含着各自数不清的故事。

巴伯认为客观物体就像书一样，包含了永远冻结着的时刻结构，且这些结构指向了其他时刻，因此我们可以称其为“时间胶囊”（time capsules）。按照这个定义，任何起到记录作用或者包含了某种记录的事物都是时间胶囊，比如 DVD 或者视频文件。时间胶囊既可以是人为构造出来的结构，也可以是人工制成的客观物体，实际上，它还可以是任何有生命的生物。这就意味着自然世界中到处都是时间胶囊。在我们大多数人看来，这或许证明了时间是真实存在的且具有根本性。巴伯认为，就连我们生活在流动时刻中的这种印象也是幻觉。记忆、记录、遗迹等一切让我们产生“过去”这种印象的事物其实都是过去某个时刻在某个方面的体现。总而言之，所有时刻都永恒不变地存在于时刻堆中。

巴伯宇宙就是一个无序的时刻堆，它可以囊括少量包含时间胶囊的时刻。那么，为什么我们的宇宙中几乎每个时刻都充斥着时间胶囊呢？

要回答这个问题，巴伯就必须先解释下面这个问题：位形的常见与否（时刻堆中是否有许多这种位形的副本）以及位形的存在与否究竟由何种因素决定？答案是：一个方程。这个方程也是唯一一种作用于时刻堆结构的定律。它能挑选出那些确实存在于时刻堆中的位形，并且推导出这些位形究竟有多少副本。这个方程叫作“惠勒－德维特方程”，它其实是薛定谔方程的一个变体，但与时间没有明确联系。我们称其为规则 0。惠勒－德维特方程的解挑选出了具有如下性质的时刻堆：其中的时刻串在一起后足以让我们产生所谓“历史”的幻觉。

如果这个理论正确，那么时间的流逝就是一种幻觉，也就是说，我们所体验到的时间流逝无非就是一个包含了过去记忆体验的现在时刻。这样一来，因果关系当然也是一种幻觉。

这种“多时刻”理论确实符合现实主义，因为它的基础是一种真实之物，也就是与时间无关的时刻集合。这类理论显然超越了朴素现实主义的范畴，因为它们提出的这个现实世界与我们日常体验到的世界大相径庭。

后者随时间而变，我们身处其中能够觉察到一连串时刻，并能在一个时间点上体验一个时刻。

我从这类理论中得到的启示是：要想把量子力学的应用范围拓展到整个宇宙，我们就必须在空间和时间两者中做出取舍，其中只能有一位处于基础地位。如果我们要坚持以空间为基础的现实主义，比如巴伯和戈麦斯的理论，那么时间和因果关系就是幻觉，只有当相关描述大致接近与时间无关的真实情况时才会出现。又或者，我们可以选择以时间和因果关系为基础的现实主义，那么我们就得像罗韦利那样认为空间是一种幻觉。

有关非现实主义理论和魔幻现实主义理论最新的进展还有很多可以介绍的，不过，有一条底线总是无法突破的：如果你是一个实用主义者，且想要运用量子理论解决量子基础方面以外的问题，那么无论这些理论是否符合现实主义，它们都有助于你的计算和得出结论；如果你想以详细描述各个物理过程的方式解决测量问题，那么只有现实主义方法才能满足你的需要。

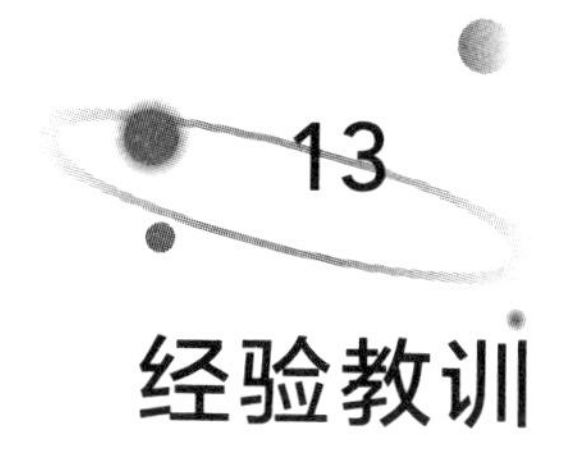

# 13 经验教训

本书的论述基础是：无论量子世界多么奇怪，它都不应该违背我们常识中的现实主义。即便生活在量子宇宙中，我们也仍然有可能做一个现实主义者。

只是断言现实主义可行是不够的，现实主义者必须知晓世界运作方式的真正解释。如果只是相信可以详尽解释大自然的运作原理，却不去深究这种解释究竟是什么，这样做是没有任何意义的。我们接下来要问的问题就是：现有的量子物理学现实主义中有没有令人信服且能够真正解释世界运作方式的版本？换句话说，我们是否已经成功了，还是仍需做更多的工作？我认为，截至目前还没有哪个比较成熟的理论可以真正称得上有说服力。到目前为止，人们研究过的所有现实主义量子物理学方法都存在重大缺陷。接下来，我们就回顾一下所有备选方案，并对每一种理论的优缺点进行分析。

## 导航波理论

导航波理论引入了额外的自由度，这些自由度和波函数一道充分描述了单个物理系统中究竟发生了什么，从而让量子力学完备了起来，这些自由度就是粒子轨迹。我们之前称它们为隐变量，但这可能不是最好的称呼，毕竟粒子总是能被观测到的，更合适的称呼应该是约翰·贝尔提出的“已然量”。现实主义者希望自己的理论能够以真正存在的事物为基础，这类事物就是已然量。在导航波理论中，波和粒子都是已然量。

导航波理论解决了测量问题，因为粒子总是存在并且总是会在某处出现，实验设备在寻找粒子时，总能在某个地方发现它。

导航波理论的方程组具有确定性、可逆性，这也是这个理论具有完备性的有力证据。因为我们不知道粒子的初始位置，所以就出现了概率，这和概率在物理学中的其他应用没什么两样。导航波理论还证明描述了概率与波函数平方间关系的玻恩规则是唯一一种稳定的概率分布，所有不符合这种分布的情况最终都会演变为符合这种分布的情况。

此外，导航波理论是完备且明确的。量子力学的其他修正版理论中有一些引入了新的自由参数，并通过调节这些参数掩饰各种缺陷以及规避不利的实验证据。导航波理论不包含这些额外的参数，也不允许我们做出任何选择，这是非常重要的一个优点。

因为导航波理论清楚、明白、直接地描述了量子已然量，所以它在一小部分量子现实主义者圈子中仍是颇受欢迎的理论。当然，还有部分原因是，在导航波理论的应用方面还有很多工作可以做，其中一件是证明在一般情况下，导航波理论的预测总是与传统量子力学一致；另一件则是详细探明这个结果究竟是如何出现的。物理学家通常更喜欢解决那些定义好了的问题，而导航波理论恰恰不缺这样的问题。

当然，导航波理论也面临着不少挑战。如果这个理论要取代量子力学，那它就必须在寻常理论起作用的所有领域中做到这一点，其中包括粒子物理学标准模型的基础——相对论量子场论。这个方向上已经出现了一些不错的进展，但仍有一些重要问题悬而未决。导航波理论在量子引力理论和宇宙学中的应用方面也出现了一些值得关注的探索，但这些努力离盖棺定论还差得很远。

导航波理论研究工作最重要的目标一定是发现并打开那些实验能够将新旧理论区分开来的全新领域。关于这方面，瓦伦丁尼等人已经在宇宙学尺度上发现了令人激动的理论成果。

与此同时，导航波理论没能成为完全令人信服的关于自然的理论还有几个原因。比如空空如也的幽灵空分支，这些分支虽然也是波函数的一部分，但与粒子的真正所在实在相隔太远（位形空间中），因而很可能永远无法引导粒子。这些空分支是规则一的产物，但无法解释任何我们在大自然中实际观察到的事物。由于导航波理论中的波函数永不坍缩，我们这个世界中就到处充斥着这些幽灵空分支。其中，有一个分支明显与众不同，那就是真正引导粒子的那个分支，我们可以称其为“被占用的分支”。不过，未被占用的幽灵空分支同样真实存在，所有这些分支所属的波函数就是一个已然量。

导航波理论中的幽灵空分支和多世界诠释中的分支并没有什么不同，都是相关理论只涉及规则一带来的后果。与多世界诠释不同的是，导航波理论无须那些涉及许多宇宙的怪异的本体论，也不需要观测者发生分裂，因为总是存在一个被粒子占据了的分支，因此，导航波理论没有原理方面的问题，也不会对我们所说的概率之定义造成什么负面影响。在导航波理论和多世界诠释中，这个世界的每一种可能出现的历史都以某种形式真实存在，这让人觉得很不舒服，至少从科学角度上看显得不那么精致。

敏锐的读者或许会对导航波理论与多世界诠释的相似性感到困惑。假设多世界诠释的支持者成功地通过退相干、主观概率等理论赋予埃弗里特量子力学合理的物理学解释，那么我们能不能把同样的解释应用到导航波理论波函数的分支问题（并且简单地忽略粒子）上呢？答案是肯定的，我们可以忽略粒子，并且这样一来我们就直接回到了埃弗里特的多重宇宙理论。这就引出了一个导航波理论拥护者隐藏的或无意识做出的假设：观测者感知、测量的现实由遵循导航波理论的粒子构建的物质组成。

虽然粒子和波在导航波理论中都是已然量，但仅仅如此并不意味着它们等价。要理解导航波理论，我们就必须认为粒子的地位更加重要，并且假定我们所感知的世界由粒子构成，波虽然也在理论背景之中，但它们的作用是引导粒子——波并非直接被我们感知，而且它们只通过自身的引导作用来影响我们的观测结果。

无论是从解释这个世界的角度还是预测这个世界的角度来看，幽灵空分支在导航波理论中都几乎起不到任何作用。宏观系统的幽灵空分支与被占据分支发生相干从而改变系统未来的概率实在是太过微小，因此，研究者希望引入一些机制消除这些幽灵空分支，这就是导航波理论和自发坍缩模型结合的版本了。我对这个方向的研究并不了解，但它似乎是一条颇有意思且值得探索的道路。

这就引出了导航波理论的另一个问题，即作用的不对称问题。波函数引导了粒子，但粒子却没有对波函数造成任何影响，这不太像是物理学中作用的常见模式。在自然世界以及物理学领域中，作用通常都是相互的，比如，你推动的任何事物其实也反推了你，这是由牛顿第三定律决定的，即任何作用力都会产生一个大小相等、方向相反的反作用力。粒子不会对波函数产生任何影响这一点非常怪异，这也强有力地表明了导航波理论必定有所缺失。

虽然幽灵空分支通常可以被忽略，但它们偶尔也确实能发挥作用。实验物理学家已经设计了一些睿智的方案证明没有粒子经过的波函数分支对未来的影响可以和被粒子占据的分支所带来的影响一样巨大[1]。这种场景涉及发生相互作用的两个量子粒子，比如一个原子和一个光子。

根据导航波理论，原子既是粒子也是波，我们不妨称它们为原子粒子和原子波，光子也同样既是粒子又是波，类似地，我们也可以称它们为光子粒子和光子波。无论是原子还是光子，它们的波都引导着各自的粒子，假如光子和原子在我们的安排下成功相撞，那么究竟是哪两种实体发生了相互作用呢？

你很可能会认为相撞的是原子粒子和光子粒子，但事实证明这种想法并不正确，这两个粒子都“看不到”对方，它们会轻而易举地互相穿过对方。实际上，真正会出现的情况是光子波和原子波发生相互作用并且互相散射，接着，随着波从碰撞中撤出，原子波带走了原子粒子，而光子波则带走了光子粒子。

一个波函数是否会同另一个波函数发生散射根本就与它是被占据分支还是幽灵空分支无关。这会造成一些非常怪异的结果，但传统量子力学中也有同样怪异的结果。例如，一个粒子可以在撞到另一个粒子波函数的幽灵空分支后反弹回来。这个事实与导航波理论并不矛盾，实际上，这恰恰证明了导航波理论即便在如此反直觉的情境中也同样奏效，因此我们反而应该增强对这个理论的信心。这也同时提醒了我们应用导航波理论所需要付出的代价，即放弃以粒子为主要研究对象以及忽视幽灵空分支这种令人容易接受的图景。

波函数引导粒子这个事实还会造成其他怪异后果，其中之一就是粒子回应波函数引导时产生的运动动量和能量并不守恒。它们的运动状态很反常，可以一连数小时静止不动，即处于能量确定的状态，然后会在波函数的引导出现改变时突然一跃而起、四处乱窜。

德布罗意肯定不会对此感到震惊，其理论的当代传承者也同样不会对此感到不安，比如安东尼·瓦伦丁尼。他们知道，粒子的行为一定会是这样，因为波函数引导方程的部分职责就是在粒子遭遇障碍物或者窄缝时弯曲其运动路径，这样才能产生衍射现象。如果粒子没有和其他粒子碰撞就改变了运动方向，那么它的动量必然会发生改变。这是爱因斯坦和其他一些物理学家断然无法接受的想法。

假设现在有一个处于量子平衡态的系统，我们根据系统内粒子的诸多可能路径进行平均，那么平均动量和能量应该是守恒的。这是我支持“概率与确实存在的粒子系综有关”这种构想的一大原因。我会在下一章中深入讨论这些内容。

导航波理论为我们描绘了一幅美妙的图景：空间中流淌的波轻柔地引导着粒子四处运动，不过，现实情况并没有那么直观。对于一个包含了数个粒子的系统来说，波函数其实并不是在空间中流动，而是在位形空间中流动，而位形空间是多维空间，因而很难具象化。此外，就像我之前强调的那样，粒子会同时和所有事物发生作用，无论远近，可以通过引导方程瞬间对远方事物产生超距影响。尽管如此，如果我们对导航波理论的期待是重现量子力学所有理论结果的话，那么粒子仍起不到任何作用。

导航波理论的第三个问题是：它和相对论“关系紧张”，这主要是因为非定域性。对贝尔限制的实验检验告诉我们，任何想要跳出量子尺度描述单个宏观事件和过程的尝试都必然会涉及非定域性。

导航波理论也必须以某种形式囊括这种非定域性，因为这个理论的目标是成为一种完备的量子力学理论且必须给出符合传统量子力学的预言。事实上，导航波理论也的确囊括了非定域性。它是如何做到这一点的呢？我们来思考一个由两个互相纠缠且相距十分遥远的粒子构成的系统。关键之处在于，一个粒子受到的量子力取决于另一个粒子的位置，且即便这两个粒子相距遥远，这种依赖关系也依然存在。

结果就是，如果我们能追踪各个量子粒子的运动轨迹，我们就会发现纠缠粒子之间的相互作用是非定域性的。由于我们在一般情况下只会测量粒子的平均位置和平均运动状态，这种永不间断的非定域作用产生的影响会被量子运动的随机性抵消。非定域作用确实存在于波函数引导粒子的方式中，我们也可以通过实验观察到这种作用。

看到这里，警觉的读者可能已经拉响警报了。这种跨越长距离的力的传导必然要求我们客观讨论彼此相距遥远却同时发生的事件，而狭义相对论告诉我们，相距遥远的事件之间没有绝对意义上的同时性概念，这与前述的超距瞬时作用相矛盾。这确实是个大问题，也是狭义相对论与导航波理论“关系紧张”的主要原因。

尤为重要的是，在导航波理论中，非定域力的来源——波函数引导方程与相对论相抵触。引导方程的定义偏好一种能够定义绝对意义上同时性概念的参考系。在实践过程中，这种矛盾已经被弱化，因为量子物理学的随机性意味着，只要我们处于量子平衡态，我们就不可能在实验中直接观测到非定域性的相关作用，我们发送信息的速度也不可能超过光速。只要我们不太过细致地考察各个系统中究竟发生了什么，导航波理论就能与相对论保持一种“关系紧张”的共存状态。需要再次强调的是：导航波理论可以让我们更加细致地研究这个世界。

目前，将导航波理论拓展至相对论场理论的研究工作仍在进行之中，所以我们还无法判断导航波理论与相对论之间的紧张关系最终会如何解决[2]。

## 波函数坍缩

自发坍缩假说也是一种不错的通过已然量来描述量子世界的现实主义理论。这个理论中没有粒子的位置，而只有波，但这些正常情况下平滑流动的波偶尔会产生扰动，瞬间坍缩、汇集成粒子状。接着，波就会恢复流动，再次向外扩散。在这个理论中，因为波有这种独一无二的性质，所以就能在需要的时候被当成粒子看待，这也是这个理论中唯一一个已然量。

自发坍缩模型也解决了测量问题，因为该理论假设波函数的坍缩是一种真实现象。在原子系统中，波函数坍缩的频率很低，但坍缩频率会随着系统尺度和复杂性的增加而迅速提升，因此，宏观系统中根本不可能出现叠加和纠缠现象，坍缩会阻止这两种现象的发生，因而它们的适用范围局限于原子领域。这就解决了测量问题，因为测量工具对应的波函数总是会坍缩成某种确定状态。此外，这个理论还使我们摆脱了幽灵空分支的问题。

导航波理论和自发坍缩模型并不只是量子力学的两种不同诠释，它们是截然不同的两种理论，且各自都做出了一些区别于量子力学的预测。不过，就原子和分子的行为而言，它们给出的解释一致，而且也符合传统量子力学的观点，同时其准确性也远超实验可以探测到的极限。截至目前，我们还无法从实验角度区分导航波理论、自发坍缩模型和传统量子力学理论。导航波理论预言，叠加和纠缠现象普遍存在且从原理上说应该能在所有系统中探测到，无论这个系统有多大、多复杂。要用实验检验这个预测很难，因为由许多粒子构成的系统总有一种退相干的倾向——粒子与系统所处环境发生大量的相互作用，这会让波函数的相[1]随机化。当然，这个困难从理论上说是可以克服的，实际上，实验物理学家也的确在不断拓展量子现象的应用领域。

如果波函数真的会自发坍缩，那么这个过程一出现也就结束了。即便自发坍缩模型正确，也没有哪位实验物理学家能把一个庞大、复杂系统的两个波函数叠加起来。

自发坍缩模型和导航波理论的另一个区别在于它们对待时间的态度。导航波理论的相关定律在时间上是可逆的，就像牛顿力学定律一样，而自

① 波函数的相指的是波峰和波谷的位置，以及由此形成的波函数图样。

发坍缩模型在时间上不可逆，就像热力学定律一样。

波函数坍缩理论的部分缺陷与导航波理论相同。尤为重要的一点是：这种坍缩可以在同一时刻的任何地点瞬时发生，这就严重违背了相对论。同导航波理论一样，精确的坍缩理论需要明确一个具有特殊地位的参考系，这就与相对论产生了矛盾。另外，就这个问题来说，已经有一些研究表明这种矛盾可以调和，这样一来，在那些自发坍缩理论与传统量子力学相符的领域内，它与相对论的矛盾就没那么大了。

坍缩模型的另一个缺陷我们之前也已经提过，那就是能量不守恒。由此衍生出的其他缺陷是：我们可以通过调节一个自由参数来最小化能量不守恒这个缺陷。按照我的理解，通过引入自由参数并对该参数进行调节的方法让理论与实验结果相符其实是一种缺陷，因为这表明这个理论的结构设计中隐藏着某种本质上的问题。

实际上，坍缩模型有几个不同版本，并且在一定程度上可以自由修正、调节新参数。这就是为什么我们把坍缩模型统称为模型而称导航波理论为理论的原因，后者没有任何进行调整的空间。

在我们讨论过的所有这些问题中，有一点非常重要，那就是现有的所有隐变量理论都与狭义相对论相抵触。原因很简单。如果我们要完整地描述各个过程，那么由于实验验证中不可避免的贝尔限制，我们得到的结果一定是非定域性的，而非定域性必然要求同时性。在对各个过程进行平均后就能得到一个与传统量子力学给出的结论一致的概率，于是，这个结果与狭义相对论之间就没有明显的矛盾了，因为信息的传播速度不可能超过光速。不过，这种内在矛盾对现实主义者来说仍然存在，因为现实就是由一个个过程构成的，不能因为平均得出的总体效果与狭义相对论相符就无视这种矛盾的存在。这一点我们在导航波理论和自发坍缩模型中已经分析得很明白了。

就算我们甘于原地踏步、放弃超越传统量子力学的梦想，也无法脱离这个困境，因为上述矛盾就存在于量子力学自身之中。波函数按照规则二坍缩的时候，就是会在任何地点同时发生的。

将寻常意义上的现实主义应用于原子领域得到的结果却与狭义相对论南辕北辙，从来没有哪个物理学问题能像这个问题这样让我无法释怀。在我看来，导航波理论和自发坍缩模型最值得怀疑的地方在于：它们与其他重要的物理学理论几乎完全不相关，比如量子引力理论和统一场论。

无论如何，导航波理论和自发坍缩模型至少证明了我们可以对量子物理学秉持现实主义态度。只不过，这两种理论显然还没有触及真相，我们仍需继续努力，去寻找完备的量子力学现实主义理论。这个理论应当能够摆脱现有理论的各种缺陷，并且能够解答其他重要的物理学问题，进而重塑物理学的框架。

近年来，的确出现了不少新的现实主义量子理论，不过在我看来，它们都谈不上有多少说服力，但是也的确包含了一些有趣的想法。

## 逆因果律

最近的一次现实主义量子力学尝试是逆因果律（retrocausality），即认为因果效应在时间上不仅可以正向流动，还可以逆向流动。通常，“果”总是在“因”之后出现，但逆因果律理论的支持者认为，“果”有时也可以先于“因”出现（见图 13-1），一连串因果事件在时间轴附近曲折前进，其中的奥妙不难理解。如果我们能以光速逆“时间之河”而上回到过去然后再返回，那我们就能够得到一个与起始时刻同时发生但相距甚远的事件。于是，我们就可以通过这种因果关系自由地穿梭于过去与未来的理论来解释非定域性和纠缠现象。

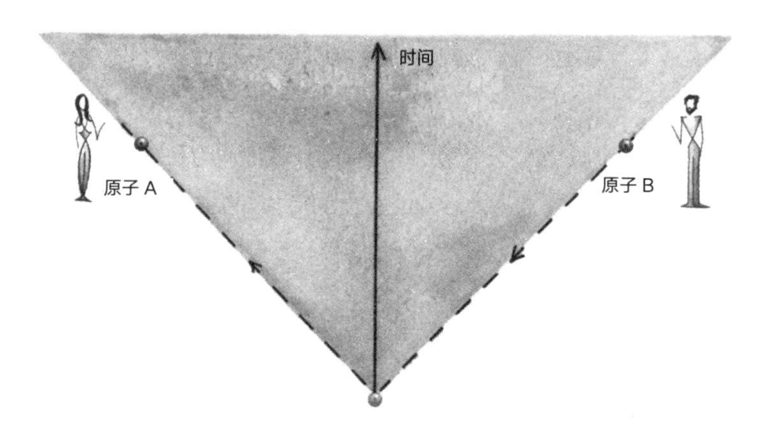


图 13-1 逆因果律图示

注：两个“奔向”未来的原子，一个向左运动，另一个向右运动。在逆因果律理论中，因果关系产生的影响可以从标记着“原子 B”的位置回到该原子最初的状态，然后再向前抵达“原子 A”处（如图中虚线箭头所示）。这样一来，“原子 A”处出现的果，看上去就和“原子 B”处出现的因同时发生了。

这种方法由亚基尔·阿哈罗诺夫（Yakir Aharonov）[3]及其同事提出。约翰·克莱默（John Cramer）和鲁斯·卡斯特纳（Ruth Kastner）[4]则提出了这类方法的另一个版本——“交易诠释”（transactional interpretation )。休·普莱斯（Huw Price）还正式发表了这样一个论点：所有具有时间对称性的量子力学理论都必须以逆因果律为基础[5]。

## 基于历史的现实主义方法

有一种古老的观点认为，真实的本质并非事物，而是过程；并非状态本身，而是状态的转变。这个大胆的想法成了几种量子物理学方法的基础。它们的源头要追溯到理查德·费曼在博士生时期的一项发现。费曼提出了另一种表达量子力学的方法，规避了量子态正是在自然中随时间连续变化的关于自然的描述。按照费曼的方法，我们需要计算系统从原来的位形转变到后续位形的概率，具体做法则是研究系统在两种位形之间的所有可能的历史。费曼理论给每一种历史都分配了一个量子相位，把所有可能历史的量子相位加起来以构建系统位形变化的波函数，然后再根据玻恩规则对波函数求平方，这样我们就得到了需要的概率。

按照费曼的说法，这套流程只能用来计算量子力学中的概率。拉斐尔·索尔金（Rafael Sorkin）指出，这套方法也可以是现实主义量子理论的基础，那些历史就是已然量。这个理论的缺陷在于，我们必须使用非标准的量子逻辑来讨论这些历史的真实之处[6]。

默里·盖尔曼（Murray GellMann）和詹姆斯·哈特尔对历史的应用则大为不同[7]，他们认为，我们体验到的现实只是诸多同等自洽、真实的历史中的一个。关键在于，如果不同历史之间退相干了，那么它们就不可能发生叠加，因此，我们就可以把它们视为可以并行存在的历史。盖尔曼、哈特尔、罗伯特·格里菲思（Robert Griffiths）以及罗兰德·欧内斯

（Roland Omnès）一道发展了这个理论，我们现在称其为量子力学的“自洽历史处理”( consistent histories approach )。[8] 这个理论的一个关键推论是，遵循经典物理学牛顿定律的历史会是退相干历史族的一部分，我们可以把这些退相干历史看作并行存在的真实的历史。不过，这个命题反过来并不成立。费伊·道克尔（Fay Dowker）和阿德里安·肯特（Adrian Kent）证明，许多互不相干的历史族和牛顿物理学无关[9]。

所有这些基于历史的理论都不符合我对朴素现实主义世界观的期待。在这些现实主义理论中，真实的本质是过程，而非状态，是已发生的历史，而非已然量。对此，我并没有任何意见，但在我刚才提到的这些理论中，你最后要计算的不是发生了什么，而只是这些可能发生的事件出现的概率。此外，这类理论假设的历史之间的关系以及我们观测到的概率都总是与玻恩规则有关，这意味着那些历史代表的是概率而非现实。

## 互相交织的诸多经典世界

接下来，我们介绍另一种当代量子物理学的现实主义理论[10]。这一理论假设我们的世界是经典的，但只是诸多同时存在的经典世界中的一个。这些经典世界非常类似，都有同样的数字系统和粒子种类，但粒子在其中的位置和运动轨迹不同。

所有这些世界都基本遵循牛顿定律，只有一点例外：在单个世界中，除了粒子间的寻常作用力外，还有一种新的力，这种力与不同世界间粒子的相互作用有关。

按照这个理论，假设你现在扔出一个球，它会受到你手臂发出的力和地球引力的影响，并进行回应。与此同时，还有大量与你本人非常类似的你的“副本”也在各自所处的世界里扔球，这些球的起始位置和运动轨迹都稍有不同，但它们都通过前文所述的那种力超越了各自的世界，发生了相互作用。这类全新的、跨世界的力很微小，但造成的结果是，每个球的运动轨迹都会有所不同，即产生一定程度的“晃动”。由于你只能观测到自己所处的这个世界中的小球，所以你就无法详细了解所有这些小球“晃动”的程度如何。在你看来，似乎有一种随机涨落扰动着球的运动，你在预测小球的运动轨迹时就不得不引入一种随机的概率性元素，而这种概率性描述就是量子力学。

这就是所谓的“多交互世界理论”（many interacting worlds theory）。细究起来，这个理论生效的前提是：我们选择那些纵横在诸多世界中的力时必须非常谨慎。要从这个理论中推导出量子力学，这些力就必须区别于我们已经了解的所有力，它必须至少涉及三个世界，并保证其中任何一个世界中球的“晃动”都取决于其他两个世界中球的“晃动”。

这种理论的一大优点是：为分子化学的高精细度计算机的计算提供了一个非常重要的基础[11]。我并不认为这是一个能够很好地描绘世界的严谨理论，不过，它的确可以算是现实主义量子物理学理论的一个例子。

## 超决定论

并非所有在量子基础领域深耕的物理学家都接受贝尔定理的结论，即认为量子物理并不一定非得违背定域性原理。贝尔定理存在一些漏洞，其中的大部分已经被实验排除了，而没那么容易清除的漏洞之一基于一种被称为“超决定论”（superdeterminism）的思想。回想一下我们在第 4 章中讨论过的那些证明贝尔非定域性的实验。相距遥远的两名观测者各自挑选一个待仪器测量的光子偏振方向，这项实验能够证明定域性原理被破坏的前提是假设两名观测者对方向的选择相互独立且互不影响。

严格地说，两名观测者挑选方向这两个事件都在各自过去某些事件的“果未来”之中。只要我们能回溯到足够远的过去，就一定能找到“果未来”中包含着这两种测量偏振选择的事件，因此，我们就能把这类“果未来”中包含了全部实验结果的过去事件看成实验本身的必要组成部分。于是，你就可以想象两侧光子的偏振角度其实早就由过去某些事件中端坐在那儿的某些人通过仔细调节初始条件决定了。超决定论的核心思想是：宇宙会按照确定性的方式不断演化，事物之间的所有关联都早在最初的宇宙大爆炸之中就已确定下来了。

有几位物理学家提出，如果我们假设宇宙初始条件的选择极其精细化，那么所有可测量的纠缠物理量对都可以按照这种方式被设置成一种特定形式，即可把测量结果视为非定域性证据的形式，至于是谁做出了这个选择并不重要，只要我们认为他能设置这些初始条件就可以了。于是，我们就应该把这些实验结果看作超决定论的证据而非非定域性的证据，接着就可以随心所欲地提出一个定域性隐变量以解释量子力学。这一构想的提出者之一是赫拉尔杜斯·霍夫特[12]。

霍夫特在 20 多岁时就凭一己之力找到了很大一部分日后构建标准模型所需的关键结果。我在学习研究生课程时非常幸运地听了他的一门课，并且总是私下里请教他问题。他多年以来一直声称自己以细胞自动机（一种计算机模型）为基础构建了一种确定性的定域性隐变量理论。按照我的理解，这个理论只适用于某些特殊情形，但霍夫特声称在超决定论框架下该理论的适用范围要广得多。抛开具体的细节不谈，在非定域性和超决定论之间，我认为前者更有可能引领我们获得真相。

## 超越导航波理论与自发坍缩模型

对各种现存的现实主义量子理论进行总结，我们可以得到结论：到目前为止，我介绍的所有现实主义量子理论候选方案都不能完全令人信服。其中有些理论确实很有吸引力，但它们既没有实验支持，也缺乏那种足以令我们暂时忽略实验支持的简洁性和完备性。如果你想站在爱因斯坦、德布罗意、薛定谔、玻姆和贝尔等人这一边，并且不满足于传统量子理论对已然量的统计式描述（只有已然量才能精确地告诉我们各个量子过程究竟发生了什么），那就和我们一起努力，哪怕还未成功，但希望仍在。

虽然导航波理论和自发坍缩模型尚无法满足我们的期待，但在我们更进一步之前，这两个理论是否能提供一些值得借鉴之处？答案是肯定的。最重要的一点是：自发坍缩模型和导航波理论的成功之处在于，波函数蕴含着一个物理现实元素。下面我们来看一看这个结论是如何得出的。

导航波理论假设宇宙中的万事万物都具有波粒二象性。因为这个理论仍保留粒子的概念，所以它就解决了测量问题，另外，正是因为这个理论保留了波的概念，所以它才能通过整合叠加、纠缠以及随之而来的所有奇怪结果的方式保留粒子的概念。不过，这个理论到底是否正确呢？在前文中我曾指出：虽然导航波理论很引人注目，但它依然存在严重的缺陷。于是，我们就来到了下一个选项面前：超越导航波理论，发明一种新的关于已然量的理论。

导航波理论之所以能取得相对成功，是因为它假设粒子和波都是真实的。不过，这个假设是否真的必要？是否存在某种理论能够在摒弃二元本体论的情况下取得导航波理论的成就？如果存在这样一种理论，那么这种理论还能解决导航波理论的一大缺陷，即相互作用缺失的问题。

倘若真的有一种理论能在只保留一个已然量（粒子或波，又或者是完全不同的其他已然量）而非两个的前提下复制导航波理论的成功，那一定会很有意思。

我们先来试着问这样一个问题：如果我们以导航波理论为基础，但是放弃粒子或波这两种属性中的一种，情况会如何呢？

如果放弃粒子，那么就无法解决测量问题，除非通过自发坍缩假设激进地改变波的行为，因此，在导航波理论的基础上放弃粒子，这个理论必然会蜕变成自发坍缩模型或者多世界诠释。

如果我们放弃波属性，而只保留粒子属性，那么情况又会如何呢？这样的话，引导粒子的是什么？我们又应该如何解释干涉现象？我们是否需要赋予粒子一些奇怪的新特性以重现波函数的引导作用？

已经有好几位物理学家和数学家着手发明只有粒子这种已然量的理论了，但目前尚无一人成功。我们暂时可以认为波函数似乎蕴含着现实的一个必要方面[13]。据我所知，在这个方向上最接近成功的尝试是数学家爱德华·尼尔森（Edward Nelson）提出的“随机量子力学”（stochastic quantum mechanics）。此前，我一直以为尼尔森的这个研究方向并没有错，但后来我才明白，这个理论需要大量微调才能避免不稳定性。

近来，量子信息理论方面的三位专家马修·普西（Matthew Pusey）、乔纳森·巴雷特（Jonathan Barrett）和特里·鲁道夫（Terry Rudolph）的一项分析支持了我的这个结论。他们三人提出了一种新论断：量子态不可能只是观测者对某个系统所能掌握的信息的表征，它必然是某种物理现实，或者代表了某些现实之物[14]。我们似乎只剩下两种选择：要么保留波函数本身作为已然量，就像导航波理论和自发坍缩模型那样；要么另寻一个以不同形式描述波函数所表征的物理现实的已然量。

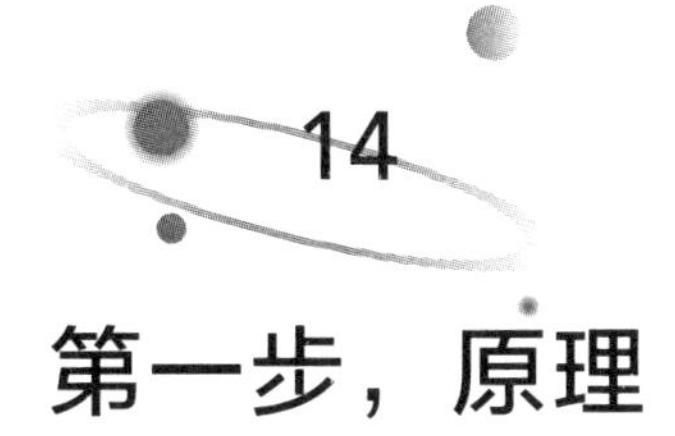

# 14 第一步，原理

爱因斯坦在他的自传中提出了两大问题：一是将量子物理学和时空结合起来；二是理解到底什么是量子物理学。我投身物理学研究的初衷就是为解决这两大问题贡献自己的一份力量。

在爱因斯坦写下自传后的 50 多年里，无数睿智的科学家竭力尝试解决这两个问题，但直到今天都没有成功。这背后的原因值得我们花点儿时间仔细研究一番。

这个问题始终萦绕在我的心头，最近我在想我们为解答爱因斯坦两大疑问所做的这些努力是否完全走错了方向。我们提出了各种理论，比如圈量子引力理论、弦理论、导航波理论等，但这些理论都不够深入。这样的理论只能算是模型，体现了我们对自然世界的一些想法，但它们并不是关于这种想法的最深刻的或最纯粹的表达。

模型是思想的例证，人们常常使用简化的模型来突出思想的本质特点和含义。很多不做科研的人都不理解模型在我们探索某种思想的含义时有多么有用，因为这些模型其实并不完备，而且往往忽略了不少东西。

研究自然性质的思想最常分为两类：假说和原理。假说是一种有关自然性质的假设，既可以为真，也可以为假。比如，“物质并非无限可分，因为物质由原子构成”就是一个假说；“光是一种在电磁场中穿行的波”同样也是一个假说。上述两个假说都已被证实为真，然而，科学史中充斥着各种已经被证伪的假说。原理则是一种限制自然定律形式的普适性要求。比如，“没有实验可以体现绝对静止感或测量绝对速度”就是一种原理。

爱因斯坦在介绍狭义相对论时思路非常清晰，他在 1905 年撰写的那篇有关相对论的论文中以两个原理为开端，然后推导出了各种结果。值得一提的是，将空间和时间整合成一个实体即“时空”的想法并不是在爱因斯坦提出相对论伊始就有的，而是由他的老师赫尔曼·闵可夫斯基（Hermann Minkowski）于 1907 年提出的，闵可夫斯基的目的是用这个模型来证明爱因斯坦的相对论原理。

跳过提出原理和假说的阶段直接提出模型的做法也并非完全不可行，但这样做有一个缺点：我们会迷失方向，在攻克这类模型的细节问题时很容易就会因过度关注某个小问题而难以自拔。就像费曼曾经对我说的那样：“你要确保自己在做研究时所问的所有问题都与自然本身有关，否则，你的时间可能就会浪费在这些理论的细枝末节之处了，而这些细节很可能和自然没有任何关系。”更糟糕的是，我们还可能会陷入不同模型支持者之间的学术地位之争以及各种小规模的争论。

爱因斯坦坚定地认为我们应该对这两类理论进行区分。原理类理论（principle theories）就是那些植入了普适性原理的理论。它们限制了可能出现的情况，但缺少细节。第二类理论就是对原理类理论的补充，爱因斯坦称其为“本构理论”（constitutive theories）。这类理论描述的是特定粒子或特定的力，但它们未必是自然世界中真实存在的。狭义相对论和热力学的相关理论就是原理类理论；狄拉克的电子理论和麦克斯韦的电磁理论就是本构理论。

我们得暂时从模型中抽身出来，把对模型组成部分的构想延后，重启对原理的思考，然后朝着这样一个目标迈进：用四步发明一种全新的基础理论。第一步，原理；第二步，假说（必须符合原理）；第三步，模型（阐述原理和假说的部分内涵）；第四步，完整的理论。原理先于理论提出会带来一个有意思的问题：用来阐述原理的语言和对原理加以推动和发展的环境要从何而来呢？你肯定不会用现有理论的语言，因为我们所做的一切都是为了超越它们。如果爱因斯坦当初只允许自己使用牛顿物理学语言，那他必然无法提出广义相对论。

数学有时候能为物理学提供新想法和新架构，因而是一种重要的工具，然而，只靠数学通常不足以催生新的物理学理论，否则，伯恩哈德·黎曼（Bernhard Riemann）或者威廉·金顿·克利福德（William Kingdon Clifford）[①] 早就应该提出广义相对论了。受过良好的哲学教育的人，他的“工具箱”里会有许多思想和方法，它们都是人类在漫长历史长河中思考世界本质得到的精华。就时空性质这样的基本问题来说，人类思想史中到处都是值得借鉴的观点和值得尝试的研究策略。爱因斯坦在寻找全新的时空概念时，绝不是一个人在战斗，而是随时可以和伽利略、牛顿、莱布尼茨、康德和马赫等先贤们进行“交流”并且从他们的洞见中受益。类似的，海森堡正是因为熟悉了柏拉图、康德等哲学家的思想，才得以发明一种超越牛顿经典粒子理论的全新理论。

① 黎曼和克利福德是 19 世纪著名的数学家。——编者注

20 世纪见证了物理学哲学思想的繁荣，这种繁荣又反过来进一步丰富了人类的思想宝库。哲学实际上就是一种活着的传统，如果说曾经有那么一段时间物理学哲学家落在了物理学专业大师身后，那也是很久之前的事了。我会心安理得地向过去的圣贤和当代的哲人请教，寻找能为全新的物理学理论提供架构的语言、环境，以及思想。

从原理开始思考问题的效果立竿见影，即我们会意识到量子引力和量子基础其实是同一个问题的两面。不顾量子基础方面的问题，而一心只关注量子引力问题本身，这种研究方法并不正确。实际上，量子引力和量子基础这两个问题之间的联系相当紧密且深入，原因之一就是量子非定域性，它表明超越量子力学就意味着超越时空。

我会在进一步展开讨论之前提出一些结合了量子现象和时空的原理。有了一系列足够有价值的原理之后，下一步就是构建能够实现这些原理的假说。

我们的目标是在基础原理的层面上把量子物理学和时空结合起来。接下来，我将论述在我看来，应该如何塑造这种统一理论的正确原理。

## 基础物理学原理

### 1. 背景独立原理

我们所要寻找的物理学理论不应该依赖于那些固定不变且不会因与其他量作用而动态演化的架构。这个概念很关键，我们需要对此进行深入讨论。

迄今为止的所有物理学理论都依赖于那些固定在时间轴上且无须先行验证的架构，换句话说，这些架构只是假设且强制我们接受。例如，广义相对论之前的所有理论都基于时空几何的架构。在牛顿物理学中，时空几何只是被简单认定为欧几里得三维几何空间，它是一个抽象概念，不随时间改变且不会受到任何事物的影响，因此也不受任何力学定律的约束。

在牛顿时代，欧几里得几何是人们知道的唯一一种几何结构，所以牛顿别无选择并且无须为选择这种架构做任何论证。然而，高斯、尼古拉斯·罗巴切夫斯基（Nikolas Lobachevsky）和黎曼在 19 世纪发现了另一种无限几何架构。此后，所有基础理论都必须验证自己选择的空间几何结构是否正确。背景独立原理规定，做出几何架构选择的应该是理论本身，而非提出理论的理论物理学家，且这种选择应作为物理学定律提出过程的一部分动态的演化。

由非动态演化的固定架构定义的背景也固定不变，我们感兴趣的系统则在这种背景下演化。我要再强调一下：这种固定架构代表了处于我们所模拟的系统之外的事物能对系统产生影响，但其本身并不发生任何变化，或者说，它们的变化慢到我们无法察觉，因此，这类固定架构本身就是理论尚不完备的明确证据。

任何建立在永恒不变的架构之上的理论都可以进一步改良，只要其中那些确定不变的元素能够被“解冻”并变得动态起来，并且进入相互作用的物理自由度圈子，正是这种研究策略促使爱因斯坦提出了广义相对论。牛顿物理学中的时空几何固定不变，狭义相对论也同样如此。在这两大理论中，时空几何提供了一个绝对不变的固定背景，我们对测量的定义就在这种背景下产生。广义相对论则放开了几何架构，让它处于一种动态变化的状态。

事实证明，这个“解冻”过程要分几步走，因为我们的理论拥有多个“冻结元素层”，它们就像地壳中的沉积层一样，在我们对相关问题漫长而又复杂的研究历史中不断沉积下来。广义相对论放开了几何架构的某些方面，但如定义连续数或变化率所需的纬度和结构等更深层的架构仍没有“解冻”。虽然广义相对论如此简洁、精致，但它不可能是我们的终点，我们仍需进一步探索更加完备的理论。

“解冻”过程的每一步都会拓展理论的应用范围，所以，真正完备的物理学理论只有一种，且一定是应用范围大至整个宇宙的理论，因为宇宙是唯一一种外部不存在任何事物的系统。一个适用于整个宇宙的理论必然与那些只能应用于部分宇宙的理论迥然不同，它不会有任何固定不变的常量，因为常量往往指向了理论所描述的系统之外的事物。适用于整个宇宙的理论必然是完全背景独立的。

关于整个宇宙的理论必定是一种全新的理论，简单地扩展现有理论的应用范围不可能摘得这颗人类科学史上的“明珠”。这就是截至目前我们在追寻爱因斯坦两大问题答案的过程中得到的最重要的教训[①]。

量子力学不可能是我们追寻的那个关于宇宙的理论，因为它涉及的确

① 关于这一点的更多内容请参考我的《时间重生》以及我和昂格尔合著的《奇异宇宙与时间现实》等书。

定元素实在是太多了，如系统的可观测量、各可观测量之间的关系以及导致概率出现的架构。这就意味着宇宙没有波函数，因为宇宙之外没有可以测量波函数的观测者，因此，量子态是且只能是对宇宙局部的描述。

然后，我们就要寻找通过消除原有背景架构的方式完善量子理论的方法，大致过程是先找到背景架构的“冻结点”，然后进行“解冻”，并赋予它动态变化的能力。换言之，我们追求的不是量子化的引力而是引力化的量子。也就是说，我们要认证并“解冻”量子理论中的那些抽象且确定的内容，并且使之遵守力学定律。从这个角度看，我们希望这么理解量子物理学的那些令人费解的特征：把它们看成宇宙一分为二的产物，其一是我们观测的系统，其二则囊括了观测者和他们的测量工具。

另一个与背景独立联系紧密的关键思想是：物理学理论的可观测量应该描述“相对性”。

莱布尼茨、马赫和爱因斯坦告诉我们，要区分时空的绝对概念和相对概念。当“某物处于某一位置”这番陈述有确定含义时，我们就称空间中的这个位置是绝对的。相对位置的定义则要参考其他事物。超市南边 3 个街区就是一个相对位置。类似的，绝对概念下的时间无须参考其他任何事物也同样有意义，而相对概念下的时间则总是由它与其他单个事件或一系列事件之间的相对关系来定义的。

这就引出了我们的第二条原理。

## 2. 时间和空间的相对性原理

相对概念下的可观测量或者事物的性质描述的是两个实体之间的相对

关系。在没有背景架构的理论中，所有指向空间或时间中位置的性质都应该是具有相对性的。背景独立理论通过具有相对性的可观测量来描述有关自然的一切。

第三条原理是关于理论的完备性的。

### 3. 因果完备原理

如果理论完备，那么宇宙中发生的一切事件都有起因，且起因是一件或多件先于该事件发生的其他事件。因果链永远不会追溯到宇宙之外的某个事件。

下一条原理是爱因斯坦在他的关于广义相对论的论文中引入的。

### 4. 相互作用原理

相互作用原理是指，如果物体 A 作用于物体 B，那么物体 B 也一定会作用于物体 A。

此外，还有最后一条原理，这条原理既精妙又有用。

### 5. 同一性原理

这条原理是指，任意两种性质完全一致的物体本质上就是同一种物体。

将以上原理按顺序罗列出来，我们就有了如下这 5 条互相紧密联系的原理：

- 背景独立原理。
- 时间和空间的相对性原理。
- 因果完备原理。
- 相互作用原理。
- 同一性原理。

这就是莱布尼茨所称“充分理由原理”（principle of sufficient reason）的5个方面。这条原理告诉我们，每当认证宇宙貌似不同的某些方面时，我们总会在进一步检验后发现一个说明它们确实不同或其实相同的理性理由。

例如，根据我们目前掌握的知识，空间的维度可能多于也可能少于3个。我在这里指的是我们所处所见的这个日常三维空间，还没有算上假说中在亚原子尺度上才能感知的那种会“卷起来”的维度。这是因为我们目前所有的理论在空间维数不为3的世界中也同样奏效，包括广义相对论和量子力学在内。莱布尼茨的充分理由原理告诉我们，这一定是因为我们目前所有的理论都不完备。我们必须设法完善这些理论，而成功完善这些理论的一大标志就是找到宏观空间维数为3的原因[①]。

莱布尼茨认为，我们可以为上帝在创造宇宙的过程中的每一个选择找

---

① 弦理论没有做到这一点。实际上，它只是把总维数确定了下来，其中包括可能存在的微观维数。如果弦理论没有给我们无穷多几何架构选择以及无穷多假想中的微观维度的话可能更好。

到合理的解释。他相信，等到把这些合理的解释全部找到后，我们就拥有了“充分理由”。他的充分理由原理其实表明：我们可以完全理解宇宙。

我刚才介绍的所有原理都表达了这种思想。例如，我们可以提出这样一个问题：“为什么宇宙诞生在现在这个位置，而不是偏左 10 米？”即便宇宙的诞生位置真的与现在不同，万事万物也都不会发生任何变化，所以，这个问题没有意义，因此，绝对位置没有意义，有意义的只是相对位置，可以说追求理性的科学家一定是个相对主义者。

我们现有的理论对这些原理的表达还不完备，但随着时间的推移，理论能解释的现象越多，其完备的趋势也越来越明显了。每当我们用限制了“造物主”选择的方式来解释世界的某种特征时，我们就消除了先前理论中的一部分武断得出的内容。随着我们对这个世界的了解越发深入，这些理论也会变得越发理性。每当我们发现事物的内在统一性时，这种进步就会出现。麦克斯韦的发现就是一个很好的例子：光、电和磁不是完全独立的现象，而是同一种力的不同表现。这一发现证明，有磁无电的世界不可能存在，并且任何有电和磁的世界也都会有光。

我不知道我们最终能否掌握这种完备的自然理论，但我始终坚信我们应该朝着这个目标前进，不断追寻完备的终极理论，永远记得要少一点武断、多一分理性。总之，我认为，我们应该去追寻更充分的理由，因为衡量科学进步的就是我们对大自然的理解在这方面有多少提升。

狭义相对论是牛顿物理学的升华，而拥抱了完全相对性时空几何的广义相对论又是对上述两种理论的升华。我们也可以说，相比牛顿力学，量子力学更好地满足了相互作用原理，但导航波理论又要比量子力学拥有更多“充分理由”，因为导航波理论解释了很多量子力学无法解释的问题，如个体事件为何在某一地点、时刻发生。

我已经介绍过，导航波理论无法满足另一项原理，即爱因斯坦提出的相互作用原理。导航波引导着粒子，但粒子对波却没有任何影响，因此，导航波理论显然并不完备，我们仍要继续探索。充分理由原理表明，我们能够找到更好的理论。

在这个以相对性为基础的新世界中，我们应该如何看待时间和空间呢？在第 12 章中，我在总结了各种量子基础研究方法之后得到了一个结论：时间和空间不可能都居于基础地位，它们之中只能有一个处于理论的最深层次上，而另一个则一定是从这个相对更基础的概念生发出来的表象。这似乎是纠缠背后的非定域性最终强加给我们的一个结论，也正是它导致了现实主义量子力学方法与狭义相对论难以调和的窘境。狭义相对论把时间和空间统一成了“时空”概念，而对贝尔限制的实验验证则表明个体量子过程超越了这个概念。我更愿意相信解决现实主义量子力学方法与狭义相对论之间矛盾的方法是：让时间与空间中的一个处于基础地位，另一个则是生发出来的近似描述，并且最终被证明只是一种幻觉。出于很多方面的原因，我选择关注那些把时间放在基础位置而把空间看成表象的假说[1]。

这就是目前我们在原理这一步上所能做的一切了，下一步是构建假说。时空背后和量子之外究竟是什么？关于这个问题，我们来看一看以下 3 个假说：

- **从因果关系的角度上说，时间居于基础地位。**这意味着，当下的事件产生未来事件的过程才是基础，且这种过程就叫作“因果关系”。
- **时间不可逆。**当下的事件产生未来事件的过程不可能反向进行，一旦某个事件发生了，就不可能被取消①。
- **空间只是表象。**从基础层面上说，空间并不存在。事件确实存在，并且会引起其他事件，这就是因果关系。这些事件构成了一个关系网络，而空间只是对各种事件间关系网络的粗略、近似的描述。

这意味着定域性是表象，因此非定域性必然也是表象。

如果定域性并不绝对，只是事物动态演化的偶然结果，那么它就有缺陷和例外。实际情况似乎也是如此，否则我们要如何理解量子非定域性，尤其是非定域的纠缠现象？我假设，这些只是空间出现之前的原初阶段所固有的无空间关系的残余。于是，通过假设空间只是表象，我们就有可能将量子非定域性解释为空间这个表象概念的缺陷带来的一大后果[2]。

时间居于基础地位，而空间只是表象，这意味着可能存在一种居于基础地位的同时性。在更深层面上空间概念消失，只剩下时间概念，“现在”这个概念因而会具有普适性含义。如果时间比空间更加基础，那么在宇宙的原初阶段，空间会消解成关系网络，时间才是具有一般意义的普适概念。以“时间真实而空间只是表象”形式存在的相对主义就是一种解决现实主义和相对论矛盾的方法。

---

① 一个事件发生后，我们可以通过另一个事件逆转它的作用，但这样一来就是两个事件了，这并不等同于两个事件都没发生的时空。

我们现在给这种强调时间的现实性、不可逆性以及现在时刻流动的基础性的相对主义起个名字——“时间相对主义”（temporal relationalism）。至于这种理论的对立面，即认为空间居于基础地位而时间只是表象的假说，则被称为“永恒相对主义”（eternalist relationalism）。

## 相对性隐变量

接着，我们就要开始寻找一种背景独立、具有相对性的完备的量子力学，并且在它的框架所处的世界中，时间居于基础地位且空间只是表象。如果这个理论涉及隐变量，那么这些隐变量就必须表达粒子之间的关系，因此，这类隐变量不会更完备地描述单个电子，它们描述的必然是电子之间的相对关系。我们可以称它们为“相对性隐变量”（relational hidden variables）。

实际上，还有什么能比纠缠这个量子力学中最深刻、最微妙的谜团更具相对性的呢？以相对主义为基础的量子物理学首先要讨论的就是纠缠现象。按照我们的假设，如果空间只是表象，那么空间中的距离一定是由一些更基本的相对关系生发出来的，或许，这些孕育了空间的更基本的相对关系就是纠缠[①]。

导航波理论中的隐变量是粒子的运动轨迹，它们并不具有相对性，因为它们实际上只是给予了我们更多有关各个粒子本身的信息，而非粒子之

① 这并不是什么新想法，我在本书第 9 章中就提到过，罗杰 · 彭罗斯在 20 世纪 60 年代初就提到了这种思想，彭罗斯还进一步提出了自旋网络模型。

间的相对关系。不过，这在导航波理论中已经算是很能体现相对主义的一个方面了。对由多个粒子构成的系统来说，波函数所处的并不是寻常的空间，而是整个系统的位形空间，其中包含不止一个粒子。正如我在第 8 章中解释的那样，这是叠加纠缠现象的必然要求。

我第一次提出相对性隐变量理论是在我入行之初。当时那个理论包括一个认为空间肇始于更基础关系（尤其是纠缠）的假说。1983 年，我提出了一个完整的相对性隐变量理论[3]，这是这类研究中的第一个[4]。

我在 1983 年提出的那个理论的基础是一个很简单的想法。假设空间中有一个由多个粒子构成的系统。按照绝对性描述，你会分别给每个粒子标上它们在空间中的坐标，以此编码它们的位置。这些坐标是绝对的，而且是相对于系统外的观测者而言的——在牛顿看来，这个观测者就是上帝。在相对性描述中，你只能使用各个粒子之间的相对距离来表征它们的相对位置，因此也就无须引入系统外的观测者。

每两个粒子之间都有一个相对距离，因此，我们就可以用数表（见图 14–1）的形式呈现这些相对距离。数表中的条目“从 10 到 47”就给出了第 10 号粒子与第 47 号粒子之间的相对距离。这种数表也被称为矩阵（见图 14–1），在我的相对性隐变量理论中，这种矩阵就是隐变量。我在 1983 年提出的理论运用了一个由复数构成的庞大矩阵来描述二维空间中的多粒子系统。当粒子的数量足够大时，粒子运动的概率就可以近似地通过薛定谔方程来描述。

以导航波理论为出发点，然后将其中的波函数替换为用矩阵描述的更深层结构，这种超越传统量子力学的尝试现在已经出现。斯蒂芬·阿德勒[5]和阿提姆·斯塔罗都塞夫（Artem Starodubtsev）[6]也提出了以矩阵为基础的相对性隐变量理论。

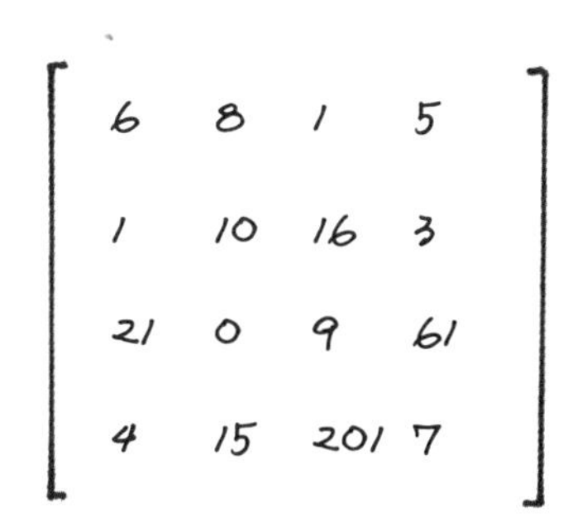


图 14-1 矩阵是由行和列构成的数表

矩阵给每一对粒子都分配了一个数字。另一个能取得这种效果的是图，一种以线连接的点为基本单位的简单结构。在这种点线图中，两点之间要么有线连接，要么没有。如果两点之间有线连接，我们就可以给这两个点分配数字“1”；如果两点之间没有线连接，我们就给它们分配数字“0”。这样一来，我们就得到了一个代表与点线图相同结构的矩阵。

图和矩阵都可以表示“物理学深处潜藏的基本已然量是相对关系网”这个假说。表述这些相对关系的形式中就包括了量子纠缠和非定域性。

再没有比图和网络更纯粹的相对关系系统模型了。有趣的是，在那些符合背景独立原理的量子引力方法中，网络无处不在，比如，圈量子引力理论、因果论和因果动态关系理论。这表明我们的假说中有两项令人激动的升华之处：其一，空间肇始于基本网络；其二，量子物理学肇始于空间出现后残存的非定域性相互关系。

如果表象空间中的“附近”要对应网络中的“附近”，那网络就很难被嵌入空间之中。原因很简单，考虑图 14–2 中的两点，每一点都对应表象空间中的一点，且假设它们在空间和图中都相距遥远。现在，我们直接在图中的两点间加一条线，把它们串在一起。于是，这两个点在图上突然成了“邻居”，但在表象空间中它们仍相距遥远。

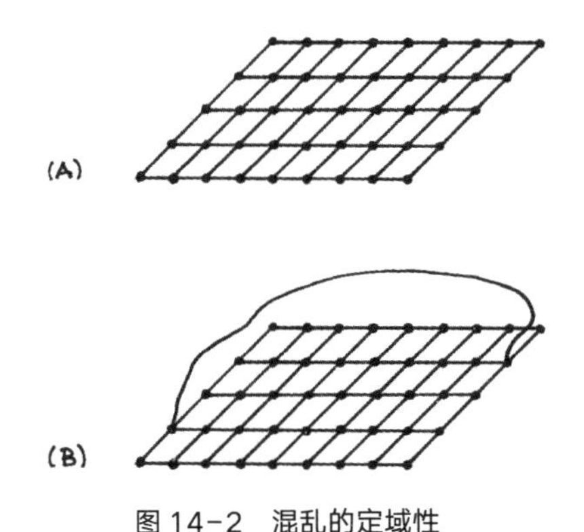


**图 14–2 混乱的定域性**

注：（A）空间中的点晶格。我们称它符合定域性，因为晶格上相距遥远的两点在晶格所在空间中也同样相距遥远。相邻两点间的连线算作一“步”。从某点出发沿连线运动抵达另一点所需的步数越多，则这两点相距越远。（B）在相距遥远的两点间添加一条连线，我们就打破了非定域性，因为通过新连线连接在一起的两点在空间中仍遥远，但在晶格中只有一步之遥了。

在我和弗提尼·马可波罗（Fotini Markopulou）一道展开的研究中，我们称这些连线为“定域性的缺陷”（defects of locality），它们看上去就像是狭窄的虫洞。我们还证明，这些缺陷在圈量子引力理论中到处都是[7]。另外，我们还从这个结果出发，发表了另一篇论文。那篇论文通过对肇始于这种定域缺陷的非定域相互关系求平均推导出了传统量子力学[8]。我们将其戏称为“从量子引力中得到的量子理论”[①]。

我和理查德·费曼只见过几次面，有一次，他非常热心地询问我的研究，并且在听完我的介绍后给出了相同的回应。当时，他在仔细倾听后委婉地告诉我，他觉得我的这个理论设想还不够大胆，可能没什么用。在我看来，费曼这番话是说我的想法还不够深入。无论如何，不够深入的确就是我对自己早年提出的这个以矩阵和网络为基础的相对性隐变量理论的感受。矩阵和网络的确在技术层面上解决了量子力学的完备性问题，但在其他方面则多有漏洞。其中之一就是：只有在忽略缺陷并且微调方程组的前提下，我的那个理论才能推导出薛定谔方程。

为了进一步深入讨论相对性思想，我们可以回溯一下莱布尼茨的著作来寻找灵感。1714 年，莱布尼茨在《单子论》(*The Monadology*)[9] 中概述了一种纯粹的相对主义宇宙观。既然我们感兴趣的只是从莱布尼茨那儿获取灵感，那么我就不必在此准确地复述他的具体观点了。我们可以天马行空地随意“曲解”他的这部作品，如下就是一种对《单子论》的粗糙解读。

我们其实应该称相对主义宇宙模型中的基本元素为“伪单子”(nads)，因为它们只是部分符合莱布尼茨所称的“单子”(monads)的性质。伪单子有两种特性：一是每个伪单子都有的内蕴性质；二是多个伪单子之间的相对特性。我们可以用图来描绘伪单子宇宙，其中，它们的相对特性就由

---

① 后来，胡安·马尔达西那(Juan Maldacena)和莱昂纳德·萨斯坎德(Leonard Susskind)发表了这种观点的另一个版本，他们称其为 ER=EPR，其中 ER 代表爱因斯坦－罗森桥，也就是一个连接空间中相距甚远的两点的虫洞。

连接伪单子对的连线上的标签表示。

每一个伪单子都有宇宙观，总结了它与其他伪单子之间的关系。讨论这种宇宙观的一种方法就是考察图中的相邻区域。我们来看看名叫“萨姆”的这个伪单子的宇宙观（见图 14–3）。先来考察图中距萨姆一“步”（步的定义参见图 14–2 的图注）之遥的伪单子：它们是萨姆的第一级“邻居”，或者说最近的邻居。而第一级邻域则包括萨姆自己、它最近的邻居以及它们之间共享的相对关系，这种相对关系由它们之间的连线表征。

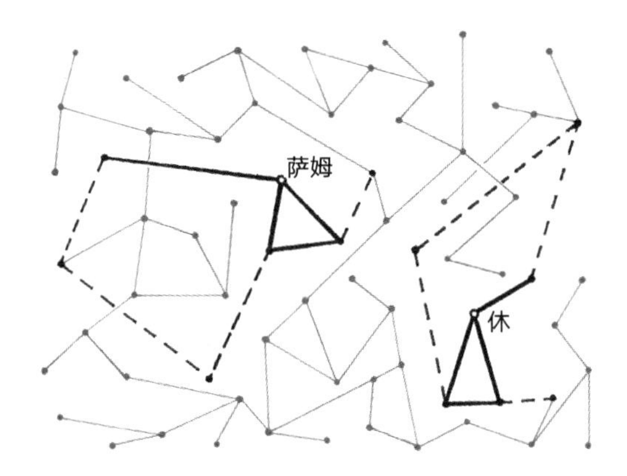


**图 14–3　萨姆和休的第一级和第二级邻域完全相同，但从第三级邻域开始出现了差别**

注：萨姆和休的各级邻域由它们所在图的联结度定义，与图中点、线的位置、长短无关。

萨姆第二级邻域的构建也不难，只需在第一级邻域的基础上加上距萨姆两步的伪单子以及这些伪单子与第一级邻居之间的所有相对关系。按照这个模式就可以构建萨姆的第三、第四……乃至第 $n$ 级邻域。萨姆的宇宙观就是由所有这些邻域构成的。

我们可以将萨姆的宇宙观同另一个伪单子休进行比较。萨姆和休的第一、第二级邻域完全相同，也就是说，只考察这两级邻域无法区分这两个伪单子。

不过，假设相对性伪单子宇宙遵循莱布尼茨的同一性原理，情况又会如何呢？这样一来，萨姆和休的邻域必须在某一点上出现差别，否则它们的宇宙观就完全一样了，也就违背了同一性原理。也就是说，萨姆和休的某一级邻域一定不同。我们把这一级邻域的级数称为萨姆和休的区分（distinction）。

莱布尼茨假设真实的宇宙与众多可能宇宙之间的区别就在于：真实宇宙总是会尽可能地趋于完美。剥去其中的诗意或寓意，莱布尼茨假设的应当是：真实宇宙中的一些可观测量要比其他所有可能宇宙中的相应可观测量都更大。这是一个极其现代的想法，莱布尼茨思想的前卫性令人震惊，他的这番话预言了一个后来才出现并且在20世纪才“开花结果”的自然定律构造方法。在真实宇宙中达到最大化的那个量，也就是莱布尼茨口中的“完美”，我们现在称为“作用”（action）。

费曼总是强调，物理学定律的一大优美特征是：我们可以通过各种方法将其构造出来。这些方法可能看起来差别很大，但通过详细的研究，你就会慢慢发现，它们其实是等价的。就拿牛顿的运动定律和引力理论作为例子吧。这套定律描述了太阳系中行星、卫星，以及其他天体的运动。有一种描述这套定律的方法是说明这些天体的位置随时间改变的方式。具体做法通常是：令天体加速度等于其他所有天体对其施加的合力除以它们的总质量。

还有一种方法也能做到这点：描绘不随天体运动变化的固定物理量，比如所有天体的总能量。还有与上述两种方法等价的第三种方法：从行星的运动方式使得某个量趋于最大化的角度来阐述。这个量就是我们所说的“作用”①，也就是莱布尼茨所称的“完美”。

我们来看一看莱布尼茨是怎么定义“完美”的。他将“尽可能趋于完美”的世界定义为：在拥有尽可能多的多样性的同时，保持最大限度的有序度。

莱布尼茨所说的“多样性”指的是什么？我认为，他的意思是：不同单子的宇宙观应该尽可能不同。“尽可能趋于完美”的意思就是我们应该最大化宇宙观的多样性。

受此启发，我和朱利安·巴伯合作构建了测量相对关系系统内在多样性的数值测量方法[10]。我们注意到，随着多样性的提升，识别并区分两枚伪单子宇宙观所需的信息就变得越少。也就是说，在其他条件都相同的情况下，我们偏爱那些伪单子对邻域区分数更小的世界。

对莱布尼茨来说，充分理由必须以“最大化完美程度”这个概念为基础。

> 并且，这个充分理由只能在这些世界拥有的合适度或完美度中找到……所有创造物之间，以及它们与其他事物之间的相互关系（或适应程度）导致每一种简单物质都包含了能够表达其他所有事

① 说得更准确一些，这个量应该是作用的负数。

物的相对关系。因此可以说，每一个简单的物质都是宇宙的一面永恒且鲜活的镜子。

接着，莱布尼茨又用了一个比喻，并且提出了对一座城市的不同看法。

> 从不同视角眺望同一座城市得到的观感迥然不同，并且随着视角的放大，这种差异感会成倍地增长。类似的，因为简单物质的数量是无限多的，而且每一个物质都有自己的宇宙观，这就造成了好像有很多不同的宇宙一样，但实际上这只是站在不同视角观察同一个宇宙的结果[11]。

简·雅各布斯（Jane Jacobs）如果看到这个比喻肯定会赞不绝口，因为它很好地体现了雅各布斯倡导的城市多样性的概念。这个概念也得到了像理查德·弗罗里达（Richard Florida）这样的研究城市的哲学家的拥戴。

这个城市比喻启发了一个有关空间和定域性破碎方式的假说。假如两个人站在一起并一道观察周边，那么由于他们位置接近，他们对这个宇宙的观察结果（宇宙观）也会相似。虽然相似但不可能完全一致，这是由泡利不相容原理和同一性原理决定的。两个人站得越近，他们的观察结果就会越相似。

两个人站得很近，因而很容易发生相互作用。实际上，两个人站得越近，他们通过交换某种量子（比如光子）发生相互作用的概率就越高。我们所说的物理相互作用具有定域性大概就是这个意思。

反过来又会如何呢？如果只是因为两个人的宇宙观相似，所以他们发生相互作用的概率很高，那么情况又会如何？比如，做这样一个假设：两个人发生相互作用的概率随他们的宇宙观相似性的增加而提高，随宇宙观相似性的减少而下降。

如果这个假设没错，那么决定两个人发生相互作用频率的基本关系就是两个人宇宙观的相似性，进一步推导就是两个人在空间中的距离。

对于我们人类这样由不计其数的原子构成的事物来说，情况差不多也就是这样了，但如果把这个假设套用在拥有相似宇宙观的原子身上呢？原子的自由度要比我们少得多，所以它们具有的相对属性也比我们少得多。空间中相距遥远的原子仍有可能具有相似的邻域，这是因为其邻域可能具有的位形非常少。这就意味着，拥有相同组成部分和相似环境的相似原子之所以会发生相互作用，只是因为它们具有相似的宇宙观。

这类相互作用严重背离了定域性，但我在最近的研究中证明了它们的确可以成为量子物理学的基础[12]。

想一想在我们面前的空气中四处飘荡的水分子中的氢原子。它的第一级邻域是一个氧原子，而第二级邻域则囊括了整个水分子，宇宙其他各处水分子中的所有氢原子也都是如此。我决定信赖我的相对性直觉，非常大胆地假设所有这些氢原子都在发生相互作用，因为它们的宇宙观相似。特别是，我还要假设这类相互作用会导致原子宇宙观的差异度持续增加，直到达到最大为止。

我在最近发表的一篇论文中证明了我们可以从上述“差异最大化”假

说中推导出薛定谔方程，并进而推导出量子力学，因为这种差异度和玻姆的量子力之间存在一种数学相似性。玻姆的量子力就起到了增加系统差异度的作用，具体方法就是让所有粒子的邻域产生最大限度的不同。

按照这个方法，量子力学中的概率指的就是一个真实存在的系综——一个所有具有某种相似宇宙观的系统所共有的系综。这个系综之所以真实，是因为其中的元素并不只是我们的想象，而是（每一个都是）真实自然世界的一部分。这一点也符合因果完备性原理和相互作用原理。

我把这个想法称为“量子力学的真实系综阐述”（real ensemble formulation of quantum mechanics），这也是我的相对性隐变量理论的基础。以它为基础，我们可以从真实系综差异度最大化原理推导出量子力学的薛定谔阐释。

从技术层面上说，这个理论借鉴了我在上一章中介绍的“多交互世界”理论。只不过，在我的系综阐述中，系综并非来自平行宇宙，而是来自我们这个宇宙中彼此相距甚远的相似系统。

在这个理论中，量子物理学现象肇始于构成系综的相似系统间的持续相互作用。构成水的这类原子分布在整个宇宙中。因为我们无法控制和观察那些宇宙观不同的系统，所以量子物理学中才会出现不确定性现象。按照这个理论，原子之所以是量子是因为它有许多与其自身几乎一模一样的副本分布在整个宇宙中。

原子以及它的邻域会有很多副本，是因为它最接近可能的最小尺度。描述原子非常容易，因为它只有少数几个自由度。原子才会在这个偌大的宇宙中拥有很多几乎完全与自身一样的副本。

要描述像猫、仪器以及我们人类这样的复杂的宏观系统就需要大量信息，即便宇宙很大，这类系统也很难有与其自身相近的副本，更不要说完全相似了。猫、各种仪器以及我们人类都不是任何系综的组成部分。我们都是个性化程度很高的个体，宇宙中没有任何事物与我们的相似度高到足以通过非定域作用发生相互作用的程度，因此，我们并不会经历量子随机性，这也就解决了测量问题。

这是个新理论，并且很可能并不正确。不过它有一个优点：我们很可能可以通过实验对其加以检验。它的基础则是这样一种思想：在宇宙中拥有许多副本的系统会按照量子力学的理论运行，因为它们会不断地因为与自己副本的非定域相互作用而随机化。

我认为，大型复杂系统没有副本，因此也不受量子随机性的限制。不过，我们是否可以人为地制造出一些由少量原子构成的微观系统，使其在宇宙中的其他地方并不存在任何副本？如果可以，那么即便这种系统是微观的，它们也不会遵循量子力学。

我们运用量子信息理论的工具就能做到这点。实际上，一部足够大的量子计算机就应该能产生涉及足够多纠缠量子比特的状态。可观测宇宙中的任何地点出现这类量子比特的自然副本的概率都极小，这就意味着，只要能够构造一部精确依照量子力学规律运行且足够大的量子计算机，我们就能证伪真实系综理论。

科学总是会在我们提出可证伪理论时取得进步，哪怕最后的结果是我们证明这些理论并不正确，换句话说，只有在理论科学家提出不可证伪理论时，科学才会停滞不前。

那么，对于虽有副本但数量并不多的系统来说，情况又会如何呢？这些系统的表现既不符合量子力学，也不符合决定论。它们会展现出一种“既不量子，也不经典”的全新性质，于是，我们就有更多检验这个新理论的机会了①。

## 先例原理

真实系综理论的基础是一个可以识别并与其他相似系统发生相互作用的系统。这里的“相似”是指这些系统的宇宙观类似，而与它们在宇宙中的位置无关，这些系统的宇宙观是指其与宇宙中其他事物的相对关系。按照这个理论，宇宙观的相似性或差异性是比空间更为基础的存在，空间只是个表象概念，作用就是描述由宇宙观相似性产生的大致秩序。只要两个系统的宇宙观足够相似，它们就有可能发生相互作用，与它们在空间中的位置无关。从常识来看，是否发生相互作用常常反映了这两个系统在时空中的远近，但事实并非总是如此，而且量子现象的基础正是相互作用的非定域性。

① 在这个真实系综阐述中，量子系统波函数的信息会在整个宇宙中传播，并且编码到副本位形中。关键问题在于，系统要有多少副本才能保证编码到副本位形中的信息足以产生波函数携带的信息。随着量子系统中粒子数目的增加，信息会呈指数式增长，但它在宇宙中的副本数量又会随之减少。系统的规模一旦超过了某个限度，副本中的信息就会不足。如此一来，要么就是量子力学失效了，要么就是这个方法错了。我猜测，即使是中等规模的量子计算机都会超过这个规模限度。

如果我们把这个理论应用到处于不同时间的系统上，情况又会如何呢？位于此时此刻的系统会和过去那些拥有相似宇宙观的系统发生相互作用吗？如果答案是肯定的，那么我们就能通过研究过去的系统对现在的影响来重新认识自然定理。这就引出了一个新奇的概念，我称之为“先例原理”（principle of precedence）[13]。

为了说得简单一些，有必要使用操作性术语。从操作视角来说，量子过程由如下三个步骤定义：

**第一步是准备**，也就是挑选初始状态。

**第二步是演化**，也就是初始状态按照规则一随时间改变。

**第三步是测量**，过程受到规则二约束。至于测量对象，我们有几种选择，但无论怎么选，都可能会出现数种不同结果。

量子力学预言，这些不同结果出现的概率取决于准备过程、演化过程以及我们对测量对象的选择。如果我们知道在演化阶段作用于系统的力，我们就能运用规则一和规则二预测各个结果出现的概率。

人们普遍认为，一旦系统环境确定，规则一就会按基本定律描述的那样推动系统的演化，并且，按照我们的假设，这些基本定律是不会随时间的推移而改变的。我们就可以这么说了：“我们现在研究的每一个量子系统都是由确定的准备、演化和测量过程所定义的，并且都对应着过去的一系列相似的系统。这里的相似是指，过去这些系统的准备、演化和测量过程都与现在一模一样。于是，基本定律不随时间改变这个事实就意味着各种结果出现的概率也不会随时间改变。”

因此，我们就可以得出如下结论：

**各种结果在现在所做的实验中出现的概率不会与过去有任何区别，就好像我们是从与过去相似的案例[①]的结果中进行随机抽样一样。**

我们可以称其为“先例定律”（law of precedents）。

现在，我想要提一个简单但激进的想法。我们通常会把先例定律理解为“定律不随时间改变这个事实”的结果，但实际上，先例定律就是我们需要的全部。我们可以假设先例定律无须任何前置定律。那么上述假设就可以修改为：

**关于各种结果在现在所做的实验中出现的概率，可以从与过去相似的案例的结果中进行随机抽样得出。**

据此，我可以假定物理系统可以获得以往相似的系统的实验结果。那么，我们的假设就变成了：

**在面对测量结果的选择问题时，物理系统会从以往相似的系统的实验结果中随机挑选出一个。**

这条先例定律保证了现在的实验结果在大多数时候会与过去相同，因为相同实验的各种结果出现的概率不会随时间而改变。

---

① 此处与过去相似的案例是指那些准备、演化和测量过程都与现在所做的实验一样的案例。

如果上述假设是正确的，那么原子受不随时间变化的定律约束这个现象就只是一种幻觉。这种幻觉的产生则是基于这样一个事实：我们的宇宙存续的时间足够长、规模足够大，因而囊括了足够多的先例。这样一来，原子在大多数情形下都能找到一个之前出现过的先例，把自己“套”进去。

如果某个情形不存在先例怎么办？如果我们在准备过程中选择了一个之前从未在宇宙历史中出现过的量子态，结果又会如何？在没有以往相似案例可供参考的情况下，测量结果又会如何？

我不知道这个问题的答案。这可能是实验物理学需要解决的一个问题。按照现在对不随时间改变的基本定律的标准观点，预测上述问题中的实验结果毫无困难，只要将已知定律应用到新情形中就可以了。如果实验结果总是与由此得出的答案相符，那么我们就可以推断先例原理并不正确；如果先例才是定律之所以存在的关键，那么我们对新情形、新量子态的回应也一定是之前从未出现过的。

由新情形产生的新结果只有在重复多次后才会成为先例，之后再出现这样的结果，就不会有任何新奇之处了。尽管如此，从新奇到先例的这种转变过程应该还是可以通过实验来加以检验的。

开展这种检验的场所很可能还是实验室，实验物理学家会在实验室中制作几个原子的纠缠态来进行相关的检验。未来某一天，在技术条件成熟后，这种状态很快就会变得足够复杂，足以确保它们之前从未在宇宙历史中出现过，因此，我们应该很快就能通过实验来检验先例原理了，或许还能探明先例的构建过程。

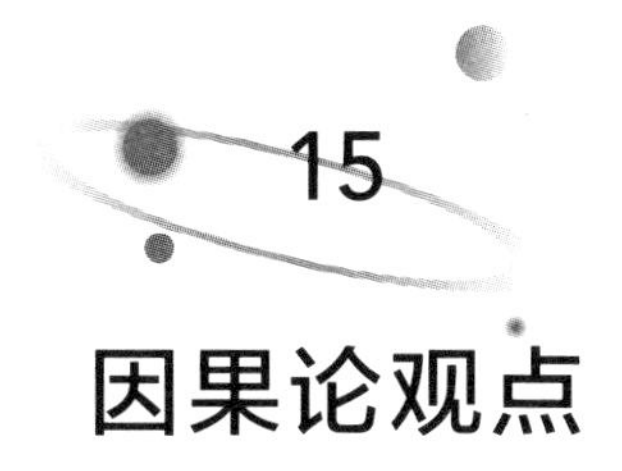

# 15 因果论观点

每一位理论物理学家都有自己的信念，即一些对自然世界运作方式的猜测。为了证实这些猜测是否正确，他们甚至愿意以自己的整个职业生涯作为赌注。拿我自己来说，我是一位现实主义者、相对主义者，或者说得更准确一些，我是时间性相对主义者。我认为目前的量子力学并不完备，并试图按照时间性相对主义原理构建一种现实主义理论。如果我侥幸取得成功，那么这个理论会同时令量子力学和广义相对论完备起来。我希望这个理论不但能解决量子基础理论中的谜团，而且能引出正确的量子引力理论，同时还要能够解释宇宙学和粒子物理学之谜，这些谜题的根源在于对宇宙进行研究时在挑选定律和初始条件时拥有相当大的自由度。

在本书的最后一章中，我想介绍一条兴许能实现这个目标的道路，然后再谈一谈一些已经让我们在这个方向上有所进展的最新研究。

这个方法其实就是我在前文中介绍过的伪单子理论，但还有两点需要补充说明。其一，我们认真研究了莱布尼茨的这个想法：如果用纯粹相对主义的方法描述世界，那么其中的真实之处就是每个单子对整个宇宙（除了单子自身）的看法，这种宇宙观并不是真实之物的表征，它们本身就是真实的。这就意味着宇宙观自身就是力学自由度，即我们的理论的主角。

这样一来，伪单子概念就更加接近莱布尼茨所说的单子了，虽然可能仍然存在些许差异。其二，伪单子在我们所熟悉的这个世界中到底对应着什么呢？它们的宇宙观到底由什么构成？

如果我们觉得伪单子对应的是广义相对论，那么我们就会很自然地假设伪单子就是事件。在相对论中，事件发生于某个时刻、某个地点，它们是广义相对论描绘世界的基本要素。你可以把它们看作在某个地点事物发生变化的时刻，比如，两个粒子相撞就形成了一个事件。在由事件构成的世界中，"变化"要比"存在"更加基础。

如果伪单子就是事件，那么它们之间的关系描述的是什么？简单来说就是因果关系——某些事件会引发另一些事件。每个事件都通过和其他事件的关系编织进了宇宙的历史，这种关系表现为哪些事件可能是另一些事件的起因，正是这种因果关系描绘了变化过程的历史（见图 15-1）。

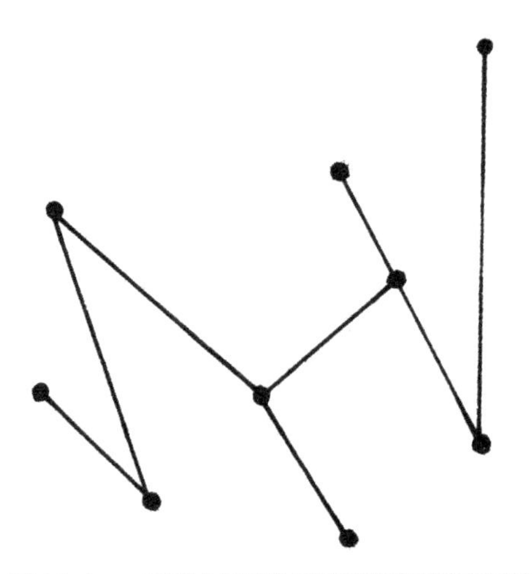

图 15-1　一系列由因果关系连接的离散事件示意图

我们可以从广义相对论中总结出这些因果关系的工作原理。考虑到因果关系只能以小于或等于光速的速度传播，那么如果某个物理起因可以以小于或等于光速的速度从事件 B 传播至事件 A，那么我们就可以称 B 为 A 的“因果过去”（causal past）。如果这个关系成立，那么 B 中的条件或许就导致了 A 中的条件，于是，在同样的条件下，我们就可以称 A 为 B 的“因果未来”（causal future）。

按照广义相对论，对于任意两个事件 A 和 B，如下三种陈述中只有一个是正确的：

- A 是 B 的因果未来。
- B 是 A 的因果未来。
- A 和 B 之间没有任何因果关系，因为没有任何以小于或等于光速传播的信号在它们之间穿梭。

这就排除了那种因果循环现象，即 A 既是 B 的因果未来，又是 B 的因果过去。讨论含有因果循环的怪异历史确实很有趣，但这会引出各种令人困惑的事和悖论。在我看来，没有任何证据能够表明我们应该把因果循环视为大自然的一部分，我们应该假设因果关系是基本性质，并且在本质上不可逆[①]。

① 一些相对论学者指出，爱因斯坦方程组的部分解中包含因果循环。我觉得这个说法没有什么说服力，因为真正描述宇宙的最多是广义相对论的一个解，而且这个解根本不需要囊括其他解中的所有怪异性质。说得再明确一些，那些包含了因果循环的解［杰出的逻辑学家库尔特·哥德尔（Kurt Gödel）还贡献了一个］对称性极高，这实在是太特殊了。如果我们把同一性原理加进来，那么带有对称性的解就被排除了。此外，这些解并不稳定，受到极微弱的扰动就会坍缩成奇点。

如果我们研究每对事件之间的因果关系是什么，那其实是在从因果结构的角度描述宇宙。

按照广义相对论的说法，时空由无穷多连续事件构成。实际上，我同意部分量子引力理论先驱的看法，他们假设伪单子是一系列离散（不连续）的基础事件。离散意味着可以计数，无论最后结果是有限还是无限的。我们还可以认为，即便这些离散的基础事件的总数是无限的，任何有限空间和有限时间间隔中的离散基础事件的数目也是有限的。这就极大简化了问题。

我们的最低目标是把因果关系套用到伪单子上。其中的推导过程就像广义相对论中的因果关系一样。给定任意两个伪单子 A 和 B，要么 A 是 B 的因果未来，要么 B 是 A 的因果未来，要么它们之间没有因果关系。用一系列伪单子以及它们之间的因果关系就能模拟离散时空或量子时空。

既然伪单子是离散的，那么它们之间的因果关系当然也是离散的。我们既可以在离散的因果步骤中向前计数，也可以向后计数。每个伪单子都有与它最接近的因果过去——由距这个伪单子一步之遥的过去事件构成。

于是，我们很自然地就会想到用家庭关系的类比来思考伪单子。伪单子 C 可能有两个"父辈"，即伪单子 A 和 B，于是，我们就可以把 C 定义为两个"因"交汇的产物，其中一个"因"来自 A，另一个"因"来自 B。通过 A 和 B 追溯 C 的血统，我们就能找到 A 和 B 的"父辈"，依此类推就能得到一个延伸到遥远过去的"因"网络。同时，C 也可能有两个"子辈" D 和 E，它们受 C 的影响才诞生。

到了这一步，摆在我们面前的就是一种极其简单的可能性。我们可以假设，构成世界历史的所有事件在本质上都只是这些因果关系。大自然中的其他一切实体和属性都能从这个所有属性就是因果关系的巨大的离散事件集中推导出来。首次提出这种大胆想法的是拉斐尔·索尔金[1]，随后他又和一群好友和热心人士紧密合作，一道对其加以发展。他们称这个理论为“因果集合论”（causal set theory）。

因果集合就是一种仅由因果关系定义的离散集合，且满足事件永远不会是自身的“因”这一条件。此外，该理论还要求，对因果集合内的任意两个事件 A 和 B，都只存在有限个事件既是 B 的因果未来，又是 A 的因果过去。

我很欣赏因果集合理论提出者的雄心壮志及这一理论的高度简洁性。它是一种完全符合相对主义的时空描述，因为在这个理论中，所有事件都完全由它在因果关系网络中的位置决定。

这个理论的一大优点在于，时空的几何结构可以用一个因果集合来近似地描述。具体方法类似于我们对公众政治观点的民意调查。我们不会调查每一位公民的政治观点，而是会通过问卷等方式随机调查一小部分公民。类似的，我们可以在时空中随机选出一系列事件组成一个事件样本，并且记录这些事件之间的因果关系。只研究一个事件会丢失很多信息，但如果每隔固定单位的空间和时间就随机挑选出一个事件来，那么这些事件组成的事件样本就能准确地表征那个尺度下的因果关系。

索尔金和他的合作者们还假设，这个过程反过来也同样成立。他们认为，从最基础的层面上看，宇宙历史就是一个离散的因果集合，在足够大的尺度上，连续时空的幻觉就从这个因果集合中诞生了。就像液体在我们看来似乎是连续物质，但实际上却是由离散原子构成的，事件的因果集合就是构成时空的“原子”——时空原子。

因果集合理论取得了一项重大成就：它能推算出宇宙常量的粗略值。在测量宇宙常量之前，索尔金就能从因果集合理论中推导出相关数值[2]，而在因果集合理论出现之前，只有量子引力理论能够做到这一点。

因果集合理论是关于时空原子性质的几大颇有潜力的假说之一。相比于其他假说（比如自旋泡沫模型），因果集合理论的最大优势是它极为简洁，在这个理论中，事件的唯一性质就是它与其他事件之间的因果关系。这就极大地削减了时空原子基本定律可能呈现的形式数量。

这种高度简洁性背后也隐藏着一个极难处理的障碍，也就是所谓的“反演问题”（inverse problem）。正如我之前所说，给定一个连续时空，我们可以轻而易举地抽样调查其中的事件，并找到一个因果集合。这个过程的逆过程几乎不可能成立，几乎所有可能出现的因果集合都无法近似描述三维空间中的时空。这就产生了一个问题：时空似乎要比因果关系网络的粗略描述拥有更多的内涵。

事实已经证明，量子引力问题即运用量子理论理解时空的问题绝对是一项棘手的挑战。对比量子引力理论与“物质由原子构成”这一假说的历史，有助于我们正确看待发现时空原子的这项重大挑战。

就物质这个问题来说，从 19 世纪到 20 世纪初的原子物理学家面对的挑战有两个。其一，寻找约束原子行为的基本定律；其二，从这些基本定律中推导出物质应该拥有的大致性质。他们必须探明更为基础的原子定律是如何产生物质的固、液、气三相的错觉的。研究量子引力问题的理论物理学家现在也同样面临着这两个挑战。

我们应该从原子假说这段历史中吸取如下两点教训：

- 第一点是：原子物理学家在应对第一项挑战——发现原子物理学基本定律时，真正取得进展是在用实验证实了原子确实存在且向我们展示了原子的部分性质之后。
- 我们能从这段历史中吸取的第二点教训是：第二项挑战（推导出物质各种形态的整体性质）解决起来会比第一项挑战容易一些。

在我们开始于第一项挑战上真正取得进展前半个世纪，就有一些先驱在第二项挑战上取得了重大突破。这其中的原因在于，物质整体的性质并不是很依赖于原子物理学细节。我们只需要知道原子确实存在且它们之间赖以发生相互作用的力只能在短距离内发挥作用。

一些研究量子引力理论的物理学家把这个教训铭记在心。他们希望从有关时空原子的简单假设出发，推导出在宏观层面上约束时空的定律，也就是广义相对论。这个研究方向的开创者是泰德·雅各布森（Ted Jacobson）[3]，并且这项研究已经在很大程度上获得成功了。这就意味着，适用于我们可以观测的尺度（比基本的普朗克尺度要大得多）的已知物理学定律并不非常依赖于约束时空原子的基本定律。

这可不是什么好消息，因为这意味着，目前我们已经掌握的定律中几乎没有什么有助于揭示真正的基本定律的线索。实际上，现在看来，只有两条线索或许有用。第一条与信息在时空中的流动方式有关，具体来说是这样的：要想从时空原子假说具有的特性中推导出广义相对论，我们就必须假设信息在空间表面的流动速率存在上限。如果用基本的普朗克单位来计算①，那么这个信息流动速率不可能大于其所在表面的面积，这个理论叫作（弱[4]）全息假说（holographic hypothesis）②。

如果全息原理就是我们要找的基本定律，那么信息流一说就必须在极其微小的尺度——量子引力理论生效的尺度上也仍然适用。信息其实就是影响力，这一点从它的定义（信息就是引起差别的差别）就能看出。信息流就定义了因果结构，或者说取决于因果结构。这就是说，全息原理要求我们必须用因果结构引导或表达信息流。这也是我们相信因果结构居于基本地位的一大理由。

第二条线索是，要想从雅各布森的理论推导出广义相对论，我们就必须通过一些一模一样的表面追踪能量流，这就意味着，能量是一种适用于各种层级（小到基本事件层级）的基本量。这样一来，雅各布森的洞见其实就是：在最基本的层面上，广义相对论方程组暗含了能量流和信息流之间的关系，并且这两者都由因果结构引导。

基于第一条线索，我更支持“宇宙历史由一系列事件及其因果关系构成”这种假说，即宇宙就是一个因果集合。从逆命题问题方面考虑，我并

---

① 这类基本面积单位在数值上等于牛顿引力常量与普朗克常量的乘积。

② 有关全息假说的更多信息，参见本书作者李·斯莫林的著作《通向量子引力理论的三条途径》（*Three Roads to Quantum Gravity*）。——编者注

不赞同“事件具有的唯一属性就是因果关系”这种激进的假说。我更愿意相信，因果关系只是我们需要的唯一一种相对属性，但事件肯定还有更多内蕴性质。第二条线索则促使我做出这样的假设：事件的一大内蕴性质就是它天然与能量相联系，能量遵循因果关系，并且在各种事件中流动。

我还进一步认为：每个事件都携带一定的能量，并且这股能量会沿着因果关系从过去事件传递到未来事件。单个事件的能量是它从相距一步之遥的所有因果过去事件接收到的能量之和。单个事件的能量又会自我分割，传递到相距一步之遥的所有因果未来事件。这样一来，这一理论就满足了能量守恒定律，即能量既不会凭空出现，也不会凭空消失。

狭义相对论告诉我们，能量与动量是统一的，所以，从上述的结论出发，动量也会从过去事件传递到未来事件。我与马里纳·科尔蒂斯（Marina Cortês）合作，一道提出了一种整合了能量流和动量流的因果集合模型，我们称其为“能量因果集合”（energetic causal set）[5]。

在能量因果集合中，构成宇宙历史的所有事件都是未来事件的因，并且会传递能量与动量给后者。从基本层面上说，这个理论并不包含时空。它的本质只是由因果关系连接的各个离散事件的集合，以及天然携带能量和动量的事件及其相对关系。

这个理论的一大显而易见的成功之处在于，它解决了逆命题问题。至少，在时间和空间都只有一维的简单案例中，我们能直接从能量因果集合推导出时空。

接下来，我们来谈一谈能量。

从牛顿物理学到广义相对论，再到量子场论，每一个重要的物理学理论都包含运动方程组，它们会告诉我们某一实体随时间变化的方式。在牛顿物理学中，这种实体是粒子的位置；在量子场论中，这种实体是空间每一点的场值。非常明显的是，所有这些运动方程组都有一种共同的结构，其中包括一个位形变量——粒子的位置或场的值。然后就是一些随之而来的特定的“动力学量”。之所以叫它们“动力学量”，是因为它们出现在诠释粒子运动方式或场振动方式的定律中。动力学中最重要的量就是能量和动量。

每个粒子都携带一定的能量和动量。当两个粒子发生相互作用时，它们会交换部分能量和动量，结果就是，其中一个粒子的能量和动量可能会增加，而另一个粒子就会相应地减少，但它们的总能量和总动量总是保持不变。

这些理论的结果也总是保持一致：存在两个基本方程。第一个方程描述粒子的位置如何随时间变化，这取决于粒子的动量[①]；第二个方程则描述动量如何随时间变化，这取决于粒子的位置。位置和动量这两个量是相互交织在一起的，其中一个量的变化取决于另一个，我们称以这种方式联系在一起的两个量为对偶量。位置和动量就是一对对偶量，电场和磁场也是，这两个方程就叫作对偶方程。

对偶方程这种模式在物理学中普遍存在，我认为这反映了大自然的一种深度属性，当然，这只限于物理学。其他科学领域也涉及描述随时间改变的系统，比如计算机、生态系统、市场、生物体，它们也都有各自的方

① 在牛顿力学中，粒子的动量与粒子的速度成正比，这个正比系数就是它的质量。

程。不过，在上述这些例子中，方程都不具备涉及位形变量、动量和能量的对偶性，其中动量和能量在总量上都是守恒的。这就是我认为并不能把物质宇宙想象成计算机的一大原因。

动量守恒之所以重要还有另一个原因，那就是它解释了惯性原理，而惯性原理是目前最深刻的物理学原理。

这种涉及位形变量和动量变量的对偶性为什么会存在？为什么能量和动量总是守恒？这两个问题也是老生常谈了。根据埃米·诺特在 1915 年所证明的一个深刻的定理就能对此进行回答，其中涉及对称性的概念。对称性是指，如果通过某种方式改变系统时并不改变运动定律，那么我们就称这种变换具有对称性。比如，转动就具有对称性，空间和时间上的移动也同样如此，因为只要整个系统一起转动或移动，那么运动定律就不会受到任何影响。根据诺特定理，每一种连续变换都有一个守恒量与之对应，比如，与空间对称性对应的是动量守恒；与时间对称性对应的是能量守恒；与转动对称性对应的则是角动量守恒。

这就把空间放到基础地位上了，而能量和动量只是反映空间对称性的延伸属性。这就是我们目前的标准理论，但我觉得反过来可能更接近事实，即能量和动量是基础性质，而空间只是前者的延伸属性。

虽然诺特定理很深刻，但我们不能将其应用到基础理论中。因为我们要求基础理论必须满足同一性原理，而这个原理意味着大自然中不存在对称性。想象那些在转动条件下不变的物体，比如球或圆柱。它们具有对称性意味着它们在旋转后不会发生任何改变，即观测者无法区分它们转动前后的差别。然而，这一点之所以成立是因为这些物体上的点都呈圆形排列，且点与点之间一模一样。与之类似的是，对一条无限长的直线来说，顺着它的延伸方向进行平移，它也不会发生任何改变，因为在这种平移变换下，每个点都只是换到了该直线上其他点的位置，且它们的属性完全相同。在所有这些例子中，对称性的存在意味着出现了拥有相同属性的不同点，而这违背了同一性原理。

对称性是固定背景的属性，因此，理论中出现对称就清晰地表明这个理论取决于背景。对称就是一种在背景中转动或平移我们所研究的系统而系统不发生改变的操作。对称是那些从更大的宇宙中孤立出来的系统的特征，并且也正是肇始于那种孤立过程中所忽略的方面。

我们之前就已经假定，基础理论与背景无关，这意味着这些理论中不存在对称性。更进一步，这还意味着我们不能把能量和动量以及能量和动量的守恒视作空间的延伸性质。然而，我们仍然需要解释为什么能量和动量普遍出现于物理学方程的结构中。

此外，我们还假定空间并不居于大自然的基础层面，而只是一种表象概念。于是，如果我们想要使得能量和动量在物理学中发挥作用，似乎就只有从建立理论之初就把它们纳入考量了。

这时，我们想到了诺特定理的逆命题，这个逆命题以能量、动量及其守恒是基础性质为前提，并且它会告诉我们在何种情况下空间可以作为对整体中的子系统的近似描述出现。于是，在我们的这幅理论图景中，处于基础层面的是因果关系、能量和动量。能量因果集合理论就是这幅图景的产物。

这个模型在一个具体框架内实现了我在前文中提到的有关时间性相对主义的原理和假设。在这些原理中，从不断成为此时此刻这个角度上说，时间才是自然世界的基本性质。确实，我们对时间流逝的体验正是我们直接感知这个世界所得到的真正基础之物，其余的都只是近似现象和表象概念，包括存在不变定律的这种印象。这个观点以及支撑这个观点的论据是我在同罗伯托·昂格尔的长期合作中得到的。它的一个重要推论就是，自然定律并非永恒，而是会随着时间的流逝不断演化。这恰恰与物理学家现在的普遍观点背道而驰，这种观点就是时间不应该出现在最基础的定律中，它只是这些定律的衍生之物。我们认为，从此时此刻及时间流逝这个意义上说，时间是基础的性质，而定律才是延伸的概念，并且会不断改变。

马里纳·科尔蒂斯坚称，最基础层面上的定律必然是不可逆的，原因主要有两个方面。第一，如果逆转时间的方向，那么定律必然不会与此前相同。比如，你现在拍摄了一个过程符合定律的视频，然后将其倒放，绝不会得到另一个符合定律的过程。这直接与现在的普遍观点——逆转时间的方向并不会改变自然定律相抵触。

我们现在掌握的所有的基本定律，包括量子力学、广义相对论和标准模型在内，在这种时间反演①下都不会改变。也就是说，必然还存在着在时间上不可逆的更基础的定律。这个结论提出了如下两项挑战：

- 我们能提出有可能成为这种不可逆基础定律的理论吗？

① 时间反演可通俗地理解为“时间倒流”，指的是空间坐标保持不变，而时间坐标改变符号的变换方式。——编者注

- 可逆定律是否可能是更基础的不可逆定律的近似？

能量因果集合模型的出现就是为了解决这两个问题的。

第二，科尔蒂斯还坚持认为，从更深层的意义上说，这个理论中的要素——事件也同样不可逆，事件就是已经发生的某些事。正如我们在前文中所说，一旦某一事件发生了，它就不可能被撤销，然而，事件产生的效果却是可以逆转的。如果某个事件能让事件 A 变成事件 B，那么之后也可以通过另一个事件让 B 变回 A，不过，这样就是两个事件了。一旦某个事件发生了，它就必然处于过去，并且这个事实无法被任何未来事件消除，即便这个未来事件可以逆转原初事件产生的效果。这样一来，我们就可以把时间的流逝看作现在事件持续创造新事件的过程。我们在赋予“时间”这个词各种含义的同时，还可以假定时间的流逝表现了一种主动的创造过程，这种“时间活动”创造了一个又一个的新事件。

说得更细致一些，为了能具体验证这些原理和假说，我们发明了好几种模型。在其中一个模型中，我们假定：每个事件都由两个“父”事件产生；每个新事件又是两个“子”事件的“父”事件。

这一事件创造过程的每个阶段都存在一些先导事件，即一些已经诞生，但还没有孕育出所有“子”事件的事件。这类先导事件就构成了我们所说的“现在”，它们虽然已经发生，但仍能影响未来。正是这个不断形成新事件的过程创造了历史。

一旦某个事件把所有“子”事件都孕育了出来，它就不会再对未来产生直接影响了，于是，我们就认为它处于过去。每个处于过去的事件 A

都有一个因果过去，其中包含一些先于事件 A 出现的事件，且它们都或直接或间接地影响到了事件 A。事件 A 的因果未来则是一个不断增长的事件集合，且这个集合中的事件都或直接或间接地受到了事件 A 的影响。如此一来，过去就含有了因果集合结构。

接着，我们就要引入能量和动量，以使我们的未来模型变成一个能量因果集合。每个事件都有总能量和总动量，分别是它的所有父事件的能量之和与动量之和。父事件把自己的能量和动量拆分之后就会传递给其子事件。

要让这个模型完备起来，我们就必须回答如下两个问题。

第一个问题：我们称之为“时间活动”的这种从现在事件创造新事件的过程，是如何从这么多的现在事件中挑选出两个作为新事件的父事件的？

第二个问题：父事件传递给子事件的能量和动量如何分配？

在回答这两个问题之前，我们需要给新事件的创造过程制定一个规则。这个规则的制订需要遵循我之前介绍过的两条原理。第一条原理是背景独立原理。将这个原理应用到我们目前面对的场景中，意味着我们只能通过动态创建的结构命名、标识、区分各类事件。此外，这些结构不应该参考事件的创造顺序，如果事件只由它们的因果过去结构标识或描述，那么就能满足这些要求。

这就很自然地引出了我们需要遵循的第二条原理——同一性原理。如果事件可以由它们的因果过去区分，那么所有事件的因果过去一定都是独一无二的。于是，事件创造规则就应该保证新事件的因果过去与已经出现的所有事件均不同。

在我和科尔蒂斯研究的这些模型中，我们发现了两个非常有意思的结果。第一个有趣的结果之前已经提过了，也就是这类模型解决了逆命题问题，因为出现了一个事件及其因果关系可以映射至其中的时空。第二个有趣的结果则是：我们发现，系统开始时的相在时间上相当不对称且非常无序，但它随后会逐渐演变成有序相，在时间上也近似对称[①]。

于是，我们就从能量因果集合模型中得到了一个重要结论：在时间上可逆的定律可以从更为基础的不可逆定律中推导出来。这与当前大多数物理学家对不可逆性的看法相悖。

在这最后一章中，我们以 5 条原理为开端，它们其实就是表达莱布尼茨“充分理由原理”的各个方面。然后，我们又介绍了 3 种假说，它们表现了时间的基础性和不可逆性，以及空间的相对性、表象性和偶然性。我认为，我们追寻的能够让爱因斯坦的两大革命完备起来的理论应当与上述这些原理、假设都相符。不过，在最终达成这个目标之前，我们还需要引入各种模型。这些模型并不是完备的理论，我们提出它们的目的是通过应用前文所述的 5 条原理的一部分来探索完备理论应该具备的某些性质。

---

① 几年后，我们依托某种可能状态数量有限的一般决定性动力系统理解了这种两相行为。这类系统最后会演化成循环的状态，正文中提到的这两个相正是收敛到循环的相，在这两个相之后，系统表现的就完全是循环行为了。循环状态是可逆的，因为每个事件都只有一个子事件和一个父事件。

真实系综阐述是一种相对性的隐变量理论。它没有应用全部原理，因为这种诠释建立在一种固定的时空背景之中，不过，真实系综诠释在同一性原理上又极为谨慎。这种诠释假定，拥有相同宇宙观的两个事件都应该被识别出来。接着，我又据此假设：两个物体在空间中距离越近，它们之间的相互作用就越强烈，因为它们的宇宙观相似。也就是说，我认为定域性原理肇始于一种与宇宙观相似性有关的更深层的原理。为了确保能够满足同一性原理，我们引入了一种子系统间的力，作用是增加子系统间的区分度，或者说最大化整体的多样性。我在前文中已经介绍过，从这种诠释出发可以推导出量子力学。

能量因果集合是研究离散宇宙或者说量子宇宙的模型。提出这个模型是为了探索我们针对空间和时间所做的各种假说。尤为重要的是，能量因果集合模型蕴含了“空间背景、时间背景不存在”这种思想。在这个模型中，居于基础层面的是时间和因果关系的活动概念、不可逆概念，以及能量和动量，而时间、空间只是在一定条件下才会出现的表象概念。

下一步就是要把真实系综诠释和能量因果集合这两个理论结合起来，进而得到一个背景独立且能满足“空间和定域性都是表象概念”这一假说的相对性隐变量理论。

这两个理论在开始阶段是独立的研究项目，但它们都有一个核心概念，即事件间相似性和差异性所发挥的核心作用。这两个理论都把这一点放到了基础层面上，定域性则降格为基本性质的延伸概念，只在特定条件下才会出现。我在研究过程中逐渐意识到，这两个理论其实是在不同视角下审视同一幅图景的产物。于是，我在某个夏日安坐下来，打开了一个崭新的笔记本，看看自己是否能把它们整合成一个全新的理论。

开始这种尝试后不久，我就清楚了这个新理论的主角是宇宙观。也就是说，这个理论的基本变量就是每个事件“眼中”的宇宙。于是，我在起步阶段就应用了这样的物理学研究方法：把这些事件宇宙观放在基础位置上，而不是认为它们来自某种更为基础的结构。从这个新视角来看，与基本定律直接相关的就只有各种事件的宇宙观及其差异，我称这种理论为“因果论观点”（causal theory of views）[6]。

所谓的事件宇宙观其实就是来自该事件因果过去的可用信息。深入事件过去的宇宙观就像一片天空，就是你抬头四顾看到的一切。由于光速有限，所以“四顾”就意味着“回望过去”。

虽然我在这里用了“观”这样的字眼，但事件的宇宙观完全真实且与我们的主观意见无关①。在我描述的这个理论中，真实且客观之物是每个事件可以提供的信息。这些信息构成了世界历史，其来源则是所属事件的因果过去。

需要注意的是：你的世界观就像一场投影在二维球面上的电影，我们称之为“天空”。于是，三维空间（表象概念）模型中的事件宇宙观就可以用二维球面表征，我们称之为事件的天空，事件在天空中“看到”的就是直接来自其因果过去的事件。更准确地说，事件会在天空中看到来自两个父事件的能量和动量。每个父事件都会以彩色点的形式出现在事件天空上，每个点都代表了来自过去的某个事件的能量和动量：在事件天空中的位置记录了动量的方向，而颜色则表示接收到的能量大小。

---

① 我要提醒一下读者，不要为“观”这个字的寻常含义所误导。它在日常生活中确实常常代表个人的主观意见，但在我们的这个理论中却并非如此。

下一步就简单了：假设宇宙就是由这类事件天空构成的——每一片天空都代表了某些事件的宇宙观。因此，在这个理论中，我们并不是从因果关系中构建宇宙观，而是从宇宙观中溯源事件并推导出包括因果关系在内的一切。这种研究方法之所以能奏效，是因为宇宙观中所含有的总信息量足够重建因果关系以及事件的整个历史。

和真实系综理论一样，这个理论的定律也需要满足宇宙观多样性最大化这个条件。这就产生了一种类似量子力的效果，我们可以据此推导出量子力学，作为对这个理论的一种近似。

用一句话总结这个理论：宇宙只由宇宙观构成，每一种宇宙观都来自宇宙历史中的某个事件，宇宙观的多样性在定律的作用下趋向最大化。

这个理论的后续展开就和真实系综理论很相像了。由于受到了朝着多样性最大化方向演化的指令，相似的宇宙观之间会发生相互作用，空间及空间中的定域性就在这个过程中诞生了。当发生相互作用的宇宙观在表象空间中相距遥远但就相似性来说相距较近时，非定域性就出现了。最后，同真实系综理论一样，量子力学以对宇宙观动力学近似描述的形式从这些非定域性相互作用中诞生了。

宇宙观因果理论是一条通往完备的量子力学的道路。这种完备化符合现实主义，因为它是一种基于已然量的理论，其中的已然量就是宇宙观本身。更为重要的是，宇宙观因果理论证明了基础理论也可以同时是完备化的量子力学和时空原子模型。它能同时解释定域性和非定域性，也能同时解释时空和量子力学。

宇宙观因果理论仍然只是我们追求的终极目标的一部分，其本身也还有很多需要研究的地方，但它的确有可能是能够描述世界的真实运行方式的一种理论。

在现实主义者看来，量子力学不可能是我们追寻的终极目标，还有很多真相等待着我们去发掘。不过，我仍满怀信心地认为，我们一定可以理解大自然。我乐观地认为，我们人类所拥有的推理能力、强大的想象力，以及提出新思想的能力，足以让我们最终得以理解宇宙。我尤其希望，未来有一天，我们在科学圈内的奋斗会把我们的个体力量结合起来并将其有机地统一起来。虽然我发现自己时常会对过去半个世纪内基础物理学没什么实质性进展而感到非常受挫，但我对物理学的长期发展仍抱有乐观态度。我相信在未来，人们掌握的关于自然的知识会比我们现在已经掌握的多得多。

我还确信，这些困扰了人类近一个世纪的难题最终都会有一番简洁的解答，且必然使用了各种精简的假说和原理来进行表述，就像我在本书中提出的那些理论一样。如果人类的思想库中已经出现了能够完成爱因斯坦两大未竟革命的理论，那实在是一桩幸事。就算现在还没有，我也坚信，只要人类能将伟大的科学冒险一代代地传承下去，后人一定会找到这把通往真理之门的钥匙。

# 完成爱因斯坦未竟的革命

真相就在那儿。

——《X档案》(*The X-Files*)

永远、永远不要放弃。

——戴维·格罗斯(David Gross)

爱因斯坦曾说，科学家都是一群机会主义者，他们会为了实现发现自然原理的目标打破规则以及在科学方法上做出让步。可以说科学家其实都是企业家，他们手里握着一定量可以投资的资本，作为理论物理学家，我们手中的资本主要是我们的时间和注意力，我们要做的最重要的决定是，研究什么问题、选用哪种研究方法、研读哪篇新论文、参加哪场会议，以及到了会场后听哪场讲座。至于投资的回报，其形式就相对更多样化了：有所发现时的激动，同行、学生的赞誉，当然还有职业生涯的发展、更好的工作机会，以及财富等。

如果你感兴趣的只是通过已知的物理学定律拓宽自己对自然运行机制的理解，那么现在这个阶段就是你成为物理学家的好时机。美妙的发现照亮了凝聚态物质理论的发展道路，引力波观测也打开了天文学的全新天地，这些前沿理论起到了引领作用。数学领域的稳步发展也在推动着数学物理学的进步，那些智慧超群的天才引领着我们更好地理解现有理论和新兴理论的数学结构。实验技巧方面的进步也同样惊人，天文观测的范围和精确度正在呈指数式上升，其中摩尔定律居功至伟。一切都在向着积极的一面发展，只是几乎没有任何一项成就能够解决重大的基础问题。只有当我们尝试推进寻找基本定律和原理的计划时，我们才会发现我们似乎一直在原地踏步。

就目前的基础物理学及宇宙学现状来说，基本上只有两个方向可以下注：要么是我们已经知晓了所有基本原理；要么是我们只掌握了基本思想但还没有掌握基本原理。目前，如暴涨理论、弦理论和圈量子引力理论等领域的主要研究项目赌的都是前者，即认为我们已经掌握了基础物理学的基本原理。除了一些个别的例外，在上述领域耕耘的绝大多数学者都认为量子理论和相对论的基本原理都已经完备，只要把它们应用到新理论中就可以了。另有一些学者认为，我们现在掌握的原理还称不上完备，他们也因此离开了上述领域，另谋出路。当然，还有一部分学者选择两头下注，对上述领域内外的内容都有所涉猎，我就是其中之一。

就量子力学来说，我们也面临着同样的抉择：要么选择相信我们已掌握的理论已经完备，只需进一步加深理解；要么选择认为现有理论尚不完备，在核心内容方面仍有欠缺。哥本哈根诠释、操作主义诠释、埃弗里特量子力学等理论都认为我们已经掌握了有关量子现象的所有重要知识。那些一门心思只钻研一种现实主义方法（如导航波理论、自发坍缩模型等）

的学者则坚信这些理论才是量子力学正确且完备的版本。上述这些不同派别的学者虽然研究方向各有不同，但都认为我们已经掌握了理解大自然所需要的所有原理。另外，还有一些学者则确信现有理论仍需进一步完善，且目前所有备选方案都尚未掌握真理之钥！

到目前为止，我个人的选择是两头下注。在此之前，我最成功的选择是应用粒子物理学的思想和技术工具解决量子引力问题。这也是推导出圈量子引力理论的一条路线。不过，我还会经常写论文来记录我在发明隐变量理论上所做的努力。我早期撰写的论文中最有价值的一部分内容就是尝试将惯性原理同量子基础结合起来。后来，我又把我在量子基础领域的工作拓展到了一些表层问题上，并开始转向关于时间本质的研究。不过，我的本职工作还是在量子引力理论方面，既包括关于这个理论的现象学研究，也包括与圈量子引力理论有关的研究。

写书可以说是一种精神疗法，可以迫使你检视自己那些尚显混乱的想法和直觉，并要求你将其组织成符合逻辑的结论。本书的主题是：要想解决物理学和宇宙学的基本问题，我们必然需要一种全新的理论。接下来，我应该如何做呢？我是应该继续采取稳妥的两头下注的策略，还是全力以赴去尝试解决真实存在的问题？

如果我们还需要一些尚未发现的东西才能揭晓最终的真相，那么我们就必须努力搜寻那个尚不为我们所知的完备理论。我们不能只是一个海岸接一个海岸地航行，而是要坚定我们选择的方向，以任何我们可以根据现有的可靠线索拼接出来的最佳指引之物为线索，在理论的“汪洋大海”中不断前行。

再也没有比“我们目前掌握的知识尚不完备”更加理性的看法了。在过去的所有时代中，我们掌握的知识都不完备，那么为什么我们这个时代就有可能取得突破？我们目前面对的难题显然也并不比前人们面对的那些更简单。现在几乎没有人持这种理性的观点，这一点让人非常困惑。

在我看来，大多数物理学家都不愿意相信，我们现在距离破解自然终极定律还非常遥远。我们从小就在认为一切都已拥有了正确答案的环境中长大，并且，我们现在赖以生存的事业也全都仰仗知晓了部分正确答案的科学家前辈。我的脑海中总是出现这样的疑问：未来的人们会比我们多掌握多少知识？我们现在对这些新知识的肤浅的论断在那时看来又会有多可笑？这或许就是我现在并不是很愿意宣扬自己观点的原因。

那么，我们该如何对待在一定程度上取得了成功的理论，比如圈量子引力理论？首先，对于那些或许可行但尚不完备且没有实验认证的新理论方向，我们很需要花大量时间和精力去研究。这种未知的理论，无论在表述上多么不完备，都有可能是正确的，也都有可能是最终真相的一部分，因此，即便暂时没有有力的证据，这样的理论也值得我们花上数年的时间去检验。如果经过 1/3 个世纪或更长的时间（基本相当于许多科学家整个科研生涯的长度）的努力，这些理论仍没有从“或许为真”逐步接近“必定为真”，那么我们是不是就该转攻其他方向了？你也许会觉得，我这是在重提有关弦理论的争议，但其实我是带着深厚的感情在思索多年来一直艰辛工作仍没能换来梦寐以求的理论突破的所有人，其中当然也包括我自己。

为什么现在越来越多的人都在研究那些在几十年前就已经明显存在缺陷的方法？为什么现在几乎没有人尝试提出新的量子力学的完备理论？并

不是因为人们对这个课题漠不关心。实际上据我所知，在量子基础领域耕耘的所有人当初之所以选择这条风险颇高的研究道路，都是因为他们非常关心大自然是如何“处理”测量问题以及其他种种谜团的。

我厌倦了反复争论现有方法的优劣，也厌倦了为了拯救那些因自身缺陷而明显注定失败的理论而频繁打补丁的行为，哪怕这些补丁确实体现出了提出者的睿智。我必须在如下两条选择中做出选择：要么继续走现在的路，最后的结局无非是站在下一个“村庄”旁低矮的小山丘的顶部；要么一头扎进沼泽，沿着前途未卜的道路一路跌跌撞撞搜寻尚未为人知晓的山脉。如果我选择后者，那么几乎注定会失败，但我希望能够把我这一路上的经验教训分享出来，激励少数那些从骨子里相信我们必将因无知或过早放弃对真理的追寻而付出代价的学者。

即便我确信物理学的进一步发展急需一些崭新的东西，我也完全不知道要如何追寻终极科学真理，而只能以现有的研究项目为基础，运用成熟的工具包和方法论做进一步的尝试，这正是学术圈内公认且备受激励的研究方式。应该指出的是，如果想让那些专业水平足够高的学者认真看待你的研究工作，你就很有必要成为这个圈子里的活跃分子。如果我的想法并非用大家普遍推崇的研究项目所常用的语言表达，那么我应该在研究计划书中写点什么？如果我不准备让我的博士生运用已知框架内的工具进行计算，那么我要给他们布置什么样的研究课题？

尝试发明全新的物理学理论体系不只是拿自己的学术生涯冒险，还会扰乱我的情绪稳定性，我甚至不知道要如何开始。当今的科学家几乎全都没有这样做过，上一次物理学界出现翻天覆地的伟大革新也已经是一个世纪之前的事了。在我的经历中，几乎没有什么比抛却现有的基本原理更可怕的事了，因为正是它们构成了我们认识自然的基础，这不正是知晓这些原理让我们感到安心的原因吗？

可以说，在现有的理论框架内开展研究、测试我们根据现有理论所能取得的最高成就相对更为容易。我们可以在这么做的同时对基本原理秉持开放态度，并且时刻留意有没有可能修改这些原理，甚至引入新的原理。更为重要的是，我们要不断寻找机会用实验和观测对现有理论进行检验。我在学术生涯的大部分时间中就是这么做的，并且我敢大胆地说，研究如弦理论和圈量子引力理论等主流理论的大部分学者都是如此。为了证明这种研究方法确实有效，我们必须拿出一系列漂亮的成果，这些成果可能会引出正确的理论以及对新原理的一些思考，其中包括全息原理和相对定域性原理。恕我直言，对那些把大部分时间都投入到了发展合理的理论所需的合理方法中去的人来说，这种方法似乎并不足以克服眼前的困境。

我本来计划拿到博士学位后就冒险一试，随后，这个时间点又变成了完成博士后工作后、拿到教职后以及拿到终身教职后。即便是拿到了终身教职，作为地位崇高的知名教授也必须申请研究经费，更何况总是有一些令人垂涎且代表学术生涯最高成就的奖项，以及受人尊重的各种头衔，因此，我们只能不断等待，直到退休，并设想到了那个时候，即便冒再大的险，我们也能无拘无束地大干一场了。作为一个临近退休的人，我可以告诉你：人生的五六十岁这段日子真是飞驰而过，每天都会被安排得满满当当，学术研讨会、教职工会议、与学生们共同开展研究、上课、评审小组的工作、飞机、酒店、会议讲话，总之就是完全停不下来，我唯一可以肯定的是，谁都无法青春永驻，总有一天我们都会走到生命的尽头。

或许这一切都要仰仗某位聪慧的学生，他像早年的爱因斯坦一样自信，且天赋异禀，吸收了我们全部学术理论中的精华，然后把它们抛到一边，自信满满地另起炉灶建设一整套全新的理论体系。

如今，我已经在学术圈里待了几十年了，但其内部机制之精细仍然令我感到赞叹。在这个系统中，没有任何人质疑以学术声誉为基础的底层发展逻辑，在这种逻辑下，每一项科学成就的回报就是各种阻碍科学获得更进一步发展的干扰，即便你不想躺在自己已取得的成功上，愿意抛下一切迎接新的挑战，你也会遭遇巨大阻力。

从我的了解来看，几乎没有人会因为偶然因素而做出重大科学发现。大多数真正具有划时代意义的理论突破都是在年复一年“徒劳无功”的艰辛工作中取得的。费曼曾说，要想发现点新东西，就必须把这条探索之路上所有可能出现的错误都犯一遍。这话真是一语中的。

看着空白的笔记本思索人生就是我能给出的最佳答案了。爱因斯坦、玻尔、德布罗意、薛定谔和海森堡等伟大的物理学家都曾这样做过，当然，玻姆和贝尔也曾这样做过。他们也都发现了一条从笔记本空白页面通往发现基础性理论的道路，并且，正是这些基础性理论的发现拓展了我们对自然运作原理的认知。就从写下你确信我们现在已经掌握了的知识开始，接着，你可以问问自己，现在物理学标准研究方法中的哪些基本原理必须应用于即将到来的革命中。这就是你的笔记本的第一页了，然后，翻开崭新的一页，再次面对空空如也的纸张，开始全新的思索。

这部作品呈现了我同量子基础理论之谜不断斗争的一生。首先，我必须感谢赫伯特 · 伯恩斯坦，他为大一新生准备的量子力学课程堪称具有革命性的作品，是他让我为这门课程打分并且确保我学会了如何解决问题，此后，我们保持了多年的友谊。在研究生阶段，我有幸师从艾伯纳 · 希蒙尼，他是所有希望将哲学的严谨与深邃引入对物理学基本问题研究之人的榜样。其次，我还得感谢希拉里 · 普特南（Hilary Putnam），正是他告诉我，艾伯纳有能力回答我对量子理论问题的疑问，而普特南坦承自己无法做到。

在研究生阶段及之后的很多年里，我有幸与几位至今仍在不断启迪着我们的深邃的思想家见面并对话，他们分别是：史蒂夫 · 阿德勒、亚基尔 · 阿哈罗诺夫、布莱斯 · 德维特、塞西尔 · 德维特 – 莫雷特（Cécile DeWitt-Morette）、弗里曼 · 戴森（Freeman Dyson）、保罗 · 费耶阿本德、理查德 · 费曼、詹姆斯 · 哈特尔、赫拉尔杜斯 · 霍夫特、克里斯 · 艾沙姆（Chris Isham）、爱德华 · 尼尔森、罗杰 · 彭罗斯、莱昂纳德 · 萨斯金、约翰 · 惠勒和尤金 · 维格纳。

取得博士学位后不久，我遇到了朱利安 · 巴伯，他把我引入了莱布尼茨和马赫等人的理论的大门，之后又成了我的导师，也是我在探寻相对主义哲学理论之路上的向导。我的哲学水平在同诸多思想家的对话过程中更进一步，其中包括戴维·阿尔伯特（David Albert）、哈维·布朗（Harvey Brown）、吉姆·布朗（Jim Brown）、杰里米·巴特菲尔德（Jeremy Butterfield）、詹南·伊斯梅尔（Jenann lamael）、史蒂夫·温斯坦（Steve Weinstein）等人。恩里克·戈麦斯、西蒙·桑德斯、罗德里希·图穆尔卡（Roderich Tumulka）、安东尼·瓦伦丁尼和戴维·华莱士极为细致地阅读了本书初稿，提出了中肯意见并耐心地解释了我犯错的地方。

接下来，我要特别感谢那些因共同研究量子基本问题而结识的好朋友：斯蒂芬·亚历山大（Stephon Alexander）、乔瓦尼·阿梅利诺－卡米拉（Giovanni Amelino-Camelia）、阿贝·阿西提卡（Abhay Ashtekar）、伊莱·科恩（Eli Cohen）、马里纳·科尔蒂斯、路易斯·克莱恩、约翰·戴尔（John Dell）、阿弗沙洛姆·埃列塞尔（Avshalom Elitzur）、洛伦特·弗里德尔（Laurent Freidel）、泰德·雅克布森、斯图尔特·考夫曼、尤雷克·考沃尔斯基－格里克曼（Jurek Kowalski-Glikman）、安德鲁·利德尔（Andrew Liddle）、雷纳特·洛尔（Renate Loll）、约翰·马奎伊奥（João Magueijo）、罗伯托·昂格尔、弗蒂尼·马克波罗（Fotini Markopoulou）和卡洛·罗韦利。

克里斯塔·布雷克（Krista Blake）、圣克莱尔·切明（Saint Clair Cemin）、迪纳·格拉泽（Dina Graser）、杰伦·拉尼尔（Jaron Lanier）和多纳·莫伊兰（Donna Moylan）的反馈极大地提升了本书的品质。我还要感谢卡齐·布拉顿伊奇（Kaca Bradonjic）为本书绘制的插图，同时，他还对正文内容提出了许多睿智且有用的建议。

此外，我还同一些科学家讨论了书中的部分具体内容，我从中获益良多，在此也对他们表达感谢，他们分别是：吉姆·巴格特（Jim Baggott）、朱利安·巴伯尔、弗里曼·戴森、奥利瓦尔·弗雷尔、斯图尔特·考夫曼、迈克尔·尼尔森、菲利普·珀尔、比尔·普瓦里耶（Bill Poirier）和约翰·斯塔彻尔（John Stachel）。亚历山大·布拉姆（Alexander Blum）和于尔根·雷恩（Jürgen Renn）为我讲好真实的量子力学历史提供了帮助。

作为圆周理论物理学研究所这个专事基础物理学研究的活跃集体中的一员，我感到非常荣幸。我也特别感谢研究所给了我家一样的温暖，且为我提供了一个舒适的研究环境。在研究所工作的这些年里，我从许多同事那儿学到了难以估量的知识，其中有一些名字之前已经提及，其他包括格玛·德拉斯·奎瓦斯（Gemma De las Cuevas）、比安卡·迪特里希（Bianca Dittrich）、费伊·道克尔、克里斯·富克斯、卢西恩·哈代、阿德里安·肯特、拉斐尔·索尔金、罗布·斯本肯斯（Rob Spekkens）等。我要感谢迈克·拉扎里迪斯（Mike Lazaridis）、霍华德·伯顿（Howard Burton）和尼尔·图洛克（Neil Turok），是他们带我走进了这场终身冒险。我还要公开感谢迈克尔·杜舍内斯（Michael Duschenes）以及研究所的所有员工，感谢他们的睿智工作和辛勤付出。

我还要感谢我的学生，我在汉普郡学院讲述“热爱隐藏的大自然”这章内容的时候，他们在诗歌课上听我讲述了各种版本的量子力学，我正是在那期间测试了本书中使用的阐述方法。后来，卡米拉·辛格（Camilla Singh）自愿成了我向艺术家讲述量子力学的实验志愿者。

约翰·布洛克曼（John Brockman）、卡廷卡·马特森（Katinka Matson）和马克斯·布洛克曼（Max Brockman）自我写书起就一直是我的好友，也是我的经纪人。斯科特·莫耶尔斯（Scott Moyers）、克里斯托弗·理查兹（Christopher Richards）和托马斯·佩恩（Thomas Penn）都是非常好的编辑，他们一直在鼓励我，正是在他们的坚持之下，我才知道我能写出这样的作品，因此特别感谢他们。另外，能被路易斯·丹尼斯（Louise Dennys）那挑剔的眼光选中，我感到尤为自豪。

最后，无比感谢迪纳·格拉泽和凯·斯莫林（Kai Smolin），在写作本书的过程中，我的状态起起伏伏，但无论我是处于高峰还是低谷，她俩都一直支持着我。

## A

- Acceleration（**加速度**）：速度的变化率。
- Angular momentum（**角动量**）：测量转动或角向运动的一个守恒量。
- Anti-realism（**反现实主义**）：一种哲学观点，反对客观、普适现实的存在，或者认为即便这种现实存在，也不认为人类能够完备、全面地了解这种现实。
- Atom（**原子**）：构成物质的基本单位，由原子核（包含中子和质子）和环绕原子核运动的电子构成。

## B

- Background（**背景**）：科学模型或理论的描述对象通常不会是整个宇宙，而是宇宙的一部分。有时候，想要定义我们研究的这部分宇宙的性质，就必须考虑宇宙其余部分的性质，这些性质就叫作“背景”。例如，在牛顿物理学中，空间和时间就是背景的一部分，因为我们要事先假定它们是绝对的。
- Background dependent（**背景依赖**）：使用了背景概念的物理学理论，比如牛顿物理学。
- Background independent（**背景独立**）：不使用背景概念的物理学理论。我们认为，广义相对论就是一种背景独立的理论，因为在这个理论中，时空几何并不固定，而是会像其他所有场一样随时间演化，比如电磁场。

- Bayesian probability（**贝叶斯概率**）：衡量人们对某事会发生的确信程度的主观概率。
- Bell-Kochen-Specker theorem（**贝尔－科亨－施佩克尔定理**）：该定理证明量子力学具有环境性，即可观测量的值取决于同时开展的其他测量过程。
- Bell's theorem（**贝尔定理**）：在定域性世界中，对某一系统所进行的测量选择永远不会影响另一个遥远系统的测量结果，测量操作的特定相关性受到某种不等式的限制。然而，目前已有实验结果违背了这个不等式。贝尔定理也称为贝尔关系、贝尔限制。
- Bohmian mechanics（**玻姆力学**）：导航波理论的另一种称谓。

## C

- Causal set theory（**因果集合论**）：一种量子时空理论，基于"世界历史由基础事件及其因果关系的离散集合构成"这一假说。
- Causality（**因果律**）：一种原理，认为事件会受到过去相关事件的影响。在相对论中，只有在能量或信息从前一个事件传递到后一个事件后，才会产生因果影响。
- Causal structure（**因果结构**）：由于能量和信息的传播速度有上限，宇宙历史中的事件就能按它们之间可能的因果关系组织起来。这就意味着，对每一对事件来说，要么第一个事件是第二个事件的因果未来，要么第二个事件是第一个事件的因果未来，要么两者之间因为没有任何信号传递所以不存在任何因果关系。这种完备描述定义了宇宙的因果结构。
- Classical physics（**经典物理学**）：量子理论出现之前的物理学理论的统称，范围从伽利略物理学一直到广义相对论。
- Collapse of the wave function（**波函数坍缩**）：一种假设，认为在观测者采取测量行为得到某些可观测量的确定值之后，量子系统的状态就会立刻变成与那个值对应的量子态。
- Complementarity principle（**互补原理**）：玻尔提出的一种原理，认为量子系统允许存在不同描述，比如波和粒子，且如果必须同时采用这些不同描述，它们会互相抵触。不过，对于任何给定实验，我们都可以在其中找到描述方法。

- Conserved quantity（**守恒量**）：某些物理系统的特性，在这类物理系统中，某些量的总体值永远不随系统的时间变化而改变，比如能量、动量和角动量。
- Consistent histories approach（**自洽历史处理**）：一种量子力学诠释，基本思想是：给互不相干的历史集合分配相应的概率。
- Contrary state（**对立态**）：参见爱因斯坦 – 波多尔斯基 – 罗森态。

## D

- De Broglie-Bohm theory（**德布罗意 – 玻姆理论**）：即导航波理论，以该理论的两大发明人的名字命名。
- Decoherence（**退相干**）：一种过程，包含许多自由度的大型量子系统与会引入随机涨落的环境发生相互作用后，因波相随机化而失去了波动属性，从而呈现出粒子形式。
- Degree of freedom（**自由度**）：一种可变量，描述物理系统的某种改变方式。
- Determinism（**决定论**）：一种哲学观点，认为物理系统的未来状态完全取决于作用于当前状态的物理定律。
- Discreteness(**离散性，不连续性**)：量子系统某些可观测量（比如原子的能量）的属性，这些量的取值只能离散、不能连续。
- Dynamical collapse theory（**动力学坍缩理论**）：该理论认为波函数坍缩是一种真实的过程。

## E

- Einstein-Podolsky-Rosen（EPR）state（**爱因斯坦 – 波多尔斯基 – 罗森态**）：一种两个粒子间的联合态，不体现关于两个粒子个体的任何信息，但表明无论对两个粒子中的哪一个进行测量，得到的结果必然与另一个相反，因此，又称

"对立态"。

- **Energy(能量)**：测度系统活跃度的一种物理量，能量值不随时间发生变化。能量可以有多种形式，也可以在各种形式之间转化，但总量必然保持不变。
- **Entanglement（纠缠）**：两个或两个以上系统量子态的一种属性。在纠缠态下，这些系统共有的某种属性并不只是系统内各粒子所拥有的该属性之和。爱因斯坦－波多尔斯基－罗森态（对立态）就是一种纠缠态。
- **Entropy（熵）**：对物理系统紊乱度的一种测度，与系统微观自由度精确取值限制下的信息有关。
- **Event（事件）**：在相对论中，发生在特定空间和时间点上的事情。
- **Exclusion principle（不相容原理）**：由沃尔夫冈·泡利提出的一种原理，表明不存在处于相同量子态的费米子。

## F

- **Field（场）**：弥漫在空间中的一种物理系统，每个时空点上都至少有一个自由度，例如电磁场。
- **Field theory(场理论)**：描述某个场或某些场随时间演化过程的物理学理论。例如电磁学，其中的场运动定律叫作"麦克斯韦方程组"。
- **Force（力）**：在牛顿物理学中，力可以在碰撞事件中造成动量变化，也等于加速度与质量的乘积。
- **Future（未来）**：某一事件的未来或者说因果未来由所有受其影响的事件构成，影响方式则是通过传递能量或信息。

## H

- **Hidden variable（隐变量）**：量子系统的某种属性或自由度，并不由量子力学描述，却是完整描述单个系统的必要条件。
- **Holographic hypothesis（全息假说）**：一种假说，将跨越表面的信息量限制在了该表面范围内（以普朗克尺度为单位）。

## I

- Information（**信息**）：对信号结构的测度，等同于答案可以编码在信号内的“是否问题”的数量。
- Instrumentalism（**工具主义**）：一种科学思想，认为科学理论的作用仅仅是根据物理系统对测量仪器施加的外部作用力的回应提供相应的描述。

## L

- Locality（**定域性**）：物理定律的一种属性，即物理系统只会受到时空邻近处的其他系统的直接影响。
- Loop quantum gravity（**圈量子引力理论**）：一种量子引力理论，其基础是爱因斯坦的广义相对论的量子化版本。

## M

- Many moments interpretation（**多时刻诠释**）：一种假说，认为真实存在之物其实是一个由许多时刻构成的巨大集合，其中包含一切可能的宇宙历史。
- Many worlds interpretation（**多世界诠释**）：一种量子理论解释，认为观测量子系统可能得到的所有结果都真实存在，只是分布于不同的宇宙中，所有这些宇宙都以某种方式共存。
- Mass（**质量**）：在牛顿物理学中，惯性质量是对物质数量的一种测度。将物体的惯性质量乘以该物体的速度后就得到了“动量”这一守恒量。
- Matrix（**矩阵**）：由行和列构成的数表。
- Matrix mechanics（**矩阵力学**）：一种量子力学研究方法，特点是用矩阵表征可观测量。
- Momentum（**动量**）：一个定义运动的粒子的物理量，物体的动量在物体之间的碰撞过程中会发生转移，但总量保持不变。在牛顿物理学中，一个物体的动量等于该物体质量与速度的乘积。

## N

- **Newtonian physics（牛顿物理学）**：描述并解释运动的物理学框架，由牛顿提出并在其 1687 年出版的著作《自然哲学的数学原理》一书中正式发表，该理论体系的基础是三大运动定律。
- **Nonlocality（非定域性）**：不满足定域性原理的一切现象，因而涉及相距甚远的系统之间的信息传递。

## O

- **Operationalism（操作主义）**：工具主义的一种方法，为物理系统指定了一系列操作流程，其中包括准备和测量物理系统的方式。

## P

- **Past or causal past（过去 / 因果过去）**：对一个特定事件来说，它的过去 / 因果过去就是所有能对其产生影响的事件，产生影响的方式是传递能量或信息。
- **Photon（光子）**：电磁场中的一种量子，携带的能量正比于电磁场的频率。
- **Pilot wave theory（导航波理论）**：第一种现实主义量子力学方法，由德布罗意于 1927 年首创，其后玻姆在 1952 年重新提出这一理论。该理论从粒子和波两个角度来完备地描述个体系统，其中，粒子受波的引导。
- **Planck's constant（普朗克常量）**：一个基本常量，标志着量子物理学效应与牛顿物理学分道扬镳的尺度界限。通常用“$h$”表示，涉及量子能量与相应的波频率之间的关系。
- **Planck energy（普朗克能量）**：由普朗克常量 $h$、牛顿引力常数 $G$ 和光速 $c$ 构建的一种能量单位，等同于十万分之一克物质中蕴含的能量。
- **Planck length（普朗克长度）**：人为构造的长度单位，大约是质子直径的 $10^{-22}$。
- **Planck mass（普朗克质量）**：人为构造的质量单位，大约是十万分之一克。

## Q

- **Quanta（量子）：** 波粒二象性语境下的粒子。
- **Quantize（量子化）：** 按照某种算法将经典物理学理论或者说牛顿物理学理论转化成相应的量子理论的过程。现在已经可以肯定，这样的算法具备高度多样性，且不唯一。
- **Quantum Bayesianism（量子贝叶斯主义）：** 一种研究量子基础理论的方法，基本思想是认为量子力学中的所有概率都是主观概率。
- **Quantum cosmology（量子宇宙学）：** 一种尝试用量子理论语言描述整个宇宙的理论。
- **Quantum equilibrium（量子平衡）：** 在像导航波理论这样的隐变量理论中，系统系综中粒子的统计分布没有规律，如果恰好等于波函数的平方（由玻恩规则给出），那么我们就称这个系统处于量子平衡态。
- **Quantum field theory（量子场理论）：** 与场（比如电磁场）有关的量子理论。这种理论颇具挑战性，因为它必须整合狭义相对论，也因为它拥有无限的自由度。
- **Quantum gravity（量子引力理论）：** 广义相对论和量子物理学相结合之后的理论。
- **Quantum mechanics（量子力学）：** 20 世纪 20 年代发展起来的以原子和光为主要研究对象的理论。
- **Quantum state（量子态）：** 在量子力学中，对个体系统的完备描述。

## R

- **Realism（现实主义）：** 一种哲学思想，认为物质世界客观存在，其属性与人类的认知、实验无关。此外，现实主义者还认为，从原则上说，我们完全可以毫无障碍地掌握关于这个世界的完备知识。
- **Relationalism（相对主义）：** 一种哲学思想，认为基本客体或基本事件的所有属性都来自它们（或其集合）之间的相互关系。
- **Relational quantum theory（相对主义量子理论）：** 一种量子理论解释方法，认为粒子的量子态或宇宙内所有子系统的定义都不绝对。它们的定义与因观测者存在而出现的环境有关，并且将整个宇宙划分为两个部分：一是观测者所在的部分；二是观测者可以从中获取信息的部分。同样的，相对主义量子宇宙学是一种量子宇宙学解释方法，认为宇宙的量子态不止一种，其数量多到与所有符合上述定义的环境的数量一致。

- Relativity, the special theory of（**狭义相对论**）：爱因斯坦在 1905 年提出的关于运动和光的理论，但不涉及引力。
- Relativity, the general theory of（**广义相对论**）：爱因斯坦在 1915 年提出的一种引力理论，用时空几何动力学代替了引力。
- Retrocausality（**逆因果律**）：一种假想中的过程，其中，“因”的顺序与时间的整体方向相反。
- Rule 0（**规则 0**）：量子引力理论的基本动力学方程，不涉及普适时间，也叫作惠勒 - 德维特方程。
- Rule 1（**规则一**）：量子力学的基本动力学方程，描述了量子态随时间演变的方式，其中的时间由量子系统外部的时钟测量，也叫作薛定谔方程。规则一表明，给定孤立系统在某一时刻的量子态，存在某种定律可以预言该系统在其他任意时刻的精确量子态。
- Rule 2（**规则二**）：这个定律描述了量子态如何回应测量操作，即立刻坍缩成可被测量的具有精确值（这个值由测量操作确定）的状态。规则二表明，只能用概率性描述预言测量操作所得到的结果。不过，在测量结束之后，被测系统的量子态就改变了——测量操作把系统放到了与测量结果对应的状态之中，这个过程叫作波函数坍缩。

## S

- Schrödinger's cat experiment（**薛定谔的猫实验**）：一个思想实验，在这个实验中，规则一表明猫处于两种截然不同的宏观状态——生与死的叠加态。
- Schrödinger's equation（**薛定谔方程**）：参见规则一。
- Second law of thermodynamics（**热力学第二定律**）：孤立系统的熵总是倾向于增加。
- Speed（**速率**）：距离变化量与时间的比值。

- Spin（**自旋**）：基本粒子的角动量，是基本粒子的一种内蕴性质，与粒子的运动状态无关。
- Spin network（**自旋网络**）：一种图示，边缘由代表自旋的数字标识。在圈量子引力理论中，空间几何的每一种量子态都由一张自旋网络表示。
- Standard model of particle physics（**粒子物理学标准模型**）：一种量子场理论，也是目前描述基本粒子及其相互作用（不涉及引力）的最佳模型。
- State（**状态**）：在所有物理学理论中，系统在某一特定时刻的位形。
- String theory（**弦理论**）：一种量子引力理论研究方法，该理论基于这样一种假说：构成世界的基本事物都是一维的。
- Symmetry（**对称性**）：一种操作，物理系统在对称变换时不会改变其可能的状态。通过对称操作得到的状态具有相同能量。

## U

- Uncertainty principle（**不确定性原理**）：一种量子理论，表明我们无法同时测定粒子的位置和动量。

## V

- Velocity（**速度**）：物体的位置随时间改变的速率。

## W

- Wave function（**波函数**）：系统量子态的一种表征。
- Wave mechanics（**波动力学**）：量子力学的一种形式，由薛定谔在 1926 年提出，随后被证明与矩阵力学等价。
- Wave-particle duality（**波粒二象性**）：一种量子理论，表明我们可以根据具体情境从粒子和波两个方面来描述基本粒子。

## 前言　量子物理学，一个充满悖论与神秘色彩之地

1. J. S. Bell, “On the Einstein Podolsky Rosen Paradox”, *Physics* 1, no. 3 (November 1964): 195–200.

## 01 热爱隐藏的大自然

题词来源：Albert Einstein, “A Reply to Criticisms”, *Albert Einstein: PhilosopherScientist*, ed. P. A. Schillp, 3rd ed. (Peru, IL: Open Court Publishing, 1988)。

1. Einstein to Max Born, December 4, 1926, in *The Born-Einstein Letters: The Correspondence Between Albert Einstein and Max and Hedwig Born, 1916–1955, with Commentaries by Max Born,* trans. Irene Born (New York: Walker and Co., 1971).

## 02 量子

1. Tom Stoppard, *Arcadia: A Play*, first performance, Royal National Theatre, London, April 13, 1993; Act 1, Scene 1 (New York: Farrar, Straus and Giroux, 2008), 9.

## 04 量子的共享方式

题词来源：John Archibald Wheeler, *Quantum Theory and Measurement*, ed.

J. A. Wheeler and W. H. Zurek (Princeton: Princeton University Press, 1983): 194。

1. Albert Einstein, Boris Podolsky, and Nathan Rosen, "Can Quantum Mechanical Description of Physical Reality Be Considered Complete?" *Physical Review* 47, no. 10 (May 15, 1935): 777–780.
2. Alain Aspect, Philippe Grangier, and Gérard Roger, "Experimental Tests of Realistic Local Theories via Bell's Theorem", *Physical Review Letters* 47, no. 7 (August 1981): 460–463; Alain Aspect, Jean Dalibard, and Gérard Roger, "Experimental Test of Bell's Inequalities Using Time-Varying Analyzers," *Phys. Rev. Lett.* 49, no. 25 (December 1982): 1804–1807.
3. Niels Bohr, *"Can Quantum-Mechanical Description of Physical Reality Be Considered Complete?" Physical Review* 48, no. 8 (October 1935): 696–702.
4. Simon Kochen and E. P. Specker, "The Problem of Hidden Variables in Quantum Mechanics", *Journal of Mathematics and Mechanics* 17, no. 1 (July 1967): 59–87; John S. Bell, "On the Problem of Hidden Variables in Quantum Mechanics", *Reviews of Modern Physics* 38, no. 3 (July 1966): 447–452.

### 06 反现实主义的胜利

题词来源：Christopher A. Fuchs and Asher Peres, "Quantum Theory Needs No 'Interpretation'", *Physics Today* 53, no. 3 (March 2000): 70–71。

1. J. J. O'Connor and E. F. Robertson, *"Louis Victor Pierre Raymond duc de Broglie"*.
2. Louis de Broglie, interview by Thomas S. Kuhn, Andre George, and TheoKahan, trans.（TRANSLATOR NAME?）, January 7, 1963, transcript, Niels Bohr Library & Archives, American Institute of Physics, College Park, MD.
3. Werner Heisenberg, *The Physicist's Conception of Nature,* trans. Arnold J.Pomerans (New York: Harcourt Brace, 1958), 15, 29.
4. Niels Bohr (1934), *quoted in* Max Jammer, *The Philosophy of Quantum Me-*

chanics: The Interpretations of Quantum Mechanics in Historical Perspective* (New York: John Wiley and Sons, 1974), 102.

## 07 德布罗意和爱因斯坦：现实主义的挑战

1. Guido Bacciagaluppi and Antony Valentini, *Quantum Theory at the Crossroads: Reconsidering the 1927 Solvay Conference* (Cambridge, UK: Cambridge University Press, 2009), 235.
2. Bacciagaluppi and Valentini, 487.
3. Grete Hermann, "Die naturphilosophischen Grundlagen der Quantenmechanik", *Die Naturwissenschaften* 23, no. 42 (October 1935), 718–721, doi:10.1007/BF01491142; Grete Hermann, "The Foundations of Quantum Mechanics in the Philosophy of Nature", trans. with an introduction by Dirk Lumma, *The Harvard Review of Philosophy* 7, no. 1 (1999): 35–44.
4. John Bell, *"Interview: John Bell"*, interview by Charles Mann and Robert Crease, Omni 10, no. 8 (May 1988): 88.
5. N. David Mermin, "Hidden Variables and the Two Theorems of John Bell", *Reviews of Modern Physics* 65, no. 3 (July 1993): 805–806.

## 08 戴维 · 玻姆：现实主义的又一次尝试

题词来源：Roderich Tumulka, "On Bohmian Mechanics, Particle Creation, and Relativistic Space-Time: Happy 100th Birthday, David Bohm!", *Entropy* 20, no. 6 (June 2018): 462, arXiv:1804.08853v3。

1. David Bohm, "A Suggested Interpretation of Quantum Theory in Terms of 'Hidden' Variables, 1", *Physical Review* 85, no. 2 (January 1952): 166–179.
2. Albert Einstein, quoted in Wayne Myrvold, "On Some Early Objections to Bohm's Theory", *International Studies in the Philosophy of Science* 17, no. 1 (March 2003): 7–24.
3. Albert Einstein, quoted in E. David Peat, *Infinite Potential: The Life and*

*Times of David Bohm* (New York: Basic Books, 1997), 132.

4. Albert Einstein, "Elementäre Überlegungen zur Interpretation der Grundlagen der Quanten-Mechanik", in *Scientific Papers Presented to Max Born*(New York: Hafner, 1953), 33–40; quoted in Myrvold.
5. Benjamin Cohen, *"Four Things Einstein Said to Cheer Up His Sad Friend"*, From the Graperine, June 13, 2017.
6. Werner Heisenberg, quoted in Myrvold, *"On Some Early Objections"*, 12.
7. Olival Freire Jr., "Science and Exile: David Bohm, the Hot Times of the Cold War, and His Struggle for a New Interpretation of Quantum Mechanics", *Historical Studies on the Physical and Biological Sciences* 36, no. 1 (September 2005): 1–34.
8. J. Robert Oppenheimer remarks to Max Dresden, in Max Dresden, H. A. Kramers: *Between Tradition and Revolution* (New York: Springer-Verlag, 1987), 133. F. David Peat 在其所著的 *Infinite Potential: The Life and Times of David Bohm* (Reading, MA: Addison-Wesley, 1996) 中也引用了这句话，他将其归功于 Dresden1989 年 5 月在华盛顿举行的美国物理学会会议上的发言。Dresden 在该次会以后立即与 Peat 进行了面谈，并在后来写给 Peat 的信中证实了这一说法。(Quote, p. 133; note, p. 334.)
9. H. A. Kramers: *Between Tradition and Revolution.*
10. John Nash to J. Robert Oppenheimer, July 10, 1957, Institute for Advanced Study, Shelby White and Leon Levy Archives Center.
11. Léon Rosenfeld to David Bohm, May 30, 1952, quoted in Louisa Gilder, *The Age of Entanglement: When Quantum Physics Was Reborn* (New York: Alfred A. Knopf, 2008), 216–217.
12. Antony Valentini, "Signal-Locality, Uncertainty, and the Sub-Quantum H-Theorem, 1", *Physics Letters A* 156, nos. 1–2 (June 1991): 5–11; "2," *Physics Letters* A 158, nos. 1–2 (August 1991): 1–8.
13. Antony Valentini and Hans Westman, "Dynamical Origin of Quantum Probabilities", *Proceedings of the Royal Society of London A* 461, no. 2053 (January 2005): 253–272, arXiv:quant-ph/0403034; Eitan Abraham, Samuel Colin,

and Antony Valentini, "Long-Time Relaxation in Pilot-Wave Theory", *Journal of Physics A: Mathematical and Theoretical* 47, no. 39 (September 2014): 5306, arXiv:1310.1899.

14. Antony Valentini, "Signal-Locality in Hidden-Variables Theories", *Physics Letters A* 297, nos. 5–6 (May 2002): 273–278.

15. Nicolas G. Underwood and Antony Valentini, *"Anomalous Spectral Lines and Relic Quantum Nonequilibrium"* (2016), arXiv:1609.04576; Samuel Colin and Antony Valentini, "Robust Predictions for the Large-Scale Cosmological Power Deficit from Primordial Quantum Nonequilibrium", *International Journal of Modern Physics* D25, no. 6 (April 2016): 1650068, arXiv:1510.03508.

09 **量子态的物理坍缩**

1. David Bohm and Jeffrey Bub, "A Proposed Solution of the Measurement Problem in Quantum Mechanics by a Hidden Variable Theory", *Reviews of Modern Physics* 38, no. 3 (July 1966): 453–469.

2. Philip Pearle, "Reduction of the State Vector by a Nonlinear Schrödinger Equation", *Physical Review D* 13, no. 4 (February 1976): 857–868.

3. Giancarlo Ghirardi, Alberto Rimini, and Tullio Weber, "Unified Dynamics for Microscopic and Macroscopic Systems", *Physical Review D* 34, no. 2 (July 1986): 470 –491.

4. Roderich Tumulka, "A Relativistic Version of the Ghirardi-Rimini-Weber Model", *Journal of Statistical Physics* 125, no. 4 (November 2006): 821–840.

5. Roger Penrose, "Gravitational Collapse and Space-Time Singularities", *Physical Review Letters* 14, no. 3 (January 1965): 57–59.

6. Stephen W. Hawking and Roger Penrose, "The Singularities of Gravitational Collapse and Cosmology", *Proceedings of the Royal Society A* 314, no. 1519 (January 1970): 529–548.

7. R. Penrose, "Time-Asymmetry and Quantum Gravity", in *Quantum Gravity 2: A Second Oxford Symposium*, eds. C. J. Isham, R. Penrose, and D. W.

Sciama (Oxford: Clarendon Press, 1981), 244; R. Penrose, "Gravity and State Vector Reduction", in *Quantum Concepts in Space and Time*, eds. R. Penrose and C. J. Isham (Oxford: Clarendon Press, 1986), 129; R. Penrose, "Non-locality and Objectivity in Quantum State Reduction", in *Quantum Coherence and Reality: In Celebration of the 60th Birthday of Yakir Aharonov*, eds. J. S. Anandan and J. L. Safko (Singapore: World Scientific, 1995), 238; R. Penrose, *Shadows of the Mind: A Search for the Missing Science of Consciousness* (Oxford: Oxford University Press, 1994); R. Penrose, *"On Gravity's Role in Quantum State Reduction", General Relativity and Gravitation* 28, no. 5 (May 1996): 581–600; I. Fuentes and R. Penrose, "Quantum State Reduction via Gravity, and Possible Tests Using Bose-Einstein Condensates," in *Collapse of the Wave Function: Models, Ontology, Origin, and Implications*, ed. S. Gao (Cambridge, UK: Cambridge University Press, 2018), 187.

8. L. Diósi, "Models for Universal Reduction of Macroscopic Quantum Fluctuations", *Physical Review A* 40, no. 3 (August 1989): 1165–1174; F. Károlyházy, "Gravitation and Quantum Mechanics of Macroscopic Bodies", *Il Nuovo Cimento A* 42, no. 2 (March 1966): 390–402; F. Károlyházy, A. Frenkel, and B. Lukács, "On the Possible Role of Gravity in the Reduction of the Wave Function", in *Quantum Concepts in Space and Time*, 109–128.

9. S. Bose, A. Mazumdar, G. W. Morley, H. Ulbricht, M. Toros, M. Paternostro, A. A. Geraci, P. F. Barker, M. S. Kim, and G. Milburn, "Spin Entanglement Witness for Quantum Gravity", *Physical Review Letters* 119, no. 24 (December 2017): 240401, arXiv:1707.06050; C. Marletto and V. Vedral, "Gravitationally Induced Entanglement between Two Massive Particles is Sufficient Evidence of Quantum Effects in Gravity", *Physical Review Letters* 119, no. 24 (December 2017): 240402, arXiv:1804.11315.

10. Philip Pearle, "A Relativistic Dynamical Collapse Model", *Physical Review D* 91, no. 10 (May 2015): 105012, arXiv:1412.6723.

11. Rodolfo Gambini and Jorge Pullin, "The Montevideo Interpretation of Quantum Mechanics: A Short Review", *Entropy* 20, no. 6 (February 2015): 413, arXiv:1502.03410.

12. Stephen L. Adler, "Gravitation and the Noise Needed in Objective Reduction Modes," in *Quantum Nonlocality and Reality: 50 Years of Bell's Theorem*, eds. Mary Bell and Shan Gao (Cambridge, UK: Cambridge University Press, 2016), 390–399.

## 10 魔幻现实主义

题 词 来 源：Bryce S. DeWitt, "Quantum Mechanics and Reality: Could the Solution to the Dilemma of Indeterminism Be a Universe in Which All Possible Outcomes of an Experiment Actually Occur?" *Physics Today 23*, no. 9 (September 1970): 155–165。

1. Hugh Everett III, "'Relative State' Formulation of Quantum Mechanics", *Reviews of Modern Physics 29*, no. 3 (July 1957): 454–462.

## 11 批判现实主义

1. David Deutsch, "Quantum Theory of Probability and Decisions", *Proceedings of the Royal Society A* 455, no. 1988 (August 1999): 3129–3137, arXiv:quant-ph/9906015.
2. David Wallace, "Quantum Probability and Decision Theory, Revisited" (2002); Wallace, "Everettian Rationality: Defending Deutsch's Approach to Probability in the Everett Interpretation", *Studies in History and Philosophy of Science Part B: Studies in History and Philosophy of Modern Physics* 34, no. 3 (September 2003): 415–439, "Quantum Probability from Subjective Likelihood: Improving on Deutsch's Proof of the Probability Rule", *Studies in History and Philosophy of Science Part B: Studies in History and Philosophy of Modern Physics* 38, no. 2 (June 2007): 311–332; Wallace, "A Formal Proof of the Born Rule from Decision-Theoretic Assumptions" (2009); Simon Saunders, "Derivation of the Born Rule from Operational Assumptions," *Proceedings of the Royal Society A* 460, no. 2046 (June 2004): 1771–1788.
3. Lawrence S. Schulman, "Note on the Quantum Recurrence Theorem", *Physical Review A* 18, no. 5 (November 1978): 2379–2380.

4. Steven Weinberg, "The Trouble with Quantum Mechanics", *The New York Review of Books*, January 19, 2017.

## 12 革命的替代品

题词来源：Lucien Hardy, "*Reformulating and Reconstructing Quantum Theory*" (2011), arXiv:1104.2066。

1. Richard Feynman, "Simulating Physics with Computers", keynote address delivered at the MIT Physics of Computation Conference, 1981. Published in *International Journal of Theoretical Physics* 21, nos. 6–7 (June 1982): 467–488.
2. David Deutsch, "Quantum Theory, the Church-Turing Principle and the Universal Quantum Computer," *Proceedings of the Royal Society A* 400, no. 1818 (July 1985): 97–117.
3. John Archibald Wheeler, "Information, Physics, Quantum: The Search for Links", in *Proceedings of the 3rd International Symposium: Foundations of Quantum Mechanics in the Light of New Technology, Tokyo, 1989*, eds. Shunichi Kobayashi et al. (Tokyo: Physical Society of Japan, 1990), 354–358.
4. John Archibald Wheeler, quoted in Paul Davies, *The Goldilocks Enigma,also titled Cosmic Jackpot* (Boston and New York: Houghton Mifflin, 2006), 281.
5. Christopher A. Fuchs and Blake C. Stacey, "*QBism: Quantum Theory as a Hero's Handbook*" (2016), arXiv:1612.07308.
6. Louis Crane, "Clock and Category: Is Quantum Gravity Algebraic?" *Journal of Mathematical Physics* 36, no. 11 (May 1995): 6180–6193, arXiv:gr-qc/9504038; Carlo Rovelli, "Relational Quantum Mechanics", *International Journal of Theoretical Physics* 35, no. 8 (August 1996): 1637–1678; Lee Smolin, "The Bekenstein Bound, Topological Quantum Field Theory and Pluralistic Quantum Cosmology" (1995).
7. Ruth E. Kastner, Stuart Kauffman, and Michael Epperson, "Taking Heisenberg's Potentia Seriously" (2017).

8. Julian Barbour, *The End of Time: The Next Revolution in Physics* (Oxford: Oxford University Press, 1999),

9. Henrique de A. Gomes, "Back to Parmenides" (2016, 2018).

10. Gomes, "Back to Parmenides."

## 13 经验教训

1. 我非常感谢 Avshalom Elitzur 和 Eli Cohen 与我就这类案例进行的许多讨论。

2. 近期的一些相关评论，参见 Roderich Tumulka, "Bohmian Mechanics", in *The Routledge Companion to the Philosophy of Physics*, eds. Eleanor Knox and Alastair Wilson (New York: Routledge, 2018)。

3. Yakir Aharonov and Lev Vaidman, "The Two-State Vector Formalism of Quantum Mechanics: an Updated Review", in *Time in Quantum Mechanics*, vol. 1, eds. J. Gonzalo Muga, Rafael Sala Mayato, and Íñigno Egusquiza, 2nd ed., Lecture Notes in Physics 734 (Berlin and Heidelberg: Springer, 2008), 399–447.

4. John G. Cramer, "The Transactional Interpretation of Quantum Mechanics", *Reviews of Modern Physics* 58, no. 3 (July 1986), 647–687; Cramer, *The Quantum Handshake: Entanglement, Nonlocality and Transactions* (Cham, Switzerland: Springer International, 2016); Ruth E. Kastner, "The Possibilist Transactional Interpretation and Relativity", *Foundations of Physics* 42, no. 8 (August 2012): 1094–1113.

5. Huw Price, "Does Time-Symmetry Imply Retrocausality? How the Quantum World Says 'Maybe'", *Studies in History and Philosophy of Science Part B: Studies in History and Philosophy of Modern Physics* 43, no. 2 (May 2012), 75–83.

6. Rafael D. Sorkin, "Quantum Measure Theory and Its Interpretation", in *Quantum Classical Correspondence: Proceedings of the 4th Drexel Symposium on Quantum Nonintegrability, Drexel University, Philadelphia, USA, September 8–11, 1994*, eds. Bei-Lok Hu and Da Hsuan Feng (Cambridge, MA: International Press, 1997), 229–251.

7. Murray Gell-Mann and James B. Hartle, "Quantum Mechanics in the Light of Quantum Cosmology", in *Proceedings of the 3rd International Symposium: Foundations of Quantum Mechanics in the Light of New Technology, Tokyo, 1989,* 321–343; Gell-Mann and Hartle, "Alternative Decohering Histories in Quantum Mechanics", in *Proceedings of the 25th International Conference on High Energy Physics,* 2–8 August 1990, Singapore, eds. K.K. Phua and Y. Yamaguchi, vol. 1, 1303–1310 (Singapore and Tokyo: South East Asia Theoretical Physics Association and Physical Society of Japan, dist. World Scientific, 1990); Gell-Mann and Hartle, "Time Symmetry and Asymmetry in Quantum Mechanics and Quantum Cosmology", in *Proceedings of the NATO Workshop on the Physical Origins of Time Asymmetry, Mazagón, Spain, September 30–October 4, 1991*, eds. J. Halliwell, J. Pérez-Mercader, and W. Zurek (Cambridge, UK: Cambridge University Press, 1992), arXiv:gr-qc/9304023; Gell-Mann and Hartle, "Classical Equations for Quantum Systems", *Physical Review D* 47, no. 8 (April 1993): 3345–3382, arXiv:gr-qc/9210010.
8. Robert B. Griffiths, "Consistent Histories and the Interpretation of Quantum Mechanics", *Journal of Statistical Physics* 36, nos. 1–2 (July 1984),219–272; Griffiths, "The Consistency of Consistent Histories: A Reply to d'Espagnat", *Foundations of Physics* 23, no. 12 (December 1993): 1601–1610; Roland Omnès, "Logical Reformulation of Quantum Mechanics, 1: Foundations", *Journal of Statistical Physics* 53, nos. 3–4 (November 1988): 893–932; Omnès, "Logical Reformulation of Quantum Mechanics, 2: Interferences and the Einstein-Podolsky-Rosen Experiment", 同上，933–955; Omnès, "Logical Reformulation of Quantum Mechanics, 3: Classical Limit and Irreversibility", 同上，957–975; Omnès, "Logical Reformulation of Quantum Mechanics, 4: Projectors in Semiclassical Physics," *Journal of Statistical Physics* 57, nos. 1–2 (October 1989): 357–382; Omnès, "Consistent Interpretations of Quantum Mechanics", *Reviews of Modern Physics* 64, no. 2 (April 1992): 339–382。
9. Fay Dowker and Adrian Kent, "On the Consistent Histories Approach to Quantum Mechanics", *Journal of Statistical Physics* 82, nos. 5–6 (March 1996): 1575–1646, arXiv:gr-qc/9412067.

10. Michael J. W. Hall, Dirk-André Deckert, and Howard M. Wiseman, "Quantum Phenomena Modeled by Interactions between Many Classical Worlds", *Physical Review X* 4, no. 4 (October 2014): 041013, arXiv:1402.6144.

11. Benhui Yang, Wenwu Chen, and Bill Poirier, "Rovibrational Bound States of Neon Trimer: Quantum Dynamical Calculation of All Eigenstate Energy Levels and Wavefunctions", *Journal of Chemical Physics* 135, no. 9 (September 2011): 094306; Gérard Parlant, Yong-Cheng Ou, Kisam Park,and Bill Poirier, "Classical-like Trajectory Simulations for Accurate Computation of Quantum Reactive Scattering Probabilities", invited contribution and lead article, special issue to honor Jean-Claude Rayez, *Computationaland Theoretical Chemistry* 990 (June 2012): 3–17.

12. Gerard't Hooft, "Time, the Arrow of Time, and Quantum Mechanics" (2018), arXiv:1804.01383.

13. Lee Smolin, "Could Quantum Mechanics Be an Approximation to Another Theory?" (2006), arXiv:quant-ph/0609109.

14. Matthew F. Pusey, Jonathan Barrett, and Terry Rudolph, "On the Realityof the Quantum State", *Nature Physics* 8, no. 6 (June 2012): 475–478, arXiv:1111.3328.

### 14 第一步，原理

1. Lee Smolin, *Time Reborn: From the Crisis in Physics to the Future of the Universe* (New York: Houghton Mifflin, 2013); Roberto Mangabeira Unger and Lee Smolin, *The Singular Universe and the Reality of Time: A Proposal in Natural Philosophy* (Cambridge, UK: Cambridge University Press, 2015); Smolin, "Temporal Naturalism," invited contribution to special issue on Cosmology and Time, *Studies in History and Philosophy of Science Part B: Studies in History and Philosophy of Modern Physics* 52, no. 1 (November 2015): 86–102, arXiv:1310.8539.

2. Fotini Markopoulou and Lee Smolin, "Disordered Locality in Loop Quantum Gravity States", *Classical and Quantum Gravity* 24, no. 15 (July 2007): 3813–3824, arXiv:gr-qc/0702044.

3. Lee Smolin, "Derivation of Quantum Mechanics from a Deterministic Non-Local Hidden Variable Theory, I. The Two-Dimensional Theory", IAS preprint PRINT-83-0802 (Princeton: Institute for Advanced Study, August 1983); Smolin, "Stochastic Mechanics, Hidden Variables and Gravity", in *Quantum Concepts in Space and Time*, eds. Roger Penrose and C. J. Isham (Oxford and New York: Clarendon Press / Oxford University Press, 1986).

4. Lee Smolin, "Matrix Models as Non-Local Hidden Variables Theories", in *Quo Vadis Quantum Mechanics*?, eds. Avshalom C. Elitzur, Shahar Dolev, and Nancy Kolenda, The Frontiers Collection (Berlin and Heidelberg: Springer, 2005), 121–152; Smolin, "Non-Local Beables", *International Journal of Quantum Foundations* 1, no. 2 (April 2015): 100–106, arXiv:1507.08576.

5. Stephen L. Adler, *Quantum Theory as an Emergent Phenomenon: The Statistical Mechanics of Matrix Models as the Precursor of Quantum Field Theory* (Cambridge, UK: Cambridge University Press, 2004); book draft, *Statistical Dynamics of Global Unitary Invariant Matrix Models as PreQuantum Mechanics* (2002), arXiv:hep-th/0206120.

6. Artem Starodubtsev, "A Note on Quantization of Matrix Models", *Nuclear Physics B* 674, no. 3 (December 2003): 533–552, arXiv:hep-th/0206097.

7. Markopoulou and Smolin, "Disordered Locality".

8. Fotini Markopoulou and Lee Smolin, "Quantum Theory from Quantum Gravity", *Physical Review D* 70, no. 12 (December 2004): 124029, arXiv:gr-qc/0311059.

9. Gottfried Wilhelm Leibniz, *The Monadology*, 1714, in *Leibniz, Philosophical Writings*, ed. G. H. R. Parkinson, trans. Mary Morris and G. H. R. Parkinson (London: J. M. Dent, 1973).

10. Julian Barbour and Lee Smolin, "Extremal Variety as the Foundation of a Cosmological Quantum Theory" (1992), arXiv:hep-th/9203041.

11. Leibniz, The Monadology, paragraph 57, in *Leibniz, Philosophical Writings*.

12. Lee Smolin, "The Dynamics of Difference", *Foundations of Physics* 48, no. 2

(February 2018): 121–134, arXiv:1712.04799; Smolin, “Quantum Mechanics and the Principle of Maximal Variety”, *Foundations of Physics* 46,no. 6 (June 2016): 736–758, arXiv:1506.02938; Smolin, “A Real Ensemble Interpretation of Quantum Mechanics”, *Foundations of Physics* 42, no. 10 (October 2012): 1239–1261, arXiv:1104.2822.

13. Lee Smolin, “Precedence and Freedom in Quantum Physics” (2012), arXiv:1205.3707.

## 15 因果论观点

1. Luca Bombelli, Joohan Lee, David Meyer, and Rafael D. Sorkin, “SpaceTime as a Causal Set”, *Physical Review Letters* 59, no. 5 (August 1987):521–524; Sorkin, “Spacetime and Causal Sets”, in *Relativity and Gravitation: Classical and Quantum* (Proceedings of the SILARG VII Conference, held in Cocoyoc, Mexico, December 1990), eds. J. C. D’Olivo et al. (Singapore:World Scientific, 1991), 150–173.
2. Maqbool Ahmed, Scott Dodelson, Patrick B. Greene, and Rafael Sorkin,“Everpresent Lambda”, *Physical Review D* 69, no. 10 (May 2004): 103523, arXiv:astro-ph/0209274.
3. Ted Jacobson, “Thermodynamics of Spacetime: The Einstein Equation of State”, *Physical Review Letters* 75, no. 7 (August 1995): 1260, arXiv:gr-qc/9504004.
4. Fotini Markopoulou and Lee Smolin, “Holography in a Quantum Spacetime” (October 1999), arXiv:hep-th/9910146; Smolin, “The Strong and Weak Holographic Principles”, *Nuclear Physics B* 601, nos. 1–2 (May 2001): 209–247, arXiv:hep-th/0003056.
5. Marina Cortês and Lee Smolin, “The Universe as a Process of Unique Events”, *Physical Review D* 90, no. 8 (October 2014): 084007, arXiv:1307.6167 [gr-qc]; Cortês and Smolin, “Quantum Energetic Causal Sets”, *Physical Review* D 90, no. 4 (August 2014): 044035, arXiv:1308.2206 [gr-qc]; Cortês and Smolin, “Spin Foam Models as Energetic Causal Sets”, *Physical Review D* 93, no. 8 (June 2014): 084039, arXiv:1407.0032; Cortês and Smolin, “Re-

versing the Irreversible: From Limit Cycles to Emergent Time Symmetry", *Physical Review D* 97, no. 2 (January 2018): 026004, arXiv:1703.09696.

6. Smolin, "The Dynamics of Difference", *Foundations of Physics* 48, no. 2 (2018): 121–134, arXiv:1712.04799.

## 结语　完成爱因斯坦未竟的革命

题词来源：David Gross, "Closing Remarks", Strings 2003 Conference, Kyoto, Japan, July 6–11, 2003, slide 17。

# 未来，属于终身学习者

我这辈子遇到的聪明人（来自各行各业的聪明人）没有不每天阅读的——没有，一个都没有。巴菲特读书之多，我读书之多，可能会让你感到吃惊。孩子们都笑话我。他们觉得我是一本长了两条腿的书。

——查理·芒格

互联网改变了信息连接的方式；指数型技术在迅速颠覆着现有的商业世界；人工智能已经开始抢占人类的工作岗位……

未来，到底需要什么样的人才？

改变命运唯一的策略是你要变成终身学习者。未来世界将不再需要单一的技能型人才，而是需要具备完善的知识结构、极强逻辑思考力和高感知力的复合型人才。优秀的人往往通过阅读建立足够强大的抽象思维能力，获得异于众人的思考和整合能力。未来，将属于终身学习者！而阅读必定和终身学习形影不离。

很多人读书，追求的是干货，寻求的是立刻行之有效的解决方案。其实这是一种留在舒适区的阅读方法。在这个充满不确定性的年代，答案不会简单地出现在书里，因为生活根本就没有标准确切的答案，你也不能期望过去的经验能解决未来的问题。

而真正的阅读，应该在书中与智者同行思考，借他们的视角看到世界的多元性，提出比答案更重要的好问题，在不确定的时代中领先起跑。

## 湛庐阅读App：与最聪明的人共同进化

有人常常把成本支出的焦点放在书价上，把读完一本书当作阅读的终结。其实不然。

---

**时间是读者付出的最大阅读成本**

**怎么读是读者面临的最大阅读障碍**

**“读书破万卷”不仅仅在“万”，更重要的是在“破”！**

---

现在，我们构建了全新的“湛庐阅读”App。它将成为你“破万卷”的新居所。在这里：

- 不用考虑读什么，你可以便捷找到纸书、电子书、有声书和各种声音产品；
- 你可以学会怎么读，你将发现集泛读、通读、精读于一体的阅读解决方案；
- 你会与作者、译者、专家、推荐人和阅读教练相遇，他们是优质思想的发源地；
- 你会与优秀的读者和终身学习者为伍，他们对阅读和学习有着持久的热情和源源不绝的内驱力。

从单一到复合，从知道到精通，从理解到创造，湛庐希望建立一个“与最聪明的人共同进化”的社区，成为人类先进思想交汇的聚集地，与你共同迎接未来。

与此同时，我们希望能够重新定义你的学习场景，让你随时随地收获有内容、有价值的思想，通过阅读实现终身学习。这是我们的使命和价值。

CHEERS

# 本书阅读资料包

## 给你便捷、高效、全面的阅读体验

### 本书参考资料

湛庐独家策划

- 参考文献
  为了环保、节约纸张，部分图书的注释与参考文献以电子版方式提供
- 主题书单
  编辑精心推荐的延伸阅读书单，助你开启主题式阅读
- 图片资料
  提供部分图片的高清彩色原版大图，方便保存和分享

### 相关阅读服务

终身学习者必备

- 电子书
  便捷、高效，方便检索，易于携带，随时更新
- 有声书
  保护视力，随时随地，有温度、有情感地听本书
- 精读班
  2~4周，最懂这本书的人带你读完、读懂、读透这本好书
- 课　程
  课程权威专家给你开书单，带你快速浏览一个领域的知识概貌
- 讲　书
  30分钟，大咖给你讲本书，让你挑书不费劲

**湛庐编辑为你独家呈现**
**助你更好获得书里和书外的思想和智慧，请扫码查收！**

（阅读资料包的内容因书而异，最终以湛庐阅读App页面为准）

图书在版编目（CIP）数据

量子力学的真相 / ( 美 ) 李·斯莫林 (Lee Smolin) 著 ; 王乔琦翻译 . -- 成都 : 四川科学技术出版社 , 2021.9

书名原文 : Einstein's Unfinished Revolution

ISBN 978-7-5727-0250-1

Ⅰ . ①量… Ⅱ . ①李… ②王… Ⅲ . ①量子力学—普及读物 Ⅳ . ① O413.1-49

中国版本图书馆 CIP 数据核字 (2021) 第 179937 号

著作权合同登记图进字21-2021-241号

量子力学的真相

LIANGZI LIXUE DE ZHEN XIANG

出品人　程佳月
著　者　[美] 李・斯莫林
译　者　王乔琦
责任编辑　肖　伊
助理编辑　林佳馥
封面设计　ablackcover.com
责任出版　欧晓春
出版发行　四川科学技术出版社
成都市槐树街2号　邮政编码610031
官方微博：http://e.weibo.com/sckjcbs
官方微信公众号：sckjcbs
传真：028-87734035
成品尺寸　170mm×230mm
印　张　21.25
字　数　281千
印　刷　唐山富达印务有限公司
版　次　2021年9月第1版
印　次　2021年9月第1次印刷
定　价　109.90元

ISBN 978-7-5727-0250-1